HAWAIIAN GARDEN

新版 ハワイアン・ガーデン

楽園ハワイの植物図鑑

近藤純夫
KONDO SUMIO

平凡社

まえがき

ハワイの植物世界はほんの少し視点を変えてみると面白い。景色に映える鮮やかな花が目に美しいのは間違いないが、実はその多くが、近年になって外から持ち込まれたものであってハワイ本来の自然を形作っているわけではない。では、本来の植物はどこに行ってしまったのかという関心が、ぼくがハワイの自然に足を踏み入れるきっかけとなった。在来の草木を知ることで、いろいろな事柄が関連づけられ、植物の知識を超えて、ハワイの伝統文化が見えてきたのだった。

ハワイの植物との出会いは、二十代の頃、広大な溶岩大地でのことだった。そこに小さな木が一本生えていて、不釣り合いなほど大きな赤い花をつけていた。顔を近づけると濃厚な蜜の香りが鼻をくすぐる。しかし花の名前はおろか、それが成木なのか生長過程にあるものなのかさえわからなかった。そもそも少し前に自分が歩いた森の木々が、目の前にある小さな木と同じであることにも気づかなかった。後日、その花の名がレフアであることを知った。甘い香りが体に染みこんだに違いない。ぼくはハワイの花をもっと知りたいと思うようになった。

やがて植物を通じてハワイの文化を学ぶこととなった。最初は植物名だけだったが、花を通じて土地を知り、土地を通じて雨や風や火山との繋がりを知った。さらには、植物と共存する鳥や虫を知るというように、自然は少しずつその懐（ふところ）を開き、さまざまな知識をもたらしてくれた。さまざまな知識の吸収があったが、学んだというより楽しんだという印象が強い。

植物に関する知識の獲得は、好きなものを集めることに似ている。一つを知るとまた別の一つを知りたくなるのだ。そのようにして少しずつ、ぼくは植物の知識を身につけていった。また、植物を知ることは伝統社会を学ぶことでもある。植物は食料であり、レイの素材であり、フラの一部であり、道具や衣類や薬でもあるし、染料や武器や建物の素材でもあった。植物を使って神殿が作られ、神を祀るばかりか、植物そのものに神が宿りさえした。ハワイの伝統社会はあらゆるものを植物から作り出してきた。

繰り返しになるが、努力とか向学心の結果が本書に結実したわけではない。好奇心と少しの冒険心が虫メガネのような働きをして、普段であれば気づきにくいさまざまな植物に出会わせてくれたのだ。もちろん、見つけにくい植物もあれば、毒や棘をもつものもある。あるいは繁殖しすぎて有害指定されている植物にうんざりすることもある。あれこれあるのは確かだが、本書を片手にハワイの植物と仲良くなってほしい。海も山も人も食べ物も、植物なくしてハワイは成り立たないのだから。

本書の旧版『ハワイアン・ガーデン』を出版してから十五年が経過した。この間、ハワイの植物事情にはいくつかの重要な変化があった。これまでの植物分類が根本から見直され、大規模な変更が行われたこと、また、絶滅したと思われた固有のハイビスカスが再発見されたり、オヒアが原因不明の病に侵されるということも起きた。幸いにも旧版は多くの読者を得たことから、これらの事柄を反映させた新版を出す機会を得た。植物分類を整理し直し、収載する植物を大きく増やしただけでなく、ハワイに重要な植物にも多くの説明を割いたので、旧版の読者もぜひ本書を活用していただきたい。

二〇一九年五月　近藤純夫

目次

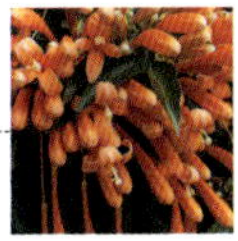

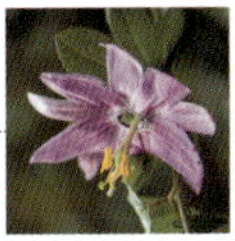

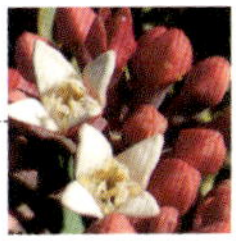

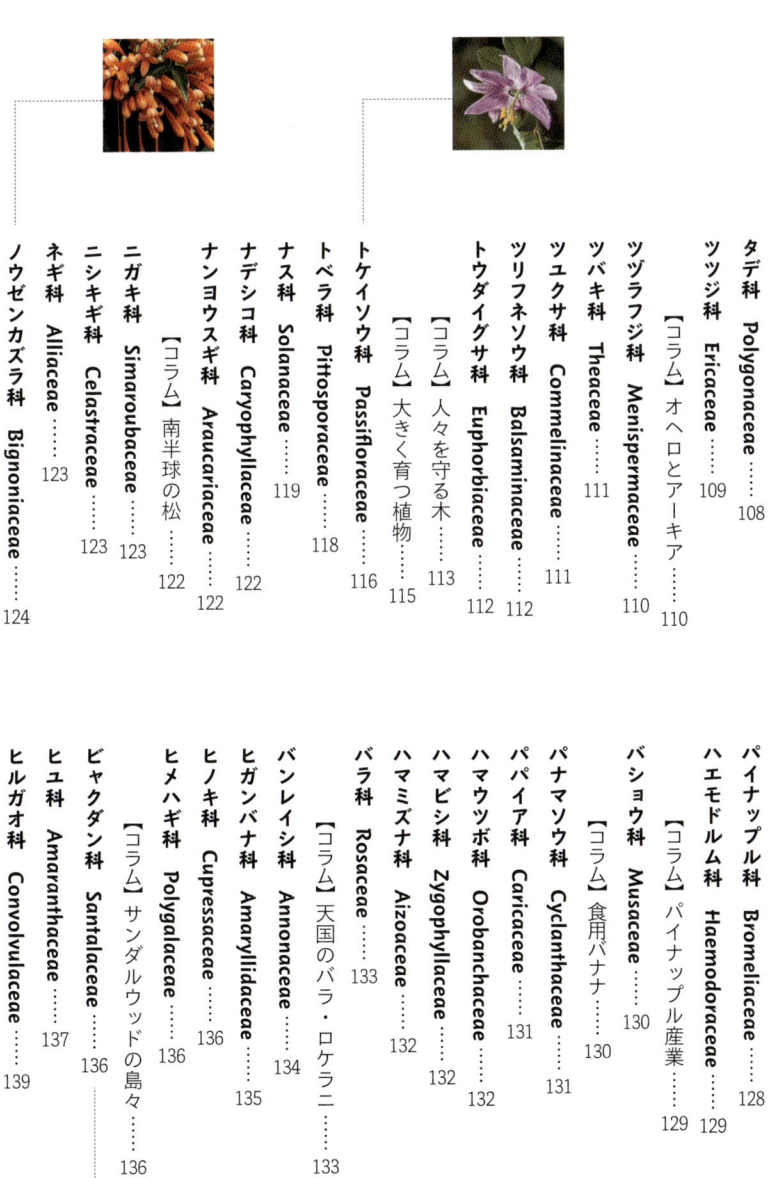

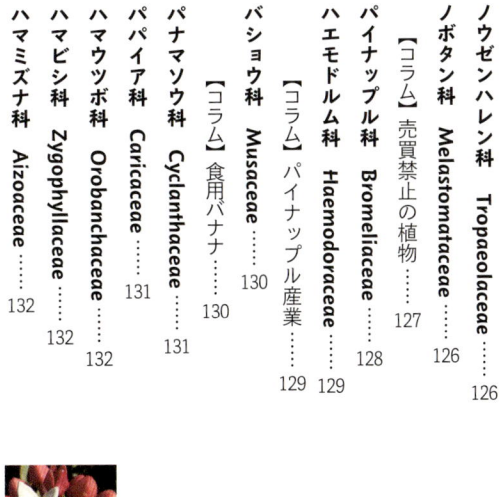

凡例

■項目

項目名には植物の種の名前を記した。ハワイ名を原則としたが、ハワイ名がない場合、あるいは、ハワイ名よりも定着していると思われる場合は、学名、英名、和名を当てた。同名異種が存在する場合は、ハワイ名の下に種小名を追加した。

【学名】 属名+種小名をイタリック体で記載。

【ハワイ名】 近年に付されたものや、英名から転化したものを含む。ハワイ語には母音の上につく「¯（カハコー）」という記号や、文字の一つである「ʻ（オキナ）」が付く場合があるが、これらの有無によって単語の意味は異なる。

【英名】 英語名として定着している複数の名称から選択して表記した。場合によっては複数を併記した。

【和名】 標準和名を基本としたが、英名であっても日本国内で定着している場合は採用した。園芸品種のように通称や俗称を採用した場合もまれにある。

【原産地】 ハワイ原産の場合には特に島名を記載した。主要ハワイ諸島とは、カウアイ島、ニイハウ島、オアフ島、ラナイ島、モロカイ島、マウイ島、カホオラヴェ島、ハワイ島を指す。北西ハワイ諸島の場合は島の数が多いので、「北西ハワイ諸島（の一部）」と表記した。

【特徴】 木本の場合は樹高を基本に、「高木（喬木）」、「中高木」、「低木（灌木）」に分け、平均的な高さを併記した。ちなみに、高木とは樹冠（枝をはった部分）の下を人が歩ける十分なゆとりのあるサイズを指す。低木は英語では shrub か small tree だが、本書では一〇m以下のものはすべて低木と表記している。中高木は低木と高木との境界が曖昧なものに用いた。なお、オヒアのように、環境によってサイズが異なるものは「低木~高木」のように表記した。草本は、日本では一年草、二年草、多年草などと分けられるが、ハワイではほとんどが多年草である。草本はおおよその草丈を併記した。花のサイズは花弁と萼と苞と雄しべ・雌しべを含む全体を「花冠」とし、その長径を示した。集合花の場合は、「花序」「花穂」と表記し、その全体の長さを示した。筒状の花の場合は「筒長」とも表記し、木本、草本ともにつる性の場合はそれを記した。シダ類は花をつけないので葉身（葉の長さ）を示した。常緑か落葉かという区別は、ハワイでは一定ではないので、言及していない。

【備考】 左記のうちで該当するものを表記した。

▼固有種（**Endemic**） 人が訪れる前からある植物のうち、ハワイ諸島でしか見られない植物。

▼在来種（**Indigenous**） 人が訪れる前からある植物のうち、ハワイ諸島以外でも見られる植物。

▼伝統植物（**Polynesian introduction**） 六～十二世紀にハワイ諸島に渡来したポリネシア人が持ち込んだ植物。カヌープランツとも呼ばれる。

▼外来種（**Introduced**） 十八世紀末以降にハワイ諸島以外から持ち込まれた植物。

▼有害植物（**Alien / Pest**） 在来の植物を駆逐するおそれのある外来植物。特に「世界の侵略的外来種ワースト一〇〇」については明記した。

▼栽培種（**Cultivated**） 人が栽培用に選抜した植物、あるいは交配して作られた種や品種。

▼帰化植物（**Denizen**） 外来種のうち、野生化した植物。

▼絶滅危惧種（**Endangered**） 固有種のうち、絶滅の恐れがある植物。

■その他の表記

亜種（subsp.）、変種（var.）、未同定の種（sp.）の表記を用いた。栽培種（f.）については特別の表記をしていない。また、園芸品種名、種間雑種（×）の表記をした場合もある。近い仲間については「近縁（種）」という表記を用いた。

■項目の並び順

科名は五十音順とし、科名内では属名のアルファベット順に項目を並べた。地衣類は後ろにまとめた。関連するエピソードは「コラム」として本文中に掲載した。

■ＡＰＧ分類体系を採用

植物の系統分類は遺伝子解析が進み、多くの科や属が見直されている。ＡＰＧとは被子植物の系統をゲノム解析によって分類提言したもの。本書でもこれに基づき、ＡＰＧ分類体系を採用し、旧版から大きく改訂を行った。ＡＰＧについては巻末の「新しい植物分類について」を参照のこと。

植物が語るハワイの自然と文化

やせ細る自然

ハワイは諸島全域が一つの植物園といってよいほど、さまざまな植物に彩られている。その種類は控えめに言っても二万を超えるが、多くは外来の植物であり、それらはハワイの自然に日々新しい表情を付け加えている。

ハワイ諸島は、玄関先に小鳥の餌を撒く家に似ている。小鳥だけであれば問題はないが、やがて犬や猫が姿を現し、アリの群れもやってくる。度を越せば深刻な事態となるという点で、ハワイの自然環境は厳しい状況にある。

外来の植物のなかには驚異的な繁殖力を示し、瞬く間にそれまでの環境を変えてしまうものもある。その結果、固有種や在来種が駆逐されることもある。合衆国領土全体に占めるハワイ州の面積比率は五〇〇分の一に満たないが、すでに絶滅した動植物の四分の三はハワイのものであり、絶滅の危機に瀕した動植物の三分の一がやはりハワイのものだ。

環境の変化に伴い、植物を枯死させる病原菌が蔓延することもある。たとえばオヒアだけが罹り、瞬く間に枯死させる病原菌はその頭文字を取ってROD（Rapid Ohia Death）と呼ばれるが、二〇一九年現在、抜本的な解決策はまだ見つかっていない。

なぜハワイの植物環境はこれほどまでに脆弱なのだろう。一般的に島は面積が小さいので、自然環境の変化に弱い。加えてハワイ諸島の置かれた地理的なポジションとも深い関係がある。十八世紀の末にクックが来島するまで、ハワイの植物相は比較的単純なものだった。人の定住以前からハワイに存在した約一〇〇〇種の種子植物のうち、ハワイ諸島にしか見られないものの比率は九割に近く、これほどまで固有種の占める比率が高い地域はほかにない。それは、ハワイ諸島がもっとも近い大陸からでも三〇〇〇キロメートル以上離れている絶海の孤島だからだ。（地理学では大洋島と呼ぶ）ハワイ諸島に植物の種子が到来すること自体が稀で、種子が発芽して育つ可能性はさらに低い。たとえ生長できたとしても受粉して子孫を残す可能性はそれ以下となる。

ハワイ諸島で植物が自生するのがどれほど難しいのかを統計で示すことができる。主要ハワイ諸島の一つであるカウアイ島が海の上に姿を現したのは、いまから六〇〇万年近く前であり、その後、人が訪れるまでわずか一〇〇〇種の種子植物しか定着しなかったということは、六〇〇〇年に一種の割合でしか植物が根づかなかったことになる。いっぽう、クック以降これまでの二〇〇年間に二万種もの植物が根づいたということは、それ以前の六〇万倍という猛烈なスピードで植物の種類が増え、諸島全域に拡散していったということだ。

街路を彩るプルメリアやブーゲンビレアやシャワーツリー、あるいはマンゴーやパパイアなどの果樹は、いずれも外来種だ。とはいえ、ハワイの在来種が生き残っている原生林はどの島にもある。たとえば、ハワイ島の火山国立公園へ行けばオヒアやコアの森があるし、カウアイ島のコケエの森や、オアフ島のコオラウ山系、マウイ島のハレアカラにも原生林は残されている。

ただし在来の自然には大きなウィークポイントがある。大型の草食動物がいないため、大半は棘などの防御機構を失い、受粉を媒介する鳥や虫を限定して

きたので、環境の変化に弱い。個体数を減らしているものは、人の手で適切に管理されなければ淘汰されかねない。在来の植物は人々の地道な保全努力によって辛うじて維持されているというのが現状だ。

自然と植物相

絶海の孤島といわれるハワイ諸島は、植物の生長や繁殖を観察するのに最適な場所といえる。火山から噴き出した溶岩が島を覆い尽くすと、そこにようやく根づいた植物は消滅し、島の植物相は振り出しに戻る。おそらくはそのようなことが何度も繰り返されたすえに、今日の島々の自然環境が出現した。溶岩が冷え固まると、植物の種子は再び定着を試みる。だが、劣悪な環境で生きていけるのは、柔軟に適応できる植物だけだった。その一例としてオヒアが挙げられる。

オヒアはハワイ諸島ではよく見かける樹木だが、生育する環境によって大きくその外観を変える。カウアイ島のコケエの森にそのよい例がある。森の奥に広がるアラカイ湿原の手前では一〇メートルほどの樹高があるオヒアが、湿原に近づくにつれて低くなり、湿原地帯ではせいぜい五〇センチほどの高さでしかない。また、オヒアの葉は薄くて光沢があるものが多いが、湿原地帯のオヒアの葉は小型で分厚く、葉裏には毛が密生している。オヒアは、降雨や湿度、風力、気温、地質や地形などの環境によって、敏感に形を変えるのだ。本来であれば、その場所にもっとも適した植物が進出するところだが、ハワイ諸島ではそれぞれの環境に相当する植物が少ないため、オヒアが自らの外観を変えながら、いくつもの役割を受け持ってきた。さらに、このような植物に依存するさまざまな動物や菌類が加わって、ハワイ特有の自然は成立した。

ポリネシア人が持ち込んだ植物

ハワイ諸島に人々が集団で住み着いたのは、六世紀から十二世紀にかけてといわれる。マルケサス諸島やソサエティ諸島から到来した人々は、未開の地で生き延びるのに欠かすことのできないものを持ち込んだ。薬、食料、燃料、建材、容器、楽器、敷物、衣服、染料など、暮らしに不可欠なものだ。それらにはすべて植物が用いられた。

ハワイ州ではこれらの植物を、伝統植物あるいはカヌープランツと呼んで、他の外来植物と区別している。十八世紀以降に持ち込まれた外来の植物と区別するために採用されたハワイ独自の分類法で、太平洋地域最大のビショップ博物館をはじめ、主な植物園ではこの表記が採用されている。持ち込まれた植物の数は諸説あるが、次の二四種説が主流とされる。

ビャクダン交易でつくられた王朝

カメハメハ一世の時代には、初めに、燃料としてのククイや、化学肥料となるグアノ（鳥の糞など）を輸出し、次にビャクダンの交易が奨励された。その後、捕鯨を経て、サトウキビ、パイナップル、そして今日のコーヒー栽培へと、農産物としての植物がハワイを支えてきた。

特に王国創立当初は、脆弱な国の基盤を強化しようと、試行錯誤を繰り返した。そのときの支えとなったのが植物だった。なぜなら、ハワイの伝統文化は、海産物を別にすれば、すべてが植物の利用で支えられてきたからだ。ただ、それまでは暮らしの中で消費するものはうまくリサイクルができていた。しかし、王国が海外諸国と取引を始めると、伝統的な暮らしは一気に破綻することになる。十九世紀に入るとビャクダン交易が中心となり、取扱量は次第に肥大化した。人々はビャクダンの伐採にかり出され、その間にタロイモ水田などが放置された。ビャクダン資源はほどなく枯渇し、王国は瞬く間に財政と文化の両面で窮地に陥った。

これとは別の流れもある。クックの探検航海に同行したバンクーバーは、一七九三年、カメハメハ一世に牛を贈った。これを増やし、畜産業を育てるという好意に基づくものだ。しかし、牛と、それに伴って導入された犬や山羊、そして古くポリネシア人が持ち込んだ豚などが、ハワイの自然に大きなダメージを与えることになる。コアの

ハワイ名／和名・科名

ハウ／オオハマボウ・アオイ科

樹皮は剥がしやすいが、そこからとった繊維は非常に強く、主に建物やカヌーの部材を結び合わせるロープとして用いられた。軽い材は釣りの浮きやカヌーの横軸となった。漁業が禁止の日には枝を海岸に突き刺して目印とした。葉をよく茂らせるので、タロイモ水田の用水蒸発防止用として植えられた。樹皮と花汁は薬用となる。

ミロ／サキシマハマボウ・アオイ科

材は「ウメケ・ラ・アウ」と呼ばれる食料保存箱として用いられた。また、戦闘用カヌーの船体はミロで作られた。

ノニ／ヤエヤマアオキ・アカネ科

果実は絞って飲料にしたり、湿布薬として。果実と花は腎臓炎や膀胱炎に用いられた。今日では高血圧や癌の予防薬として用いられる。

オヘ／タケ・イネ科

オヘ・ハノ・イフと呼ばれる鼻笛や、プ・イリと呼ばれるスティックなどの楽器が作られた。また、水筒として用いられた。

コー／サトウキビ・イネ科

茎の中の水分を含む繊維を絞って汁を飲んだり、タロイモやバナナ、パンノキなどに混ぜて甘みを加えたりした。これを乾燥させたものは砂糖として用いられた。また作物畑の境界線やタロイモ水田の畦に植えられた。

イプ／ヒョウタン・ウリ科

水を運ぶ容器、あるいはフラの儀式で用いる楽器となった。ハワイの神話では、天と星を作る役割を果たす。

キー(ティ)／センネンボク・クサスギカズラ科

フラのスカートやレイの素材として用いられる。根から採った汁からオコレハオと呼ばれる酒をつくり、船乗りが決められたときに飲用した。家の周りに植えると悪霊の侵入を防ぐと信じられている。また、水に浸けた葉を人や場所に振りかけて浄めの儀式を行った。葉は薬用となった。

ワウケ／カジノキ・クワ科

カパ（不織布）の素材としてポリネシアで最良とされる。特にベッドの敷物として多用された。また、樹皮の繊維からロープが作られた。

ウル／パンノキ・クワ科

果実は飢饉の際の非常食（救荒作物）として重要だった。樹皮から採れる樹液はカヌーのコーキング剤や皮膚病の軟膏として

用いられた。樹皮はカパの素材となったが、品質は劣った。葉にざらつきがあるため、楽器や食器の仕上げ研磨剤として用いたほか、褐色の染色剤となった。材はサーフボードや楽器として用いられた。

アヴァ（カヴァ）・コショウ科

葉や茎には鎮静成分が含まれており、アルコールの代用品として飲まれた。また、睡眠導入や解熱、筋肉痛の緩和などに用いられた。アヴァの樹液は、島の外から来賓を迎えるときの儀式に欠かせぬ飲み物となる。

アペ／インドクワズイモ・サトイモ科

味は良くないが、最大二キロの根茎が採れるため、カロが入手できないときの救荒作物として栽培された。

カロ／タロイモ・サトイモ科

イモはポイと呼ばれるペースト状の食物にして食べられた。ル・アウと呼ばれる茹でた葉も食用となる。三〇〇以上の品種がある。

アヴァプヒ・クアヒヴィ・ショウガ科

シャンプージンジャーという英名が付けられているように、花穂に含まれる芳香のある水分は髪やカパの香り付けに用いた。

オーレナ／ウコン・ショウガ科

根の部分は黄金色の染色剤としてカパに用いた。根茎は耳痛や結核の治療に、海水と混ぜたエキスは浄めの儀式に用いられた。

ククイ／ハワイアブラギリ・トウダイグサ科

焦がした実は耐久性のある黒の顔料となった。実の油分は灯火の燃料として用いた。木の防腐剤や、薬用としても重要だった。実に塩を混ぜ合わせたものはイナモナと呼ばれ、調味料として用いられた。花と葉、実はレイの素材として今日も利用される。

マイア／バナナ・バショウ科

葉は食物を包んで調理するのに用いられた。茎はイム（地面に掘られたオーブンのようなもの）をする際に敷かれ、水分を供給した。果実はカロが不作のときの代用となった。生食用と調理用がある。女性は一部の品種を除き、食べることを禁じられた。

ウアラ／サツマイモ・ヒルガオ科

カロに次いで重要な作物で、カロが不作のニイハウ島では主要作物だった。イモは飼料としてブタに与えたり、釣りのまき餌などに用いたりした。また、異物や毒性のあるものを飲みこんだときの吐瀉用や、喘息、不眠症の治療薬となった。

カマニ／テリハボク・フクギ科

大振りの葉をつけるため、家の日除けとして植えられた。ククイ油の代用品となった。実はレイの素材に、芳香のある花はカパの香り付けに用いられた。材は食器やカヌーの部材となった。ポリネシア人がマルケサス諸島やタヒチから移住してきたときのカヌーは、カマニから作られたとされる。

オーヒアアイ／マレーフトモモ・フトモモ科

よく熟した果実は生食された。材と根の部分の樹皮からは褐色の、果実からは赤色の染色剤を作った。樹皮に含まれる樹液は喉の痛みを和らげるのに用いられた。

アウフフ／ナンバンクサフジ・マメ科

テフロシンという有毒成分が含まれており、魚を一時的に麻痺させることができる。哺乳類には影響がないため、小川やフィッシュポンドの一部を囲い、そこに樹液を流して小魚を浮かせ、手づかみで獲った。

コウ／キバナイヌジシャ・ムラサキ科

芳香のあるオレンジ色の花はレイの素材となった。樹皮からは褐色の染色剤を作った。

ニウ／ココヤシ・ヤシ科

幹は建材やカヌー、楽器、食器などに、葉は屋根葺きの材料や、籠などの編み細工に用いられた。葉はほうきや灯火に、果実は食用や食器として、果実内部の繊維はロープに用いられた。

ウヒ／ヤムイモ・ヤマノイモ科

カロ（タロイモ）の栽培に向かない乾燥した土地で栽培され、カロが凶作のときの非常食とした。

ピア／タシロイモ・ヤマノイモ科

根茎のデンプンは、ココナッツと混ぜてハウピアと呼ばれる甘いデザートに用いた。また、腸炎の薬として用いられた。

木など、ハワイ固有の植物が食い荒らされ、多くが絶滅の危機に陥ったのだった。

ハワイの伝統文化と植物

レイ

ハワイの伝統文化は植物によって支えられてきたわけだが、そのなかから特に重要なものを取り上げておく。

レイは、ポリネシアの島々では神々の怒りを鎮め、悪霊を払う目的で用いられた。素材には霊的な力であるマナが封じ込められているとされる貝や海草、木、羽毛、頭髪、紙、石、骨などが使われた。なかでもサメの歯やマッコウクジラの歯、さらには王の骨と頭髪には特に強いマナが宿るとして重んじられた。

ハワイでも当初はポリネシアの伝統にのっとったこのようなレイが主流だったが、やがて少しずつ植物を用いたものが出現し、クックが来島した十八世紀末には花のレイがある程度定着していた。

ハワイでもっとも古い歴史をもつ植物のレイは、香りの良いマイレの葉によるもので、そのルーツは中国やインドといわれる。いっぽう、ピカケ（マツリカ）など、花を用いたレイは南アジアが起源のようだ。

レイは香りが重視された。それぞれの植物には固有の意味があり、それによって用途も異なった。たとえばマイレのレイは戦いの休止や終了の印だった。今日では結婚式でも用いられる。キー（ティ）は厄よけ、ポーフエフエは漁に際して用いられ、ピカケ（マツリカ）はフラの女神ラカに捧げられた。

西欧文化との接触以降、ハワイにおけるレイは友情や愛情の象徴としての役割をもつようになった。レイは親愛を

表す手段として、誕生日や冠婚葬祭、祭日に用いられ、ハワイを訪れる観光客などに贈られるようにもなる。今日ではレイの素材は花に限らず、キャンディーやゴルフボール、紙幣など、つないで首にかけられるものであれば、なんでも利用されている。ちなみに、メイ・デイにかけ合わせ、一九二八年から毎年五月一日にレイの作品コンテストがダウンタウンで開かれるようになり、現在はカピオラニ公園に場所を移して続けられている。レイの種類については、一種類の花でつくられたシンプルなものをクイ、編み込みタイプのものをヒリ、数種類の花で豪華に演出したものをハクと呼ぶ。また、頭につけるレイ・ポオ、首にかけるレイ・アー・イー、腕や足首につけるクーペエなどがある。

各島にはシンボルとしてのレイの素材と色が決まっている。

オアフ島はイリマのイエローオレンジ、モロカイ島はククイのシルバーグリーン、ハワイ島はオヒア・レフアの赤、マウイ島はダマスクローズ（ロケラニ）のディープピンク、ラナイ島はカウナオアのオレンジゴールド、カウアイ島はモキハナの紫、カホオラヴェ島はヒナヒナのグレーとなっている。ニイハウ島は植物ではなく、ププと呼ばれる白いニイハウシェルのレイが島のシンボルとなっている。

フラ

フラは本来、神に捧げる踊りで、祈りの儀式とともに行われた。祭壇（ヘイアウ）で行われたこの儀式は、幼い頃から修練を重ねた特別の人間にしか踊ることが許されなかった。この様式を汲んだフラをフラ・カヒコと呼び、現代風にアレンジされたものをフラ・アウアナと呼ぶ。ヒイアカ・イカポリオ・ペレが、姉である火の女神ペレの命令によって、カウアイ島まで姉の恋人であるロヒアウを迎えに行ったという伝説がある。ヒイアカはペレの姉妹

の一人で、彼女は旅の途中で何度も踊りを披露したので、これがフラの女神としての原点とされている。しかし、ヒイアカにフラを教えたのはオヒア・レフアの花に住むといわれるホーポエであるから、ヒイアカのみをフラの祖とするには少し無理があるかもしれない。ちなみに、初めてフラを踊ったとき、ヒイアカはペレにオヒア・レフアのレイを捧げたので、以来、フラにレイは欠かせぬものとなった。

いっぽう、フラの教室（ハーラウ）では、森の女神として知られるラカをフラの祖とすることもある。ラカは、母親のカポ（ペレの姉）からフラを教わり、島々に伝えた。カポがどのようにフラを体得したかについての伝承はないが、カポがラカの師匠であるにもかかわらず、ラカをフラの祖であるとするのは、フラの伝道者としての実績を重んじたためだろうか。ちなみにカポはモロカイ島においてはフラの女神とされる。このようにハワイ神話には他にもさまざまなフラの女神が登場する。

フラ・カヒコの踊り手（オーラパ）と、舞台（カフア）に使われる植物には約束事がある。フラではパライ（パラパライ）などのレイを身につけるが、それはここに神が宿る（キノ・ラウ）とされるからだ。フラの祭壇（クアフ）にはパライのほか、マイレ、ハラペペ、イエイエ、キー（ティ）、オヒア・レフア、オヘロなどの植物が捧げられ、その中心に神が宿るもの（キノ・ラウ）としてラマの木などが置かれた。フラの儀式を終えると祭壇は解体され、使われた葉や枝は、海や深い川の淵に沈められた。

フラの女神として知られるラカは、マイレの女神としても知られる。彼女は意のままにマイレを這わせることができた。ハラペペは葉の基部に黄色の果実をつけるが、この果実はラカに捧げるためのフラで用いた。淡黄色の花はレイに用いる。イエイエのつるには美しい少女の精霊が宿り、葉には女神ヒナの祈りが込められている。キー（ティ）はフラのスカートとして用いられる。また、女神ヒナがレイにした。オヒア・レフアはヒイアカの子どもであり、ペレの化身でもある。オヘロはペレの好きな果実であり、ペレとヒイアカを演じるフラで用いられる。パライ（パラパライ）はペレの末妹である女神ヒイアカが腰当てとして用いた。

ハワイアンキルト

一八二〇年にキー（ティ）のスカートを身にまとったハワイ王室の女性二人がサディアス号という帆船に招待され、宣教師の妻たちのキルトの集いに加わったのが、ハワイ諸島における最初のキルト体験だとされる。キルトは、当初はパッチワークのスタイルで、今日の様式はまだ確立されていなかった。ハワイ王国に布地の端布はほとんどなかったため、キルトづくりの手ほどきをしたアメリカ人宣教師の妻たちは、大きな布地を切ってパッチワーク用の端布を作成した。ハワイの女性たちは、わざわざ布を小さく切ってからまた縫い合わせるというこの作業を見て理解に苦しんだ。それは時間と貴重な布の浪費にしか映らなかったようだ。また、ハワイの気候を考えるなら、布地を重ね合わせるのは暑苦しいという感覚もあったに違いない。

当時、ハワイの布は植物の繊維からつくられた不織布であるカパが主流だった。そこで、宣教師の妻たちは、カパに用いられたデザインをパッチワークに転用した。生地を四分の一、あるいは八分の一に折りたたんでシンメトリカルな模様をつくる手法や、二色を基本とするパターーン、クーピナイ（またはエコー）と呼ばれる波のようなライン取りなど、フムラウと呼ばれる手法や様式はその頃に確立した。また、ハワイアンキルトのうち、アップリケを縫いつけたものをハワイ語でカパ・ラウと呼ぶ。カパは生地、ラウは（「葉」ではなく）「パターン」を意味する。

一八七三年にハワイ諸島を訪れたイザベラ・バードは、ハワイアンキルトを見た印象を、

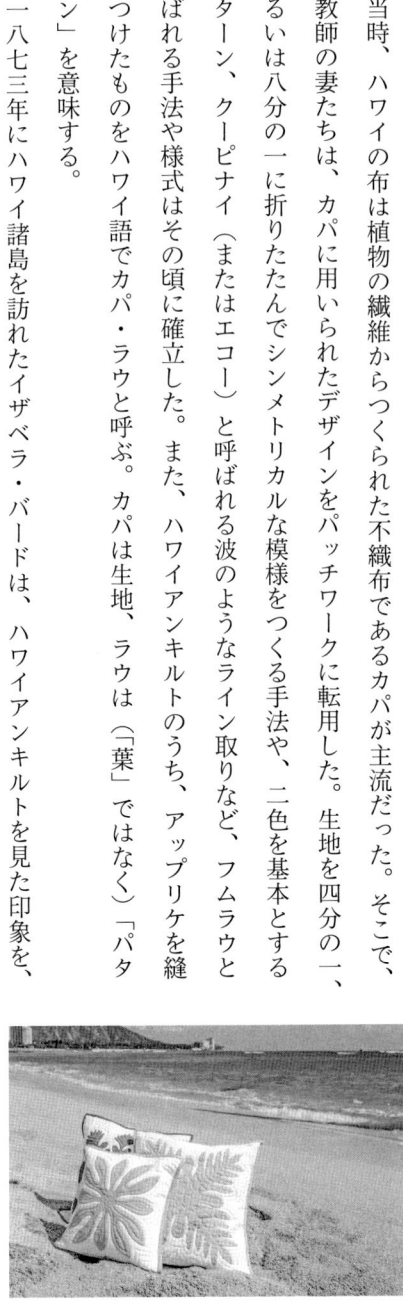

その著『イザベラ・バードのハワイ紀行』（邦訳）のなかで次のように伝えている。
「……蚊帳を張った四柱式のベッドには、清潔なシダの繊維で作られたマットレスの上にリネンのシーツがかかり、その上に美しいキルトのベッドカバーがかけられていた。キルトは、白地に緑の葉のリースをあしらい、そのまわりをクラシックな唐草模様が縁取る見事なものだった。先住民の女性はこのようなキルトのデザインや色使いに見事な才能を発揮し、なかには芸術品の域に達するものもある。」

クーデターの容疑で王宮に幽閉されたハワイ王朝最後の女王リリウオカラニが侍女とともにキルトを縫ったこともよく知られる。彼女がつくった唯一のキルトには、暗号が縫い込まれていたという説もあるが、真偽のほどは定かでない。

十九世紀後半にハワイがアメリカ合衆国へ組み込まれると、ハワイ王国旗やハワイの象徴といえる木や花が数多くキルトのモチーフとされるようになった。ホノルルのビショップ博物館には、オヒア・レフアの花やモキハナの実、ウーレイの実などをモチーフとした当時のハワイアンキルトが保存・展示されている。

自然をもとに、大胆にデフォルメされたシンプルな図柄は、地面に映る木の葉のシルエットに触発されたという説や、白いシーツに映った花の影を写し取ったのが始まりだという説などがある。また、ハワイ人としてのアイデンティティーの危機意識が、ハワイアンキルトのデザインに縫い込まれたと考える者もいる。その後も自然の事物を扱ったデザインは廃れることなく、今日にいたる。

キルトが一般に広まったのは、一九三〇年代から四〇年代にかけて、ホノルル美術館で行われた作品展がきっかけだった。主催した新聞社から賞金や賞品が用意されたため、それまで一部のハワイ人女性の趣味でしかなかったハワ

イアンキルトは、多くの女性たちに浸透した。また、これを機に各地でキルト教室が開催され、修了者には証書を発行するようになって、ハワイアンキルトはハワイ社会に広く浸透していった。

タロイモの栽培とアフプアア

火山島であるハワイの島々は歳月とともに大地の浸食が進み、山々には深い襞が刻みこまれる。鋭い尾根と尾根の間には狭いながらも平地（扇状地）があり、川が流れる。ハワイの先住民はこの川を中心に、山から海までを細長く切り取った土地で暮らした。土地を細かく仕切ったことについては諸説あるが、彼らの主食であったタロイモの栽培が、大きな要因のひとつだった。タロイモは日本人にとっての米と同じく、生活する上で欠くことのできない作物だが、傷みが早く、広範囲に流通させることができなかった。日本のように米を富として蓄え、中央集権的に国を統治するという仕組みをつくることができなかったのだ。それゆえ、限られた土地での生活形態となったのだろう。したがって、西欧との接触以前、ハワイには貨幣経済というものはなく、個人が土地を所有するという概念もなかった。

土地のすべては大首長のものであり、彼が死ぬと、土地の所有者とそれを借り受ける者の関係はいったん失効する。そして新たに即位した大首長がすべての土地を再配分した。各島の大首長は、島をいくつかの大きな単位に分割して首長たちに貸し与えた。首長たちはこの土地をさらに細分化し、アフプアアという単位に分けた。アフプアアには漁のできる海と、農耕や植物採集の可能な森が必ず含まれていなければならなかった。これは丸いピザを切り分けるのに似ている。どれほど多くに切り分けられても、各ピースは必ず中心から端までが含まれることになる。このシステムによってアフプアアの住人たちは、わずかな例外はあったものの、自給自足の生活を行うことができた。ちなみに、アフプアアという名称は、土地と土地の境界にブタ（プアア）の像を載せた石垣（アフ）がつくられたことに由来する。

アフプアアを管理したのは、首長が任命した小首長だった。小首長は必要に応じて、アフプアアをさらに分割し、小さな土地にして住民に貸し与えることもあった。最小単位ともいえるこれらの土地は、ピザ状の細長い三角形ではなく、山に住む者と海岸近くに住む者とに分けられた場合は、住人たちの役割は分担され、収穫物はアフプアア内で物々交換された。

アフプアア内の川の源流は小首長しか立ち入ることができず、その下流に飲料水を確保する土地があり、さらに下流にタロイモの水田がつくられた。水田からの排水はそのまま川や海に流さず、いったん地下に流して浄化したあと、川や海に戻された。それは幅の狭い海岸と漁場を汚染させないための工夫だった。

タロイモはこのような限られた環境で栽培されたため、土地によって少しずつ性質が異なるものができた。最盛期には三〇〇ほどの栽培品種があったといわれる。タロイモは水耕栽培が基本だが、不作に備えて畑での栽培も行われた。さらに、タロイモの収穫が十分ではない場合に備えて、ウル（パンノキ）、ウアラ（サツマイモ）、マイア（バナナ）などを栽培したほか、飢饉の際は、ハープウやアマウなどの木生シダから採れるデンプンを食用とした。タロイモはいまでもハワイの人々の主食のひとつとして食卓を飾る。

アオイ科 *Malvaceae*

寒冷地を除く世界に約八五属一五〇〇種が分布する。malvaには「柔らかくする」という意味がある。ローマ時代に万能薬として使われたゼニアオイの効能が、肌を柔らかくすることだったため。アオイはフユアオイなどを指し、葉に向日性があることから「仰ぐ日」と呼ばれたことによる。ハワイの州花であるハイビスカスをはじめ、コットン、オクラ、ワタなど、有用植物が多い。

アブチロン・エレミトペタルム >>>P186

【学名】*Abutilon eremitopetalum*
【ハワイ名】なし
【英名】Hidden-petaled abutilon, Hidden-petaled ilima
【和名】なし
【原産地】オアフ島
【特徴】低木（2〜4ｍ）、花冠2〜3㎝
【備考】固有種／絶滅危惧種

ぼんぼりのように垂れ下がった淡い花冠が特徴。一九三〇年代に絶滅したと見なされていたが、一九八七年にラナイ島カヘア渓谷の乾燥した土地で七〇株ほどが再発見された。二〇一九年現在もそれほど増えていない。

ヘアリー・アブチロン >>>P186

【学名】*Abutilon grandifolium*
【ハワイ名】なし
【英名】Hairy abutilon, Hairy indian mallow
【和名】なし
【原産地】熱帯アメリカ
【特徴】低木（1・3〜3ｍ）、花冠1・5〜2・5㎝
【備考】外来種

平地の乾燥した土地に自生することが多い。原産地では、甘い香りの葉は花とともに解熱や鎮痛、利尿剤として用いられた。莢は成熟すると赤色や白色となる。

ホーリー・アブチロン >>>P186

【学名】*Abutilon incanum*
【ハワイ名】なし
【英名】Hoary abutilon, Flowering maple
【和名】なし
【原産地】北米南西部〜メキシコ〜ハワイ
【特徴】低木（0・5〜2ｍ）、花冠1〜3・5㎝
【備考】在来種（外来種という説もある）

海抜〇〜二〇〇ｍの乾燥した土地に自生する。花弁には白・黄・ピンクがある。

コオロア・ウラ >>>P186

【学名】*Abutilon menziesii*
【ハワイ名】Koʻoloa ʻula
【英名】Red ilima, Red abutilon
【和名】なし
【原産地】ラナイ島、マウイ島、ハワイ島
【特徴】低木（2〜3ｍ）、花冠2・5〜3・5㎝
【備考】固有種／絶滅危惧種

ウラにはハワイ語で「赤」の意味があり、ハイビスカスのミニチュアのような真紅の小さな花をつける。まれに淡いピンク色の株もある。一九八六年に絶滅危惧種に指定されたが、現在は州の保護下でその数を増やしている。

アブチロン・ピクツム >>>P186

【学名】*Abutilon pictum*
【ハワイ名】Pele, Hua moa

【英名】Lantern ilima, Royal ilima, Flowering maple
【和名】ショウジョウカ
【原産地】熱帯アメリカ（ブラジル、ウルグアイ、アルゼンチン）
【特徴】低木（1・8～2・4m）、花冠2～3㎝
【備考】外来種／栽培種
　英名でメイプルと呼ばれるのは、葉がメイプル（カエデ）に似ているため。花弁は袋状に垂れ下がる。袋状の花弁と大きな葉は強い日差しから雄しべと雌しべを守る。

コオルア・オーマオ >>>P186

【学名】*Abutilon sandwicense*
【ハワイ名】Koʻolua ʻōmaʻo, Koʻolua maʻomaʻo
【英名】Green-flowered abutilon, Greenflower Indian marrow
【和名】なし
【原産地】オアフ島
【特徴】低木（0・6～3・6m）、花冠2～3㎝
【備考】固有種／絶滅危惧種
　ハワイ諸島には固有のアブチロンが四種ある。そのうちの三種は絶滅危惧種で本種もその一つ。花冠はそのなかでもっとも大きい。オーマオとはハワイ語で「緑」を意味する。本種が淡緑色の花をつけるためだが、本来のハワイ名は不明とされる。

マオ >>>P186

【学名】*Gossypium tomentosum*
【ハワイ名】Maʻo, Huluhulu
【英名】Hawaiian cotton
【和名】なし
【原産地】ハワイ島とカウアイ島を除くハワイ諸島
【特徴】低木（0・5～1・8m）、花冠2～3㎝
【備考】固有種
　綿をつけるが、ハワイの伝統文化ではこの綿を布の素材として使うことはなかった。乾燥した岩だらけの土地を好む。朝開いた花は夕方に落ちる一日花であること、わずかだが花弁の色を変化させる点などは、ハイビスカスの仲間であるハウとよく似る。花と葉はレイに用いられる。胃痛のときは乾燥させた花や根を煎じたものを服用した。樹皮はカパ（タパ）や染料の素材に用いられた。各島で栽培を行っており、商業ベースで利用する計画もある。

ハウ・クアヒヴィ（ディスタンス）>>>P187

【学名】*Hibiscadelphus distans*
【ハワイ名】Hau kuahiwi
【英名】なし
【和名】なし
【原産地】カウアイ島
【特徴】低木（1～5m）、花冠1㎝
【備考】固有種／絶滅危惧種
　一九七二年にカウアイ島のワイメア渓谷で発見された新種。葉の色に似た緑の花弁と赤い花柱をもつ小型のハイビスカス。生長するにつれて花弁はえび茶色となる。土砂崩れと草食動物の食害で絶滅の危機に瀕するが、二〇〇四年時点で二〇〇株ほどに増えている。

ハウ・クアヒヴィ（ギファルディアヌス）>>>P187

【学名】*Hibiscadelphus giffardianus*
【ハワイ名】Hau kuahiwi
【英名】なし
【和名】なし
【原産地】ハワイ島
【特徴】多年草（5～7m）、花冠1・5～4㎝
【備考】固有種／絶滅危惧種
　ハワイ火山国立公園内に生育する在来のハイビスカス。深い紅色の花をつけるが、全開はしない。一九一一年に植物学者J・F・ロックによって発見された。野生種は一九三〇年に絶滅したが、国立公園が栽培していたものが生き延び、わずかな個体が残されている。

パープルリーフ・ハイビスカス >>>P187

【学名】*Hibiscus acetosella*
【ハワイ名】なし
【英名】Purple-leaved hibiscus, Red-leaf hibiscus, African rose mallow
【和名】シソアオイ、クロハイビスカス
【原産地】アンゴラ
【特徴】多年草（1・5～2m）、花冠6～9㎝
【備考】外来種

葉はえび茶あるいはチョコレート色をしている。シソの葉に似ており、沖縄ではシソのように利用される。花は赤く変色したハウによく似るが、ハウより深みのある色をしている。ハウとは色の変化が反対で、咲きはじめは濃い赤で、しだいに淡い色となる。新芽はサラダに用いられる。ハイビスカスティーとして利用されるローゼル（*H. sabdariffa*）や、エジプトのミイラの包帯として使われたケナフ（*H. cannabinus*）に近縁。

コキオ・ケオ・ケオ（アーノッティアヌス） >>>P187

【学名】*Hibiscus arnottianus*
【ハワイ名】Koki'o ke'o ke'o, Hau hele, koki'o kea, Pua aloalo
【英名】Hawaiian white hibiscus, Oahu white hibiscus
【和名】なし
【原産地】オアフ島
【特徴】低木（8～10m）、花冠4～7㎝、筒長5～7㎝
【備考】固有種

ハワイ固有のハイビスカス。白い花弁と赤い花柱との鮮やかなコントラストが特徴的だが、まれに淡いピンクの花弁もある。コオラウ山中で多く見られる。ハワイ原産のハイビスカスは園芸品種と異なり、強い芳香がある。今日見られる多くの園芸品種の交配親の一つでもある。花弁が丸みを帯びたワイメアエ（*H. waimeae*）や、花柱が白いイマクラトゥス（*H. immaculatus*）もある。

コキオ・ケオ・ケオ（イマクラトゥス） >>>P188

【学名】*Hibiscus arnottianus* subsp. *immaculatus*
【ハワイ名】Koki'o ke'o ke'o, Hau hele
【英名】White hibiscus, White rose mallow
【和名】なし
【原産地】モロカイ島
【特徴】低木（8～10m）、花冠10～15㎝
【備考】固有種／絶滅危惧種

アーノッティアヌスの亜種で、花弁も花柱も白一色のハイビスカス。ヤギなどの食害により絶滅の危機に瀕している。アーノッティアヌスとの同系交配をするなど、種の保存努力が払われている。

マオ・ハウ・ヘレ >>>P188

【学名】*Hibiscus brackenridgei*
【ハワイ名】Ma'o hau hele, Aloalo
【英名】Hawaiian native yellow hibiscus
【和名】なし
【原産地】ニイハウ島とカホオラヴェ島を除くハワイ諸島
【特徴】低木（1～10m）、花冠9～12㎝
【備考】固有種

ハワイ州の花。オレンジ色に近い黄色で花冠や花茎には繊毛が密生する。比較的乾燥した土地であれば簡単に生育するため、アメリカ西海岸でも栽培されている。本種は他のハワイ固有種とは由来が異なるので、交雑はしない。

ヒビスクス・カリフィラス >>>P188

【学名】*Hibiscus calyphyllus, H. rockii*
【ハワイ名】なし
【英名】Lemon-yellow rose mallow

【和名】なし
【原産地】熱帯アフリカ、マダガスカル
【特徴】低木（1～3ｍ）、花冠9～12㎝
【備考】外来種
　ハウと似ているが、花弁の中心が暗褐色である点が異なる。ハウやカリフィラスの仲間は、生長すると枝や根を地上で複雑に交差させ、容易に人が通れないほどの繁みをつくる。ハイビスカス・オヴァリフォリウス（*H. ovalifolius*）に近縁。

ヒビスクス・クライー >>>P188

【学名】*Hibiscus clayi*
【ハワイ名】Koki’o ‘ula
【英名】Hawaiian red hibiscus
【和名】なし
【原産地】カウアイ島
【特徴】低木（4～8ｍ）、花冠3～5㎝
【備考】固有種／絶滅危惧種
　外観がヒビスクス・コキオに似ているため、その亜種だという説もある。花色は赤のみ。葉は全縁（鋸歯がない）。高地の乾燥した土地に自生する。絶滅が危惧されており、州やカメハメハ・スクールなどの教育機関がそれぞれ再生の努力を続けている。

アキオハラ >>>P189

【学名】*Hibiscus furcellatus*
【ハワイ名】Akiohala, Akiahala, Hau hele wai
【英名】Rose mallow, Sleepy hibiscus
【和名】なし
【原産地】フロリダ、西インド諸島、熱帯アメリカ、ハワイ
【特徴】低木（1～2・5ｍ）、花冠10～15㎝
【備考】在来種
　きわめて生長の速いハイビスカスで、三か月で二ｍもの背丈になる。葉は煎じて茶として飲むほか、生の葉はサラダとして利用される。

ヒビスクス・コキオ（コキオ） >>>P189

【学名】*Hibiscus kokio* subsp. *kokio*
【ハワイ名】Koki’o, Koki’o ‘ula, Koki’o ‘ula’ula, Mākū
【英名】Hawaiian hibiscus, Red rose mallow
【和名】なし
【原産地】ラナイ島、ニイハウ島、カホオラヴェ島を除くハワイ諸島
【特徴】低木（1～7ｍ）、花冠4～6㎝
【備考】固有種
　さまざまな園芸品種のハイビスカスのもととなった原種の一つ。最初に州花として制定されたハイビスカスでもある。伝統社会では材を炭としたほか、庭木として観賞した。若芽は子ども用の下剤や滋養強壮剤とした。亜種にカハリイ（*H. kokio* subsp. *Kahilii*）がある。

ヒビスクス・コキオ（セイントジョニアヌス） >>>P189

【学名】*Hibiscus kokio* subsp. *saintjohnianus*
【ハワイ名】Koki’o ‘ula’ula, Koki’o
【英名】Hawaiian native red hibiscus
【和名】なし
【原産地】ラナイ島、ニイハウ島、カホオラヴェ島を除くハワイ諸島
【特徴】低木（2～9ｍ）、花冠4～6㎝
【備考】固有種
　クライーに似るが、花色は赤、オレンジ、黄がある。また、葉には先端から中ほどまで鋸歯がある。芳香はない。花はレイに、材は炭に用いられた。

アメリカフヨウ >>>P189

【学名】*Hibiscus moscheutos*
【ハワイ名】なし
【英名】Swamp rose mallow, Common rose mallow

【和名】アメリカフヨウ、クサフヨウ
【原産地】北米
【特徴】多年草（1〜1・8ｍ）、花冠15〜30㎝
【備考】外来種
大型のハイビスカスで、北米に多くの亜種がある。中国では酔芙蓉とも呼ばれる。通常は白かピンクの花を咲かせるが、写真のような真紅の株もある。

ブッソウゲ >>>P189

【学名】*Hibiscus rosa-sinensis*
【ハワイ名】Aloalo
【英名】Hawaiian hibiscus
【和名】ブッソウゲ、アカバナ、リュウキュウムクゲ
【原産地】中国、インド
【特徴】低木（2〜5ｍ）、花冠5〜20㎝
【備考】栽培種
学名の *rosa-sinensis* とは、バラの原種の一つとされる中国原産のコウシンバラのこと。本種とハワイ固有のハイビスカス（Kokiʻo ʻula）をかけ合わせたものは一般にハワイアン・ハイビスカスと呼ばれ、多くの園芸種が作られている。和名のブッソウゲ（仏桑華）は中国語名「扶桑」に花を付けたものが転訛した。

ハイビスカス・クーペリ >>>P189

【学名】*Hibiscus rosa-sinensis* ‘cooperi’
【ハワイ名】なし
【英名】Hibiscus cooperi
【和名】ニシキブッソウゲ
【原産地】中国
【特徴】低木（1〜3ｍ）、花冠10〜14㎝
【備考】外来種／栽培種
風車のような赤い花弁と、斑入りの葉が特徴。ハワイアン・ハイビスカスをさらに改良してつくられたもので、オアフ島のココ・クレーター植物園などで見ることができる。本種からもさらに多くの園芸品種がつくられている。

ローゼル >>>P189

【学名】*Hibiscus sabdariffa*
【ハワイ名】なし
【英名】Roselle, Indian sorrel, Jamaica sorrel
【和名】ローゼル、ロゼリソウ
【原産地】アフリカ北西部
【特徴】多年草（1・2〜2ｍ）、花冠8〜9㎝
【備考】外来種
クレオパトラの時代から茶として愛飲され、今日では世界中に広まる。多肉質の花弁は乾燥させて利尿剤や疲労回復などに用いられた。乾燥させた果実は砕いて湯を注ぐとバラ色のハイビスカスティーとなる。酸味の強い茶で、ビタミンCが豊富に含まれる。萼を発酵させたものはローゼル酒となる。若葉はサラダに用い、種子からはククイと同じく油を採った。モッキンカやオクラに近縁。

フウリンブッソウゲ >>>P190

【学名】*Hibiscus schizopetalus*
【ハワイ名】Koʻa koʻa
【英名】Coral hibiscus, Japanese hibiscus
【和名】フウリンブッソウゲ
【原産地】ザンジバル島、東アフリカ
【特徴】低木（2〜4ｍ）、花冠7〜10㎝
【備考】外来種
花は花柱が下向きに長く伸び、全体が風鈴のような形状をしている。沖縄ではこの花の煮汁を洗眼薬に、葉は解熱剤として用いた。学名（種小名）はラテン語で「切れ込みのある花弁」を意味する。英名は花と形状がサンゴに似ていることから。

ハワイアン・ハイビスカス >>>P190

【学名】 *Hibiscus* sp., *Hibiscus* hybrids
【ハワイ名】 Aloalo
【英名】 Hawaiian hibiscus
【和名】 ハワイアン・ハイビスカス
【原産地】 アジア、太平洋諸島
【特徴】 低木(2～5m)、花冠9～15㎝
【備考】 栽培種

　ブッソウゲとヒビスクス・コキオなどをかけ合わせたもので、さまざまな色合いや形状がある。ハワイではカメハメハ一世の頃から園芸品種づくりが奨励され、今日では六〇〇〇を超える品種がある。

ハウ >>>P190

【学名】 *Hibiscus tiliaceus*
【ハワイ名】 Hau
【英名】 Cottonwood, Beach hibiscus, Hau tree
【和名】 オオハマボウ
【原産地】 太平洋諸島の熱帯地域
【特徴】 低木～高木(2～20m)、花冠7～9㎝
【備考】 在来種／伝統植物

　朝の咲きはじめは淡黄色だが、しだいに濃黄色となり、夕暮れ時に濃オレンジ色となって落ちる一日花。落花後も変色を続け、濃赤色となる。河口域や海岸などでよく見られる。カウアイ島のハーエナからケエ・ビーチにかけて大群生がある。女神ヒナ(あるいはヒナの姉妹)がハウに姿を変えたという伝説がある。樹皮や枝、花の蕾に含まれる樹液は、便秘、歯痛、喉や胸の痛みの緩和など多くの治療に用いられた。また、ハウの木はとても比重が小さく、漁網用の浮きや凧の骨組みに用いられた。海岸にハウの枝が立てられているときは禁漁とされた。樹皮の繊維はラウハラ(タコノキの葉の編み細工)を縫うひもとして用いられた。

コキオ・ケオ・ケオ(ワイメアエ) >>>P190

【学名】 *Hibiscus waimeae*
【ハワイ名】 Koki'o ke'o, Koki'o kea
【英名】 Hawaiian white hibiscus
【和名】 なし
【原産地】 カウアイ島
【特徴】 低木(6～10m)、花冠8～12㎝
【備考】 固有種／絶滅危惧種

　花柱の色はアーノッティアヌスよりいくぶん明るく、花弁は幅広で先端が丸みを帯びる。葉の鋸歯もアーノッティアヌスより丸く、葉脈は赤みを帯びる。花には淡い芳香がある。朝に白色の花を咲かせ、夕暮れ時には淡いピンク色に染まって落ちる。ハワイに数多い園芸種の原種となったハイビスカスの一つでもある。ワイメアのコケエ州立公園に群生がある。

生まれる花、生き延びる花

　観光地で見られるハイビスカスの多くはハワイアン・ハイビスカスで、中国原産のブッソウゲ(*Hibiscus rosa-sinensis*)にハワイのコキオ種をかけ合わせたものだ。王朝初期から園芸品種づくりが行われたが、一九〇二年にギフォードがハワイ固有種を交雑させて四つの園芸種を誕生させて本格化した。

　ハワイ固有のハイビスカスは三属二〇種がある。一九二三年にヒビスクス・コキオがハワイ州の花に制定されたが一般に馴染みが薄いため、一九八八年にはマオ・ハウ・ヘレに変更された。

　ハワイ固有のハイビスカスが新発見された。*Hibiscadelphus woodii*だ。一九九一年に発見され、九五年に命名されたものの二〇一六年に絶滅したと思われた。しかし二〇一九年にカウアイ島カラウ渓谷の絶壁で新たに三株が再発見された。

ハウ・ヘレ・ウラ（ドリナリオイデス）>>>P191

【学名】*Kokia drynarioides*
【ハワイ名】Hau hele ʻula, Kokiʻo
【英名】Hawaii cotton tree, Hawaii tree cotton
【和名】なし
【原産地】ハワイ島
【特徴】低木（2〜8m）、花冠7〜10㎝
【備考】固有種／絶滅危惧種

ハイビスカスの一つで、ハワイ島にのみ自生する。蕾は硬く、萼片は皮質化する。葉は常緑だが一部落葉する。かつて漁網を赤く染めるためにこの花を用いた。ハワイミツスイの一種イイヴィの彎曲したくちばしはこの花の花筒に最適化している。樹皮は口内炎の予防に用いられた。野生のものは絶滅の危機に瀕している。

ハウ・ヘレ・ウラ（カウアイエンシス）>>>P191

【学名】*Kokia kauaiensis, K. rockii* var. *kauaiensis*
【ハワイ名】Hau hele ʻula, Kokiʻo
【英名】Kauai kokia, Kauai tree cotton
【和名】なし
【原産地】カウアイ島
【特徴】低木（4〜15m）、花冠8〜12㎝
【備考】固有種／絶滅危惧種

ドリナリオイデスに近縁。カウアイ島にのみ自生する。コキア属にはモロカイ島由来のクーケイとドリナリオイデス、オアフ島由来のランケオラタ、それに本種の四種があり、いずれもよく似た外観をもつが、この順にサイズが大きくなり、カウアイエンシスがもっとも大きい。標高五〇〜三〇〇mの比較的乾燥した土地に分布する。

フォルス・マロー >>>P191

【学名】*Malvastrum coromandelianum*
【ハワイ名】なし
【英名】False mallow
【和名】エノキアオイ
【原産地】熱帯アメリカ
【特徴】多年草（0・2〜1m）、花冠1〜2㎝
【備考】外来種

大きな葉の付け根に小さな白色あるいは淡黄色の花をつける。しべはいずれも淡黄色。葉の長径は三〜六㎝で鋸歯がある。

ウナヅキヒメフヨウ >>>P191

【学名】*Malvaviscus penduliflorus*
【ハワイ名】Aloalo pahūpahū
【英名】Turk's cap, Sleeping hibiscus
【和名】ウナヅキヒメフヨウ
【原産地】メキシコ〜コロンビア
【特徴】低木（1・5〜3m）、花長3〜6㎝、花冠1・5〜2・5㎝
【備考】外来種

名前のとおり下向きに咲き、花弁は全開しない。赤花が多いが、白（シロバナウナヅキヒメフヨウ）やピンクもある。ハワイ島ワイピオ渓谷のワイピオ川沿いに群生がある。

パキラ >>>P191

【学名】*Pachira aquatica*
【ハワイ名】なし
【英名】Guiana chestnut, Malabar chestnut
【和名】カイエンナッツ、パキラ
【原産地】熱帯アメリカ
【特徴】低木〜高木（5〜20m）、花冠10〜20㎝
【備考】外来種

花と葉は生食できる。花後に長径三〇㎝ほどの大きな実をつける。実も食用になるといわれるが、少量の有害成分があるので加熱すること。水に強く、幹の下部が水没しても長期間根腐れを起こさない。

イリマ >>>P192

【学名】*Sida fallax*
【ハワイ名】'Ilima, 'Ilima papa
【英名】Ilima, Yellow ilima
【和名】なし
【原産地】太平洋諸島
【特徴】低木（1～3ｍ）、花冠2・5～3・5㎝
【備考】在来種
　鋸歯の目立つ小さな葉の間から顔を出す黄色の花は、時間とともに黄からオレンジ、淡赤色へと変化する。黄色や赤は貴い色とされ、ハワイの王侯貴族に珍重された。オアフ島の花であり、レイの素材としても知られる。花の蕾は下剤に、根の皮は疲労回復や喘息の予防に用いられた。イリマにはつる性で地面を覆うように広がる**イリマ・パパ**（>>>P192 02）という亜種もある。

スカンクツリー >>>P192

【学名】*Sterculia foetida*
【ハワイ名】なし
【英名】Skunk tree, Stinky sterculia, Hazel sterculia, Java olive
【和名】ヤツデアオギリ
【原産地】東アフリカ、熱帯アジア、オーストラリア北部
【特徴】低木～高木（20～30ｍ）、花冠2～2・5㎝
【備考】外来種
　葉は一〇～一五㎝。ヤツデのような葉をつける。果実は緑から赤、黒色へと変わり、熟すと異臭を放つ。種子は油を採るほか、煎って食べることができる。従来はアオギリ科に属したが、アオイ科に統合された。

カカオ >>>P192

【学名】*Theobroma cacao*
【ハワイ名】なし
【英名】Cacao
【和名】カカオノキ
【原産地】中南米
【特徴】低木（6～8ｍ）、花冠1～2㎝
【備考】外来種
　ココアやチョコレートの原料であるカカオは、野生ではほとんど見ないが、植物園には多い。果実と比べると花は小さい。淡桃色や黄色の花が茎の部分から垂れ下がる。カカオの名は、アステカやマヤの言葉でこの植物を指すカカウに由来する。属名の*Theobroma*は、ギリシャ語で「神の食物」を意味する。アオギリ科からアオイ科に統合。

ミロ >>>P192

【学名】*Thespesia populnea*
【ハワイ名】Milo
【英名】Portia tree
【和名】サキシマハマボウ、トウユウナ
【原産地】熱帯アジア、インド洋沿岸と太平洋諸島
【特徴】低木～高木（5～20ｍ）、花冠5～8㎝
【備考】在来種／伝統植物

イリマのレイ

フラの女神であるラカがイリマに変身したという神話や、マウイが巨大なウナギを退治してヒナを助けたとき、彼女はその喜びを表すためにイリマでレイをつくり、自らを飾ってマウイに感謝の意を表したという神話がある。イリマのレイには「あなたを誇りに思う」という意味がある。王が身につける場合は、夜明け前に開花直前の花を摘み、その場でレイを編んだ。そして暗所に保管し、身につけるときに取り出した。

主に海岸に分布する。海岸植物で塩分に強く、海水に洗われる場所でも育つ。ハウに似るが、花は筒型で開き切ることはない。ハート型の葉が特徴で、カボチャを小型にしたような実をつける。若い実からは黄色の染料が採れる。花の咲きはじめは淡黄色だが、しだいに赤紫色となって夕方に落ちる一日花。樹皮はロープに、幹は家具に、根は染料や薬として用いられた。また、若い葉は食用にした。

ウハロア >>>P193

【学名】 *Waltheria indica*
【ハワイ名】 'Uhaloa, Kanakaloa, 'Ala'ala Pūloa
【英名】 なし
【和名】 コバンバノキ
【原産地】 熱帯地域
【特徴】 低木（0・6〜2m）、花冠1〜1・5㎝
【備考】 在来種

枝と葉はビロードのような毛に覆われており、枝の根元につく花は鮮やかな黄色で芳香がある。海岸に自生する。葉を煎じたものや、根の樹液は喉の痛みに効果があるため、ハワイでは喘息治療に用いられた。関節炎に対する効能もある。

アカテツ科　Sapotaceae

熱帯地域を中心に約三五属六〇〇種がある。大半は常緑の木本で、葉は革のような質感のものが多い。樹皮や葉に乳管が発達し、切ると乳液が出る。また、サポジラのように液果状の果実をつけるものが目立つ。sapota はチューインガムノキのスペイン語名である sapotillo に由来する。

サポジラ >>>P193

【学名】 *Manilkara zapota*
【ハワイ名】 なし
【英名】 Chewing gum-tree, Tree potato
【和名】 チューインガムノキ、ツリーポテト
【原産地】 メキシコ、コスタリカ
【特徴】 高木（10〜30m）、花冠1〜1・2㎝
【備考】 外来種

熱帯地域で広く栽培される果樹。チューインガムの原料となるチクルも採取する。ハワイではホテルの庭や植物園などで見かける。花は筒状で一㎝ほどの小さなものが数個まとまって咲く。果実は洋ナシのような質感で、カキに似た味がする。

マメイ・サポテ >>>P193

【学名】 *Pouteria sapota*
【ハワイ名】 なし
【英名】 Mamey sapote, Sapote
【和名】 オオミアカテツ
【原産地】 メキシコ南部〜南米北部
【特徴】 高木（18〜40m）、花冠1〜1・3㎝
【備考】 外来種

熱帯雨林でひときわ目立つ巨木で、果実も大きい。野生のものはカボチャとオレンジを足して二で割ったような味がする。園芸品種が多く、サイズも色も多くの種類がある。中米ではジュースとして広く飲まれる。

ケアヒ >>>P193

【学名】 *Sideroxylon polynesicum, Nesoluma polynesicum*
【ハワイ名】 Keahi
【英名】 Hawaiian nesoluma, Island nesoluma
【和名】 なし
【原産地】 クック諸島、ツバイ諸島、ニイハウ島とカホオラヴェ島を除くハワイ諸島

【特徴】低木(3〜10m)、花冠1・5〜2・5㎝
【備考】在来種/準絶滅危惧種
カウイラに似た淡緑色の花と、オリーブに似た実をつける。アカテツ科の実は食用となるものが多いが、ケアヒの実は食べることはできない。

アカネ科 Rubiaceae

世界各地に約五〇〇属六〇〇〇種が分布する。日本では草本が多いが、ハワイではほとんどが木本で、いずれも低木。有用植物としてはコーヒーノキがもっともよく知られている。ハワイでは古くからノニが薬草として利用された。今日ではサンタンカ(イクソラ)が庭木として広く用いられる。学名の rubia は宝石のルビーと同じく「赤」を表す。

ファイアクラッカー・ブッシュ >>>P193

【学名】*Bouvardia ternifolia*
【ハワイ名】なし
【英名】Scarlet bouvardia, Firecracker bush
【和名】ミツバカンチョウジ
【原産地】メキシコ、米国南部
【特徴】低木(40〜90㎝)、筒長8〜10㎝
【備考】外来種
花はマネッティア(ファイアクラッカー)に似る。ハワイでは庭木として栽培されることが多い。原産地では葉と花を虫刺されの痛み止めとして用いた。近縁種と交雑して多くの園芸品種が生まれている。

コーヒーノキ >>>P194

【学名】*Coffea arabica*
【ハワイ名】Kope
【英名】Arabian coffee
【和名】コーヒーノキ
【原産地】エチオピア、スーダン
【特徴】低木(4〜7m)、花冠1・5〜2㎝
【備考】外来種/栽培種
コーヒーはアラビカ種、ロブスタ種、リベリカ種が三大品種だが、ハワイでは主にアラビカ種が栽培されている。小さな白い花はジャスミンに似た甘い香りを放ち、春先に一斉に開花する。遠目には雪をかぶったように見えるため、コナ・スノーと呼ばれる。花は数日で萎む。葉は光沢があり波打っている。熟した赤い果実はサクランボのような甘さがあるので、コーヒーチェリー(チェリービーン)と呼ばれることもある。葉や種子には疲労回復の効果がある。農園では二〜二・五mの高さに調整し、手摘みで収獲する。カウアイ島のみ完熟すると黄色となる品種を栽培し、収穫には機械を用いる。

コーヒー豆

コナ・コーヒーとして栽培されるものは、アラビカ種の改良品種の一つで、ハワイには一八二五年に持ち込まれた。当初はオアフ島のマキキ地区で栽培されたが成果が上がらず、三年後にハワイ島のケアラケクア湾周辺に移植された。現在は高級コーヒー豆として世界に知られる。

ハワイにおけるコーヒーの品質表示は豆の大きさにより、エクストラファンシー(スクリーン#一九)、ファンシー(スクリーン#一八)、ナンバー1(スクリーン#一七〜一六)、プライム、スリーエックスに分けられている。このうちコナ・コーヒーは上位の三つのグレードに限られる。

コーヒー豆は一つの果実に二つの核があるが、まれに一方の発育が止まり、片方だけが発達して粒状になるものがある。前者をフラットベリーと呼ぶのに対して、こちらはピーベリーと呼ばれ、エクストラファンシーと同じランク付けがなされている。

ピロ（エリプティカ）>>>P194

【学名】*Coprosma elliptica*
【ハワイ名】Pilo
【英名】Kauai bog pilo
【和名】なし
【原産地】カウアイ島
【特徴】つる性（2～2・5ｍ）、花冠0・4～0・5㎝
【備考】固有種

赤にクリーム色の入った花をつけ、地を這うように生長する。花後、直径〇・六～〇・八㎝の赤色の実をつける。ピヘアからアラカイ湿原にいたる標高一二〇〇～一六〇〇ｍに分布する。

クーカエネーネー>>>P194

【学名】*Coprosma ernodeoides, Nenea ernodeoides*
【ハワイ名】Kūkaenēnē, ʻAiakanēnē, Hupilo, Leponēnē, Nēnē, Pilo, Pūnēnē
【英名】Black-fruited coprosma
【和名】なし
【原産地】マウイ島、ハワイ島
【特徴】低木（2～3ｍ）、花冠0・5～0・6㎝
【備考】固有種

花色はクリームと黄色とがあり、標高一〇〇〇ｍ以上に分布する。黒く熟した果実はネネ（ハワイガン）が好んで食べる。ハワイ名のクーカエネーネーには「ネネの糞」、アイカネーネーは「ネネの食べ物」の意味がある。

ピロ（モンタナ）>>>P194

【学名】*Coprosma montana*
【ハワイ名】Pilo, Hupilo
【英名】Alpine mirrorplant
【和名】なし
【原産地】マウイ島、ハワイ島
【特徴】低木（2～8ｍ）、花冠0・3～0・5㎝
【備考】固有種

春に濃赤の花をつけ、秋に朱色の実（〇・六～一㎝）をつける。標高一八三〇～三〇五〇ｍの湿り気のある土地に分布する。

ピロ（オクラケア）>>>P194

【学名】*Coprosma ochracea*
【ハワイ名】Pilo, Hupilo
【英名】Maui mirrorplant
【和名】なし
【原産地】マウイ島
【特徴】低木（2～6ｍ）、花冠0・1～0・4㎝
【備考】固有種

他のコプロスマ属よりも大振りの葉をつけ、茎は繊毛が密生する。秋にオレンジ色で長楕円の実をつける。標高七九〇～二二九〇ｍの湿り気のある土地に分布する。

ナーヌ>>>P195

【学名】*Gardenia brighamii*
【ハワイ名】Nānu, Nāʻū
【英名】Hawaiian gardenia
【和名】なし
【原産地】カウアイ島、ニイハウ島、カホオラヴェ島を除くハワイ諸島
【特徴】低木（5～6ｍ）、花冠1・5～2㎝（乾燥時）
【備考】固有種／絶滅危惧種

かつてモロカイ島とマウイ島ではふつうに見られたが、一九九九年の調査では、ハワイ諸島全体で一五～一九個体しかないことが判明し、絶滅危惧種に指定された。花には甘い芳香がある。直径二・五㎝ほどの黒い果実をつける。黄色の果肉は染色に用いられた。ナーヌの香り

が風に乗って漂うときは、なにか良いことがあると信じられた。

クチナシ >>>P195

【学名】*Gardenia jasminoides, G. augusta*
【ハワイ名】なし
【英名】Common gardenia
【和名】クチナシ
【原産地】日本、中国、台湾、インドシナ半島
【特徴】低木（1～3ｍ）、花冠6～8㎝
【備考】外来種

六枚の花弁をつける。咲き始めは白色だがやがてクリーム色に変わる。花には強い芳香がある。八重咲きも多い。和名は、果実が熟しても裂けたりしないことから。

タヒチアンガーデニア >>>P195

【学名】*Gardenia taitensis*
【ハワイ名】なし
【英名】Tahitian gardenia, Tiare
【和名】ティアレ、タヒチアンガーデニア
【原産地】ソサエティ諸島
【特徴】低木（1・5～6ｍ）、花冠4～8㎝
【備考】外来種

五枚から九枚の花弁をつける。花に光沢はないが、甘い芳香と、美しい色合いで人気が高く、髪飾りにも使われる。タヒチでは数少ない園芸植物の一つとして昔から栽培されてきたが、今日では南太平洋の島々に自生している。ハワイでは植栽として空港や公園をはじめ、各地で見られる。

ゴールデンガーデニア >>>P195

【学名】*Gardenia tubifera*
【ハワイ名】なし
【英名】Golden gardenia, Kula gardenia
【和名】なし
【原産地】アジア
【特徴】低木（3～15ｍ）、花冠3・5～5㎝
【備考】外来種

花弁は、開花時は白いが、やがてオレンジ色に近い黄色となる。花には甘い芳香がある。葉（七～八㎝）は常緑で、葉脈は深い溝を作り起伏のある外観をしている。

ジャイアントイクソラ >>>P195

【学名】*Ixora casei*
【ハワイ名】Popo lehua
【英名】Giant ixora, Malay ixora
【和名】なし
【原産地】マダガスカル～インド東部、中国
【特徴】低木（0・6～1・2ｍ）、花序6～12㎝
【備考】外来種

ハワイの庭木としてよく見られる。ピンク、オレンジ、黄などさまざまな色合いがあり、他の花とミックスしてレイに用いられる。花には芳香がある。

サンタンカ >>>P195

【学名】*Ixora chinensis*
【ハワイ名】Popo lehua
【英名】Sweet ixora
【和名】サンタンカ
【原産地】中国南部～マレー半島
【特徴】低木（0・6～1・2ｍ）、花序5～10㎝
【備考】外来種

赤、白、オレンジ、ピンク、黄など、さまざまな色の花を咲かせる。ハワイでは寄せ植えにして色のアレンジを楽しむことが多い。

ベニバナサンタンカ >>>P196

【学名】*Ixora coccinea*
【ハワイ名】なし
【英名】Orange ixora, Flame of the forest, Jungle geranium, Scarlet ixora
【和名】ベニバナサンタンカ
【原産地】インド、スリランカ
【特徴】低木(1・2~3m)、花序5~13cm
【備考】外来種

花弁が十字形をしたオレンジやピンク色の花をつける。花後に赤い実をつけるが完熟すると黒色となる。葉は一〇cm前後で常緑、サンタンカより小さい。

マノノ >>>P196

【学名】*Kadua affinis, Hedyotis terminalis*
【ハワイ名】Manono
【英名】Variable starviolet
【和名】なし
【原産地】ニイハウ島とカホオラヴェ島を除くハワイ諸島
【特徴】低木(1・8~3m)、花序5~13cm
【備考】固有種

花弁は淡緑色で反り返るのが特徴。花後に紫色または黒色の実をつける。本種はきわめて亜種が多く、ハワイのマノノには二〇〇もの学名が付与されている。伝統社会ではカヌーの艤装などに用いられた。

ファイアクラッカー >>>P196

【学名】*Manettia luteorubra*
【ハワイ名】なし
【英名】Brazilian firecracker, Cigar flower, Firecracker vine
【和名】アラゲカエンソウ
【原産地】パラグアイ、ウルグアイ
【特徴】多年草、つる性、花冠2~3cm
【備考】外来種

英名が示すように爆竹(firecracker)に似た形状をしている。クリスマスの頃になると花屋に並ぶことが多い。多年草だがハワイでは木本に近い性質となる。

ノニ >>>P196

【学名】*Morinda citrifolia*
【ハワイ名】Noni
【英名】Indian mulberry
【和名】ヤエヤマアオキ
【原産地】東南アジア~オーストラリア
【特徴】低木(3~6m)、花冠0・7~0・9cm
【備考】外来種/伝統植物

樹皮と根は黄色と赤色の顔料となり、カパ(タパ)の染色に用いられた。完熟した果実は独特の臭気があるが、薬として多くの効能をもつ。すり潰した果実は糖尿病、心臓病、高血圧に効果があるほか、頭痛の際の湿布薬にもなる。また、若い果実は塩と混ぜて切り傷や骨折の治療に用いられた。

ヒゴロモコンロンカ >>>P197

【学名】*Mussaenda erythrophylla*
【ハワイ名】なし
【英名】Summer poinsettia
【和名】ヒゴロモコンロンカ、アカバナコンロンカ、ハンカチノハナ
【原産地】熱帯アフリカ(コンゴ)
【特徴】低木(6~8m)、花冠0・8~1・2cm
【備考】外来種

緑の大きな葉をつける。葉裏は白い繊毛に覆われる。赤い葉のように見えるのは五枚の萼片のうちの一枚。頭頂部に星型の白い花をつける。

ムッサエンダ（フロンドーサ） >>>P197

【学名】*Mussaenda frondosa*
【ハワイ名】なし
【英名】Flag bush
【和名】なし
【原産地】インド東部、アンダマン諸島
【特徴】低木（1・5～2・5m）、花冠0・6～0・7cm
【備考】外来種
ヒゴロモコンロンカの近縁でオレンジ色の花をつける。葉は六～八cmで、先端の葉のみ白くなる。低木だが、近くに高木があると絡みついてよじ登る性質がある。

ムッサエンダ（ライアテエンシス） >>>P197

【学名】*Mussaenda raiateensis*
【ハワイ名】なし
【英名】Pacific mussaenda, Pacific flag-tree
【和名】なし
【原産地】バヌアツ、ソサエティ諸島
【特徴】低木（1～2m）、花冠0・6～0・7cm
【備考】外来種
二〇cmを超すビロード状の大きな葉をつける。ムッサエンダ（フロンドーサ）の近縁だが、花は黄色みを帯び、花弁が開き切る点が異なる。

マコレ >>>P197

【学名】*Nertera granadensis, Coprosma granadensis*
【ハワイ名】Makole, Pilo
【英名】Coral bead plant, Pincushion plant, Coral moss, English baby tears
【和名】コケサンゴ、タマツヅリ
【原産地】熱帯アジア、オセアニア、南アメリカ
【特徴】多年草、つる性、花冠0・5～1cm
【備考】在来種
花は極小。葉は〇・二～〇・四cmの円形。花後、直径〇・三～〇・五cmの赤い実を、株を覆いつくすほど多量につける。茎に傷をつけると悪臭が出る。実には微量ながら毒があるので食べてはいけない。

マイレ・ピラウ >>>P197

【学名】*Paederia foetida, P. aederia scandens*
【ハワイ名】Maile pilau
【英名】Skunk vine
【和名】ヘクソカズラ
【原産地】日本を含む東アジア
【特徴】多年草、つる性、花冠0・8～1cm
【備考】外来種
葉の脇に最初の花がつき、そこから側枝を伸ばして新しい花をつけるということを繰り返す。花弁は灰白色で、中心が濃紅紫色。果実は淡褐色の球形で直径は〇・六cmほど。名の由来は花、葉、実のすべてにいやな臭いのあることから。

ペンタス >>>P197

【学名】*Pentas lanceolata*
【ハワイ名】なし
【英名】Egyptian star-cluster
【和名】クササンタンカ
【原産地】熱帯東アフリカ～イエメン
【特徴】多年草（0・3～1・3m）、花冠2～3cm
【備考】外来種
花弁が五枚あることから、ギリシャ語のペンタ（五）を意味する属名が付けられた。和名は木本のサンタンカに似るため。基部は生長すると木質化する。赤、白、ピンクなどさまざまな色の花があり、サンタンカ同様、ハワイでは寄せ植えにする。

コーピコ >>>P197

【学名】*Psychotria mariniana*
【ハワイ名】Kōpiko, ʻŌpiko
【英名】Forest wild coffee
【和名】なし
【原産地】カウアイ島、オアフ島、モロカイ島、マウイ島の高地
【特徴】低木~高木（1~20m）、花冠0・3~0・5㎝
【備考】固有種

筒状で白く小さな五弁の花をつける。生育する環境で変異が大きいことでも知られる。非常に硬い木で、木材加工の作業台として使われることもあったが、節が多く、大きなサイズのものはつくることができなかった。そのため、たいていは燃料とされた。

アラヘエ >>>P197

【学名】*Psydrax odorata*
【ハワイ名】Alaheʻe, ʻŌheʻe, Walaheʻe
【英名】なし
【和名】なし
【原産地】ニイハウ島、カホオラヴェ島を除くハワイ諸島、南太平洋、ミクロネシア
【特徴】低木（2~9m）、花序4~6㎝
【備考】在来種

小さな白い花には芳香があり、レイに用いられる。花後、黒い実をつける。幹は硬く真っ直ぐに伸びるので、土を掘る道具や、銛として使われた。この銛でクジラを捕ったという説もあるが定かではない。葉からは黒い染料を採った。

パナマ・ローズ >>>P198

【学名】*Rondeletia odorata*
【ハワイ名】なし
【英名】Fragrant panama rose
【和名】ベニマツリ
【原産地】パナマ、キューバ、メキシコ
【特徴】低木（1・5~2m）、花序1~1・3㎝
【備考】外来種

赤色の五弁花を一〇~二〇つける。葉は四~六㎝で光沢がある。花後に直径〇・三~〇・四㎝の実をつける。ローズという名がついているが花の香りはよくない。芳香は根の部分にある。

フォルス・ボタンウィード >>>P198

【学名】*Spermacoce remota, S. assurgens*
【ハワイ名】なし
【英名】Woodland false buttonweed
【和名】ナガバハリフタバ
【原産地】熱帯アメリカ
【特徴】多年草（20~50㎝）、花冠0・2~0・3㎝
【備考】外来種

葉は花茎に対して十字に対生する。白色または淡桃色の花を葉腋につける。葉は全縁で先端部が尖る。世界各地で野生化しているが、ハワイでは一九二九年にオアフ島で発見されたのが最初とされる。

ワイルド・ポインセチア >>>P198

【学名】*Warszewiczia coccinea*
【ハワイ名】なし
【英名】Wild poinsettia, Chaconia, Pride of trinidad and tobago
【和名】ショウジョウトラノオ
【原産地】熱帯アメリカ
【特徴】低木（5~7m）、花序40~60㎝
【備考】外来種

目立つ赤い部分は苞葉で、黄色の花は数㎜しかない。葉は長径六〇㎝、幅三〇㎝と非常に大きい。根にはアニスに似た強い香りがある。

アカバナ科 Onagraceae

多くは多年草だが、まれに低木や高木もある。亜寒帯から温帯を中心に世界各地に約三七属六四〇種が分布する。南北アメリカに特に多い。科名のonagraはスペイン語でツキミソウを指すことから。

フクシア >>P198

【学名】*Fuchsia boliviana, F. sanctae-rosae*
【ハワイ名】なし
【英名】Fuchsia
【和名】フクシア、ホクシャ
【原産地】ボリビア、ペルー、アルゼンチン
【特徴】低木（2〜6ｍ）、筒長3〜7㎝
【備考】外来種／有害植物

花茎が二〇㎝ほど垂れ下がり、その先に細長い筒状の花をつける。赤紫色のことをフクシアと呼ぶことがあるのはこの花の色が由来。葉は繊毛に覆われている。花後、光沢のある長さ一〜二・六㎝の実をつけ、生食できる。

マツヨイグサ >>P198

【学名】*Oenothera stricta, O. odorata*
【ハワイ名】なし
【英名】Fragrant evening primrose, Sundrops
【和名】マツヨイグサ
【原産地】チリ、アルゼンチン
【特徴】多年草（0・3〜1ｍ）、花冠1・5〜2・5㎝
【備考】外来種

花は夕方になると黄色の花を咲かせ、朝になると萎んで赤くなる。ハワイ島のマウナ・ロア・ロードをはじめ諸島各地で野生化している。

アジサイ科 Hydrangeaceae

北半球の温帯を中心に約一七属一七〇種がある。花は集散花序といって最初に咲いた花の脇から伸びた枝先に次々と花をつける。よく知られているのはアジサイだが、花に見えるのは萼で、花弁は退化しているものが多い。hydrangeaは「水差し」の意味。果実がコップ形であることに由来するという。日本のアジサイ（園芸種）は実をつけないが、ハワイのアジサイは実をつける。ユキノシタ科から分離した。

カナヴァオ >>P199

【学名】*Broussaisia arguta*
【ハワイ名】Kanawao, Kupu wao, Pioh'ia, Akiahala, Pu'aha-nui
【英名】なし
【和名】なし
【原産地】ハワイ諸島
【特徴】低木（1・5〜2・5ｍ）、花序長径8〜12㎝、短径5〜7㎝
【備考】固有種

ハワイ固有のアジサイ。大きなノコギリ状の葉はガクアジサイと似ているが、花序は少し趣を異にし、雄株と雌株によっても異なる。ハワイではカナヴァオの果実を食べると子宝に恵まれると信じられていた。そのため、王家は領地のカナヴァオがどれほど実をつけるかに注目したといわれている。

山鳥たちの食べもの

カナヴァオは山中にひっそりと咲くので目立たないが、その果実はハワイミツスイの仲間であるアマキヒやアーコヘコヘ、オーウーなどの重要な餌となる。人もこの花と実を食用とした。葉裏には、ハワイ固有のクモ類ナナナ・マカイが生息する。

アステリア科　Asteliaceae

太平洋、インド洋、南大西洋の島々、南米南部に分布する多年草。三属三七種があり、大半はニュージーランドに由来する。森林や湿地帯、低山に分布し、着生植物として生長するものが多い。ハワイではキラウエア火山で見られる。Astelia はギリシャ神話に登場する女神の名。ユリ科から移動した。

パイニウ >>>P199

【学名】*Astelia menziesiana*
【ハワイ名】Pa'iniu, Kaluaha
【英名】Native hawaiian lily, Menzies' astelia
【和名】なし
【原産地】ニイハウ島とカホオラヴェ島を除く主要ハワイ諸島
【特徴】多年草（30〜90㎝）、花冠0・8〜1㎝
【備考】固有種

ユリに似た葉と紫色の小さな花をつける。オレンジ色で球状の実をつける。アステリア科はハワイに三種あるが、本種はそのなかでもっとも広範に分布する（他の二種は絶滅危惧種に指定されている）。

アヤメ科　Iridaceae

アヤメ、カキツバタ、ハナショウブなど日本ゆかりの花が多い。約七〇属一五〇〇種があり、熱帯から温帯にかけて広く分布する。内花被と外花被が三枚ずつ上下二層をなすのが特徴。iris は「虹」のことで、さまざまな色合いがあることに由来する。

クロコスミア >>>P199

【学名】*Crocosmia × crocosmiiflora*
【ハワイ名】なし
【英名】Crocosmia, Montbretia
【和名】ヒオウギズイセン、クロコスミア、モントブレチア
【原産地】南アフリカ
【特徴】多年草（0・5〜1m）、花冠2・5〜3・5㎝
【備考】外来種／有害植物

ヨーロッパで作られた品種で、オレンジ色の花とアヤメに似た葉をつける。ハワイでは今世紀に入ってから野生化が進んだ。地下茎を伸ばして広がるため、既存の環境を壊しかねない。

アフリカンアイリス >>>P199

【学名】*Dietes bicolor*
【ハワイ名】なし
【英名】African iris, Evergreen iris, Fortnight lily
【和名】なし
【原産地】アフリカ東部〜南部
【特徴】多年草（45〜60㎝）、花冠5〜7㎝
【備考】外来種

チョウの翅を重ね合わせたような形状の花弁が特徴。黒とクリーム（あるいは白）の二色の組合わせが学名の由来となった一日花。ネギに似た臭いがある。ハワイでは園芸植物として扱われるが、岩稜地帯に野生化する。

タイガーフラワー >>>P199

【学名】*Tigridia pavonia*
【ハワイ名】なし
【英名】Tiger flower
【和名】トラユリ、タイガーフラワー、チグリジア
【原産地】メキシコ、グアテマラ
【特徴】多年草（60〜80㎝）、花冠8〜10㎝
【備考】外来種

花色は黄色、オレンジ色、白色、ピンク色などがあり、一本の花茎に二~五の花をつける。葉はアヤメに似る。花弁の中央にトラに似た模様があるのが名の由来。一日花で夕暮れには花を落とす。原産地では根を食用とした。

イソマツ科 Plumbaginaceae

北半球の寒冷地を除き、約一二属五六〇種が世界中に分布する。その多くは海岸または乾燥地に自生する。ドライフラワーにするスターチスなどが知られる。イソマツ科の植物は萼が合着して筒状となっている。plumbum は「鉛」の意味。

ルリマツリ >>P200

【学名】*Plumbago auriculata*
【ハワイ名】なし
【英名】Cape leadwort
【和名】ルリマツリ、プルンバゴ
【原産地】南アフリカ東部ケープ州
【特徴】低木（2~3m）、花冠2~4cm
【備考】外来種

淡青と白色の花がある。かつてハワイではさまざまな場所で栽培されていた。現在は生け垣として利用されることが多い。アフリカでは骨折や頭痛、マラリアなどの治療薬として用いられた。鉛毒に効果があると信じられた。

イリエエ >>P200

【学名】*Plumbago zeylanica*
【ハワイ名】'Ilie'e, 'Ilihe'e, Lauhihi
【英名】White leadwort
【和名】インドマツリ、セイロンマツリ
【原産地】熱帯アジア
【特徴】低木（0・5~1m）、花冠0・6~0・7cm
【備考】在来種

白い小さな花の花茎に見られる腺状のツブツブが特徴。果実は粘着成分に覆われており、人や動物に付着して分布域を広げる。根には有毒成分がある。標高二〇〇〇mまでの乾燥した土地で見かける。インドでは古くから薬草として重用された。ハワイでは種子が腐食剤や歯痛予防として用いられたほか、樹液は紺色や黒色の入れ墨として用いられた。

イヌサフラン科 Colchicaceae

世界各地の温帯から熱帯に約一五属二七五種が分布する。葉は互生、根茎や球茎から育つ小型の多年草で、半つる性のものもある。科名はイヌサフラン属の colchicum に由来する。ユリ科から移動した。

グロリオサ >>P200

【学名】*Gloriosa rothschildiana, G. superuba*
【ハワイ名】なし
【英名】Gloriosa
【和名】ユリグルマ、キツネユリ
【原産地】熱帯アジア、熱帯アフリカ
【特徴】多年草、つる性（1~2m）、花冠7・5~10cm
【備考】外来種

他の植物に巻きついて立ち上がり、大振りの花をつける。花は赤に黄の斑が入ったもの（ロスチャイルディアナ）が一般的だが、黄色種（スペルバ、ルテア）などもある。球根は有毒で、誤食して死亡した例もある。花の美しさから盛んに交配が行われ、多くの園芸品種が登場している。ジンバブエの国花でもある。

イネ科　Poaceae

世界のあらゆる地域に分布し、約六五〇属一万種以上の仲間がある。タケ類を除きすべて草本で、茎は中空になっている。代表的なものに、イネ、トウモロコシ、コムギなどの穀物類や、タケやシバなどの有用植物がある。ハワイでは、その歴史を語るのに欠かせないサトウキビや、繁殖力の強いパンパス・グラスがよく知られている。poa はイチゴツナギ属のギリシャ語名による。

メリケンカルカヤ >>>P200

【学名】*Andropogon virginicus*
【ハワイ名】なし
【英名】Broomsedge
【和名】メリケンカルカヤ
【原産地】北アメリカ
【特徴】多年草、草丈0・5～1m
【備考】外来種／有害植物
生長すると直立した稈（イネ科植物における茎。内部は中空）を伸ばし、いくつもの花穂をつける。小穂は二つに分かれ、一つは両性小穂、もう一つは無性小穂となる（種子をつくるのは両性小穂）。小穂には二㎝ほどの芒がつき、穂の基部は白い綿毛に覆われる。

ゴールデン・バンブー（ストリアタ） >>>P200

【学名】*Bambusa vulgaris* var. *striata*
【ハワイ名】'Ohe
【英名】Golden bamboo
【和名】キンシチク
【原産地】インド、ジャワ
【特徴】多年草、草丈6～15m、稈長5～10㎝
【備考】外来種
ダイサンチクの変種で、稈が黄金色になったもの。原産地では、タケノコが食用となるほか、リュウマチやマラリア予防の薬としても利用される。東南アジア各地で栽培されているほか、欧米でも観賞用に植えられている。ハワイでは観光地や植物園、ホテルの庭などでよく見かける。

ジュズダマ >>>P200

【学名】*Coix lacryma-jobi*
【ハワイ名】なし
【英名】Job's tears
【和名】ジュズダマ、スズコ、スズダマ
【原産地】熱帯アジア
【特徴】多年草、草丈0・5～1・5m
【備考】外来種
ハトムギ（*Coix lacryma-jobi* var. *ma-yuen*）に近縁で、黒い陶器のようにすべすべとしたジュズダマの実を、ハトムギの種子の代用として使うことがある。和名の由来は、原産地ではこの実で数珠を作ったため。ハワイでは山間の水辺で見かける。

パンパス・グラス >>>P201

【学名】*Cortaderia selloana*
【ハワイ名】なし
【英名】Pampas grass
【和名】シロガネヨシ、パンパス・グラス
【原産地】エクアドル、ペルー、アルゼンチン
【特徴】多年草、草丈2～3m
【備考】外来種／有害植物
乾燥にとても強く繁殖力も強い。ハワイでは広範囲に分布する。そのため有害植物に指定されている。ススキの穂を大きく密にした感じだが、花穂が長いのは雌株のみ。ノコギリ状の葉は非常に硬く、安易に触れると皮膚を傷つける恐れがある。

エモロア >>>P201

【学名】*Eragrostis variabilis*
【ハワイ名】Emoloa, Kāwelu, Kalamālō
【英名】Lovegrass, Variable lovegrass
【和名】なし
【原産地】主要ハワイ諸島
【特徴】多年草、草丈30～80㎝
【備考】固有種

草原や乾燥地などの比較的日当たりの良いところに生育する。北西ハワイ諸島を営巣地とするレイサン・フィンチの巣作りに用いられる。伝統文化において藁葺きの小屋を作る素材となった。

リンポ・グラス >>>P201

【学名】*Hemarthria altissima*
【ハワイ名】なし
【英名】Limpo grass, Red swamp grass, Swamp couch
【和名】なし
【原産地】熱帯アフリカ
【特徴】多年草、草丈０・３～１・５ｍ
【備考】外来種

直線的な葉が特徴で、乾期には紅葉する。世界各地で野生化しており、ハワイではハワイ島のキラウエアなどに群生する。米国では干し草として活用される。

ピリ >>>P201

【学名】*Heteropogon contortus*
【ハワイ名】Pili
【英名】Twisted beard grass, Tanglehead, Pili grass
【和名】アカヒゲガヤ
【原産地】熱帯地域
【特徴】多年草、草丈０・３～１ｍ
【備考】在来種

日差しの加減でさまざまな色合いに見える。和名のアカヒゲというのは、成熟すると赤くなるため。長さ五～八㎝の芒は、体にひっかかると皮膚にも刺さってしまうので注意が必要。屋根を葺いたりフラを踊る舞台の飾り付けに用いたほか、戦いのときには戦士のカムフラージュとして用いた。

トウミツソウ >>>P201

【学名】*Melinis minutiflora*
【ハワイ名】なし
【英名】Molasses grass, Stink grass
【和名】トウミツソウ
【原産地】アフリカ
【特徴】多年草、草丈30～60㎝
【備考】外来種／有害植物

葉には繊毛が密生し、ビロードのような感触がある。葉の付け根には蜜腺があり、群生の中を歩くと甘い香りが漂う。ハワイには一九〇〇年頃、ウシの放牧用に導入された。野火の原因となることが多い。

バスケットグラス >>>P202

【学名】*Oplismenus undulatifolius, O. hirtellus*
【ハワイ名】なし
【英名】Basketgrass
【和名】チヂミザサ
【原産地】日本、アジア、ヨーロッパ、アフリカの温帯・熱帯
【特徴】多年草、草丈20～40㎝
【備考】外来種（または伝統植物）／有害植物

葉は地面を覆うように広がるが、花をつける時期になると立ち上がり、草丈は三〇㎝前後となる。果実には粘液が付着しており、ひっつ

き虫のようになる。

スズメノコビエ >>>P202

【学名】*Paspalum scrobiculatum*
【ハワイ名】Mau'u laiki
【英名】Rice grass, Creeping paspalum, Ditch, Millet, Water couch
【和名】スズメノコビエ
【原産地】熱帯アジア、南太平洋
【特徴】多年草、草丈1・2〜1・5m、花序7〜14㎝
【備考】外来種（伝統植物の可能性あり）／有害植物

乾燥した土地や湿地、高地（〜一〇〇〇m）など、他の植物にとっては厳しい環境に分布する。インドではかつてパンの原料となった。また、草木が根づかない丘陵地帯の裸地を緑化するのに用いられた。ハワイでは繁殖力が強すぎるため有害植物に指定されている。

ホテイチク >>>P202

【学名】*Phyllostachys aurea*
【ハワイ名】'Ohe
【英名】Fishpole bamboo, Golden bamboo
【和名】ホテイチク
【原産地】中国
【特徴】多年草、稈高5〜12m
【備考】外来種

モウソウダケやマダケよりも小振りで、基部に白いひげが生える。根元の節が圧縮されて布袋さまの腹のように膨らんで見えることが和名の由来。

サトウキビ >>>P202

【学名】*Saccharum officinarum*
【ハワイ名】Kō
【英名】Sugarcane
【和名】サトウキビ、カンショ
【原産地】ニューギニア
【特徴】多年草、草丈3〜5m、花序20〜60㎝
【備考】外来種／伝統植物

茎はタケのように木化し、節がある。ただし内部は空洞ではなく、水分が多く柔らかな繊維質で充たされていて、甘みがある。花穂は遠目にススキのように見える。水辺に植えられる野生種のサトウキビは水分が多く、爽やかな甘みがある。産業用や土産用のサトウキビは糖分が多く（茎部分に約一五％）、硬くて強い甘みがある。ポリネシアの人々は繊維の多いサトウキビを嚙んで歯の掃除をした。薬用としての効能もあり、関節炎やがん、風邪、咳などの治療にも用いられた。今日、ハワイでは一部の地域に残るのみとなったが、サトウキビはハワイの産業史を語る上で欠かせない。

オヘ >>>P202

【学名】*Schizostachyum glaucifolium*
【ハワイ名】'Ohe
【英名】Bamboo
【和名】タケ
【原産地】インド、ジャワ
【特徴】多年草、稈高10〜15m
【備考】外来種／伝統植物

タケ類はポリネシア人が持ち込んだ植物の一つで、あらゆる植物のなかでもっとも生長が速いとされる。発芽後、わずか二か月で一五mほどの高さになる。ココヤシ（ニウ）と同じくきわめて有用な植物で、水の容器や楽器、建材など、多くの用途に使用された。ハワイには主に二種類のタケがあり、オヘは生長の速さが特徴。ゴールデン・バンブーは節と節の間隔が長く、使い勝手の良さで重宝された。ちなみに、タケには一〇〇〇を超える種類があるが、すべてのタケの花は六〇〜一二〇年に一斉に咲いた後、枯れてしまう。一斉開花と枯死が広い範囲で同時に起こるので、タケに関わる仕事をする人たちにとっては、きわめて深刻な問題となる。マウイ島のハレアカラ山麓にあるワイカモイ地区には、ポリネシア人の女神であるヒナがタヒチから竹林を移植したという神話が残されている。

イラクサ科 Urticaceae

熱帯から温帯にかけて約四五属一〇〇〇種が分布する。イラクサという和名は棘でいらいらさせられることから名づけられた。urtica には「燃える」「チクチクする」という意味があるが、刺されると皮膚が腫れることに由来する。

マーマキ >>>P203

【学名】*Pipturus albidus*
【ハワイ名】Māmaki, Māmake, Waimea
【英名】なし
【和名】なし
【原産地】ニイハウ島とカホオラヴェ島を除くハワイ諸島
【特徴】低木（1・8〜6ｍ）、花序0・8〜1・2㎝
【備考】固有種

葉の裏側は赤紫色をしている。葉はノニと同じく、ハワイでは薬用として重要な位置を占める。葉の成分には、抗ウイルス性や抗菌性があることが確認されている。また、樹皮はカパの素材として用いられたほか、煮出して茶色の染料がつくられた。カパをつくる際、材料のワウケに本種の樹液を混ぜると保温効果が得られた。妊娠後期に実や種子を食べて体調を安定させた。葉はハーブティーとして古来から今日に至るまで愛飲されている。ハワイ固有のチョウであるカメハメハ・バタフライの幼虫は、マーマキの葉を食べて育つ。

イワタバコ科 Gesneriaceae

世界の熱帯・亜熱帯を中心に約一五〇属三五〇〇種が分布する。草本が多いが、ハワイではほとんどが木本。gesner は植物学者のコンラッド・V・ゲスナーに由来する。代表的な植物にセントポーリアがあり、花の美しいものは鉢植えなどで鑑賞される。岩タバコなど着生するものもある。

ハイヴァレ >>>P203

【学名】*Cyrtandra hawaiensis*
【ハワイ名】Haʻiwale, Kanawao keʻokeʻo
【英名】Hawaii cyrtandra
【和名】なし
【原産地】オアフ島、マウイ島、モロカイ島、ハワイ島
【特徴】低木（1・5〜3ｍ）、花冠1・5〜2・5㎝
【備考】固有種

筒状の白い小さな花を葉の基部につける。花弁の周辺に繊毛があるのが特徴。葉は長さ一二〜三〇㎝、幅三〜八㎝。オアフ島のワイアナエ山系、マウイ島のハレアカラ南麓などに分布する。

イリヒア >>>P203

【学名】*Cyrtandra platyphylla*
【ハワイ名】ʻIlihia, Haʻiwale, Kanawao keʻokeʻo
【英名】なし
【和名】なし
【原産地】マウイ島、ハワイ島
【特徴】低木（2〜3・5ｍ）、花冠1・6〜2・2㎝
【備考】固有種

ハイヴァレに似た筒状の白い小さな花を、大きな葉の基部につける。葉は繊毛に覆われている。マウイ島では標高一〇〇〇〜一五〇〇ｍ、ハワイ島では四〇〇〜一二〇〇ｍの湿り気のある森に分布する。セントポーリアに近縁。

ウコギ科　Araliaceae

熱帯から温帯にかけて約七〇属七〇〇種がある。日本では、食用となるタラノキやウド、薬用のオタネニンジン（高麗人参）やウコギがよく知られているが、ハワイではオクトパスツリーを除き、それほど一般的ではない。科名は、本科の最初の標本に付いていたフランス領カナダの現地名aralie（ツタの意）に由来する。

オーラパ（プラティフィルム）／ラパラパ >>>P204

【学名】*Cheirodendron platyphyllum, C. kauaiense*
【ハワイ名】ʻŌlapa, ʻŌlapalapa, Ehu, Kauila māhu, Lapalapa, Māhu
【英名】なし
【和名】なし
【原産地】カウアイ島、オアフ島
【特徴】低木（4～9ｍ）、花序10～15㎝
【備考】固有種

花は芳香があり、かつてレイの素材となった。葉は対生。標高七〇〇～一三〇〇ｍに分布する。葉は余分な水分を葉の表面に残さないために軽く、葉に対して葉柄がとても細長いため、微風でもよく揺れる構造をしている。カウアイ島では長楕円の葉をもつものをオーラパ、丸みを帯びた葉をもつものをラパラパと呼び分けることがある。葉の縁と葉柄が赤くなるのが特徴。

オーラパ（トリギヌム） >>>P204

【学名】*Cheirodendron trigynum, C. fauriei*
【ハワイ名】ʻŌlapa, ʻŌlapalapa, Ehu, Kauila māhu, Lapalapa, Māhu
【英名】なし
【和名】なし
【原産地】カホオラヴェ島を除く主要ハワイ諸島
【特徴】低木（3・5～15ｍ）、花序10～15㎝

ラパラパとオーラパ

カウアイ島やハワイ島の伝統社会では、これらの植物の葉が微風でもよく揺れることから、フラの踊り手のこともオーラパと呼ぶ。フラの歴史は長いが、やはり植物の呼び名が先にあり、フラの用語はそれに倣っている。ラパラパやオーラパの果実は染料や香料として用いられた。植物学的には、ラパラパとオーラパは使い分けられているわけではない。

【備考】固有種

葉は輪生で、葉の上に溜まる余分な水分を流しやすいように断面がV字状になっている。ラパラパと同じく、葉に対して葉柄が細長いため、微風でもよく揺れる。葉の縁と葉柄は緑色である点がラパラパと異なる。

オヘ・マウカ >>>P204

【学名】*Polyscias oahuensis, Tetraplasandra oahuensis*
【ハワイ名】ʻOhe mauka, ʻOhe
【英名】なし
【和名】なし
【原産地】ニイハウ島とカホオラヴェ島を除く主要ハワイ諸島
【特徴】低木（3～10ｍ）、花序10～15㎝
【備考】固有種

〇・五～一・八㎝の小さな花が密生して咲く。花色は緑色、ピンク色、黄色と多彩。花は枯れても二、三度新しい花が出る。葉は一五～三五㎝。ウコギ科の固有種のなかではもっとも多く、湿り気のある森に分布する。

ポーカラカラ >>>P204

【学名】*Polyscias racemosa, Munroidendron racemosum*
【ハワイ名】Pōkalakala, Pōkūlakalaka

【英名】False ohe, Munroidendron
【和名】なし
【原産地】カウアイ島
【特徴】低木（6～8m）、花序30～40㎝
【備考】固有種／絶滅危惧種

大きく垂れ下がる花茎の先に赤いボタンのような独特の形状の蕾をつけ、その後、黄色の花をつける。二五～三〇㎝の大きな葉は開花期に落葉する。灰色の樹皮は滑らかで、まるで人工物のように見える。

オヘ・マカイ >>>P204

【学名】*Polyscias sandwicensis, Tetraplasandra hawaiensis*
【ハワイ名】'Ohe makai, 'Ohe, 'Ohe'ohe, 'Ohe'okai, 'Ohe kukuluāe'o
【英名】Hawaii ohe
【和名】なし
【原産地】カウアイ島とカホオラヴェ島を除く主要ハワイ諸島
【特徴】高木（20～30m）、花冠0・2～1㎝
【備考】固有種

花は小さく花弁も控えめだが、緑、オレンジ、紫、黄と、色のバリエーションが多い。葉は五～一〇㎝と大きい。乾燥した土地に分布する。かつて妊婦はオヘ・マカイの実を食べ、乳の出を良くしたという。

オクトパスツリー >>>P203

【学名】*Schefflera actinophylla*
【ハワイ名】なし
【英名】Octopus tree, Umbrella tree, Umbrella plant
【和名】ブラッサイア、ハナフカノキ
【原産地】オーストラリア、パプアニューギニア
【特徴】中高木（4～10m）、花序40～60㎝
【備考】外来種

英名は、花序がタコの足のようになることや、車輪のスポークのような放射状の葉が雨よけになることによる。幼木は観葉植物として使われる。ハワイでは海岸や住宅街でよく見かける。

ヤドリフカノキ >>>P204

【学名】*Schefflera arboricola*
【ハワイ名】なし
【英名】Dwarf umbrella plant
【和名】ヤドリフカノキ
【原産地】台湾、中国南部
【特徴】低木～中高木（4～12m）、花序5㎝
【備考】外来種

総状につく果実は熟すと順にクリーム色から黄、オレンジ、赤、赤紫色へと変化する。和名はフカノキ（*S. octophylla*）に着生することから名付けられた。

ハワイの地衣類

地衣類とは菌類と藻類の共生生物で、茎と葉の区別はない。ハワイの代表的な地衣類にはサルオガセ（P205）がある。ウメノキゴケ科（Parmeliaceae）サルオガセ属（*Usnea*）の総称で、五〇〇種以上が世界中に分布する。ウメノキゴケ科はツンドラ気候から熱帯雨林まで約九七属一八〇〇種が分布する。サルオガセ属はその中で最大のグループを形成している。地衣類は寄生植物ではなく着生植物なので、宿り主からは栄養をとらず、空気中の水分と窒素を養分として生長する。

淡緑色をした糸状で、木の樹皮に付着して、湿り気のある森に分布する。ハワイでは諸島各地の森林で見られる。乾燥させたものは薬用となる。ハワイ火山国立公園では、広い範囲でコアやオヒアに付着している。

【学名】*Usnea* spp.【ハワイ名】なし【英名】Beard moss, Old man's beard【和名】サルオガセ【原産地】北米～南米【特徴】着生植物、地衣類【備考】外来種

ウリ科 *Cucurbitaceae*

熱帯から亜熱帯にかけて約一一〇属六〇〇種があり、雌雄同株、つる性などが多い。ウリをはじめ、カボチャやメロン、スイカ、キュウリなど、よく知られた農作物が多い。cucurbita は「カボチャ」の意味。

アイビー・ゴード

>>>P205

【学名】*Coccinia grandis, C. indica*
【ハワイ名】なし
【英名】Ivy gourd, Scarlet gourd, Tindora, Kowai fruit
【和名】ヤサイカラスウリ
【原産地】インド、熱帯アジア
【特徴】多年草、つる性、花冠5～6㎝
【備考】外来種／有害植物

ウリ科共通の特徴として、一本の株に雄花と雌花とがある（写真は雄花）。花は白色。花後、白いストライプの入った長卵形の緑色の実をつけるが、完熟すると果肉まで赤一色となる。光沢のある葉は円形に近く、五裂する。和名にあるように、若葉、若芽、果実はいずれも食用にされる。

テッポウウリ

>>>P205

【学名】*Ecballium elaterium*
【ハワイ名】なし
【英名】Squirting cucumber, Exploding cucumber
【和名】テッポウウリ
【原産地】地中海、カフカス地方
【特徴】多年草、つる性、花冠2～3㎝
【備考】外来種

和名は、黄色に熟した実（約五㎝）が柄から落ちたり、手で触れたりすると、果肉が割れて種を吹き出すことにちなむ。属名は ekballein（放出する）という言葉から。パッションフルーツやバナナポカに似ているが、果肉や果汁は苦い。原産地では下剤として用いられた。ハワイでは海岸で見ることができる。

ツルレイシ

>>>P205

【学名】*Momordica charantia*
【ハワイ名】なし
【英名】Balsam pear, Bitter gourd, Bitter melon
【和名】ツルレイシ、ゴーヤー、ニガウリ
【原産地】熱帯アジア
【特徴】つる性、花冠1～1・8㎝
【備考】外来種

花弁は五枚で黄やオレンジの花がつく。果実や若い葉は生食できる。果実は初めのうちは淡緑色だが、やがて黄色になる。完熟した種子は赤いゼリー状の仮種皮に覆われる。この仮種皮は甘い。大型の果実をつける品種は食用として販売される。果実の苦みは茹でると少なくなる。アマゾン地方では葉茶を糖尿病の治療に、葉を外傷の手当に用いた。果実はミネラルやビタミンを多く含み、ジュースは滋養強壮の効果がある。沖縄では「ゴーヤー（苦いウリという意味）」と呼ばれ、未成熟の果実が伝統料理に用いられる。

ウルシ科 *Anacardiaceae*

熱帯や亜熱帯、一部は北半球の温帯に分布。約七〇属六〇〇種ある。樹木が多いが、ツタウルシのようなつる性のものもまれにある。樹皮や葉、花に傷をつけると白い乳液が出て、空気に触れると黒く変色する。これはウルシ科共通の特徴だ。ハワイではマンゴーとカシューナッツが知られる。cardium には「心臓」という意味があり、カシューの種子を表す。

カシューナッツ >>>P205

【学名】*Anacardium occidentale*
【ハワイ名】なし
【英名】Cashew, Cashew nut
【和名】マガタマノキ、カシューナットノキ
【原産地】アマゾンおよびブラジル北部
【特徴】中高木（10～15ｍ）、花序15～25㎝
【備考】外来種

種子の核が果実の外に飛び出すという特異な形状をしている。勾玉のような形の殻の中に仁があり、カシューナッツとして世界中で食される。赤みを帯びた洋ナシ形の部分が果実（花托）で、リンゴに似た味がする。「カシュー」はポルトガル語のcajuで、原産地のトゥピ族の言葉でこの植物を指すacajuに由来する。

マンゴー >>>P205

【学名】*Mangifera indica*
【ハワイ名】Manakō, Meneke
【英名】Mango
【和名】マンゴー
【原産地】インド、ミャンマー
【特徴】高木（20～40ｍ）、花序30～40㎝
【備考】外来種／栽培種

インドでは四〇〇〇年以上も前から栽培され、釈迦がマンゴーの木の下で一夜を明かしたとも言われる。十九世紀初頭にハワイにもたらされ、農業試験場などで新品種がつくり出された。果実は五〇g程度から二kgに近いものまである。巨木になると、一度に数千個もの実をつける。花は小さくピンク色で、束状に多数が咲く。ハチミツも採られる。樹液からは接着剤や乳化剤が採れるほか、黄色の染料としても用いられる。また、種子を煎じたものは駆虫剤や下痢止めとして用いられた。

ネレアウ >>>P206

【学名】*Rhus sandwicensis*
【ハワイ名】Neleau, Neneleau
【英名】なし
【和名】なし
【原産地】カホオラヴェ島、ラナイ島、ニイハウ島を除くハワイ諸島
【特徴】低木（3～8ｍ）、花序15～30㎝
【備考】固有種

花は最初は淡緑色だが、やがて赤色となる。葉はそれとは反対に、新葉は赤、赤紫、ピンク、オレンジ色などになるが、その後、淡緑色あるいは緑色となる。果実は生食できないが、ローストして（イムにして）食べる習慣があった。樹皮から出る黒い樹液は染色に用いられた。また、空気に触れると非常に硬くなるので、カヌーのコーキング剤としても用いられた。オアフ島のヌウアヌ渓谷に疎林が見られる。

クリスマスベリー >>>P206

【学名】*Schinus terebinthifolia*
【ハワイ名】なし
【英名】Christmas berry, Brazilian pepper tree
【和名】サンショウモドキ、アカツユ

マンゴーの食べ方

ハワイの子どもたちはおやつ代わりに野生のマンゴーを食べる。その際、ナイフを使わず、完熟した実を選び、両手でもみしだく。すると内部の種と実の間を結ぶ繊維が切れ、実はゼリーのように柔らかくなる。最後に端の皮を食いちぎって、手で絞ると実が出てくる。ちなみに、この食べ方はハワイ独自のやり方というわけではなく、原産地に近いパキスタンでは昔から行われてきたとされる。

【原産地】ブラジル
【特徴】低木～中高木（6～12m）、花序5～7㎝
【備考】外来種／有害植物
　白い小さな花を総状につける。葉はわずかにコショウの香りがして、英名の由来となっている。また、葉を揉むとテレビン油の香りがある。ハワイでは、冬になると赤くなる実がクリスマスのデコレーションとして人気がある。「世界の侵略的外来種ワースト一〇〇」の一つに指定されているほど繁殖力が強く、在来の植物を駆逐する。

オウムバナ科　Heliconiaceae

　ヘリコニアのみで構成される。苞が交互に重なり合うようにして二列に伸びるのが特徴。熱帯アメリカと南太平洋諸島に一属約八〇種が分布し、その大半は近年になって記載されたもの。果実には一個から三個の種子しか含まないという共通点がある。科名のHeliconia はギリシャ神話に登場する芸術の女神ムーサ（music の語源）が住むヘリコン山にちなむ。ハワイでは庭木や切り花として利用される。バショウ科から独立した。

ヘリコニア・カリバエ >>>P206

【学名】*Heliconia caribaea*
【ハワイ名】なし
【英名】Caribbean heliconia, Wild plantain
【和名】カリビアヘリコニア
【原産地】西インド諸島、中米、コロンビア
【特徴】多年草（3～5m）、花序40～50㎝
【備考】外来種
　赤い苞が六個から一五個つき、その中に小さな白い花（二～五㎝）がつく。苞には黄や黄緑、赤と黄の二色などがあり、切り花として人気がある。ハワイには一九五〇年代に導入された。

ヘリコニア・コリンシアナ >>>P206

【学名】*Heliconia collinsiana*
【ハワイ名】なし
【英名】Red hanging heliconia, Pendent heliconia
【和名】なし
【原産地】熱帯アメリカ
【特徴】多年草（3～5m）、花序0・8～1m
【備考】外来種
　赤い苞に黄色の萼片が特徴。花は下向きに生長する。葉は八〇～一〇〇㎝。高温多湿で水はけの良い土地に生育する。花後の実は、最初は黄色だが完熟すると光沢のある青紫色となる。

ヘリコニア・リングラータ >>>P206

【学名】*Heliconia lingulata*
【ハワイ名】なし
【英名】Yellow fan
【和名】なし
【原産地】ペルー、ボリビア
【特徴】多年草（1・5～5m）、花序25～45㎝
【備考】外来種
　黄または黄緑色の細長い苞が特徴。縁に赤みが入る。直立した花序につく苞は七～二七個。ハワイには一九七〇年代に導入された。英名はウチワ型をした葉の形状に由来する。

ヘリコニア・マリアエ >>>P206

【学名】*Heliconia mariae*
【ハワイ名】なし
【英名】Beefsteak heliconia
【和名】なし

【原産地】グアテマラ〜コロンビア
【特徴】多年草（4・5〜7ｍ）、花序50〜60㎝
【備考】外来種

大型のヘリコニア。白またはピンク色の小さな花は、苞の先端の黒く変色した先につく。花序は下垂し、四〇個から六五個の苞をつける。英名の由来はビーフステーキのように見える外観による。

ヘリコニア・プシッタコルム >>>P207

【学名】*Heliconia psittacorum*
【ハワイ名】なし
【英名】Parrot's beak heliconia
【和名】ヒメゴクラクチョウカ
【原産地】西インド諸島、南米北部
【特徴】多年草（0・9〜1・5ｍ）、花序20〜30㎝
【備考】外来種

赤とオレンジ色の苞の中に六個の花をつける。苞は四個から五個。英名の由来は花被の先端部分に黒い斑点があることによる。比較的寒さに強く栽培しやすいため、ハワイでは低地から高原まで各地で多く目にする。

ヘリコニア・ロストラタ >>>P207

【学名】*Heliconia rostrata*
【ハワイ名】なし
【英名】Hanging lobster claw, Fishtail heliconia
【和名】なし
【原産地】ペルー、エクアドル、アルゼンチン
【特徴】多年草（1・5〜6ｍ）、花序40〜80㎝
【備考】外来種

花序は下垂し、黄と赤の苞を一二個から一八個つける。苞の先に黄色の花をつける。ハワイに導入された最初のヘリコニアで、庭木などによく目にする。種小名は「くちばし状」の意味。英名の「ぶら下がったロブスターのハサミ」はもっともよくその外観を言い表している。

ヘリコニア・スティレシー >>>P207

【学名】*Heliconia stilesii*
【ハワイ名】なし
【英名】なし
【和名】なし
【原産地】コスタリカ
【特徴】多年草（3・5〜7ｍ）、花序0・5〜1ｍ
【備考】外来種

ロストラタとよく似ているが、苞の間隔にゆとりのある点と、先端がわずかに緑色となる点が異なる。また花序も長い。苞の数は二〇個から三五個。苞の先にクリーム色の花をつける。

ヘリコニア・ワグネリアナ >>>P207

【学名】*Heliconia wagneriana*
【ハワイ名】なし
【英名】Lobster claw
【和名】なし
【原産地】中米〜南米
【特徴】多年草（1・5〜4・5ｍ）、花序50〜80㎝
【備考】外来種

クリーム地に赤色が浮いて出たような苞が特徴。六個から二〇個の苞をつける。緑色の縁取りがあり、濃緑の花をつける。日当たりの良い水辺に自生する。

ヘリコニア・キサントウィロサ >>>P207

【学名】*Heliconia xanthovillosa, H. dressleriana*
【ハワイ名】なし
【英名】Shogun
【和名】なし

【原産地】パナマ
【特徴】多年草（3～6ｍ）、花序0・8～1ｍ
【備考】外来種
花序全体が長い繊毛に覆われ、ビロードのような外観をした園芸品種。花は淡緑色または淡黄色。ハワイで多く庭木として栽培されており、'Shogun Hawaii' とも呼ばれる。

オオバコ科 Plantaginaceae

世界のほぼ全域に、約一〇〇属約一九〇〇種が分布する。多くは草本で、木本も低木が多い。葉がロゼット状となるものが多数を占める。ゴマノハグサ科から独立した。planta に「足跡」という意味があり、大きな葉に由来する。しかし、ハワイに分布する同科の植物は、ほとんどが小葉。

バコパ >>>P208

【学名】*Bacopa monnieri*
【ハワイ名】'Ae'ae
【英名】Water hyssop, Bacopa, Indian pennywort
【和名】オトメアゼナ
【原産地】熱帯アジア、オーストラリア、熱帯アメリカ
【特徴】多年草（10～30㎝）、花冠0・8～1㎝
【備考】在来種（外来種という説もある）
花は青と白色とがある。多肉性の葉は〇・四～〇・六㎝。湿度と日当たりの両方の環境で生育し、繁殖力が強い。原産地の一つであるインドでは、アーユルヴェーダで使われる薬草として重要視されている。

オオバコ >>>P208

【学名】*Plantago asiatica*
【ハワイ名】なし
【英名】Fleawort
【和名】オオバコ
【原産地】東アジア
【特徴】多年草（10～30㎝）、花序2～4㎝
【備考】外来種
白または淡紫色の花が頂につく。葉茎は立ち上がらず地面に平行して伸びる。道端にあることが多いのは、踏みつけに強いため。人や動物に踏まれない環境では、草丈が低いため淘汰されてしまう。花後、完熟すると上半分が取れ、種子が出現する。この種子は「車前子」という利尿・排尿効果のある漢方薬とされる。

ヘラオオバコ >>>P208

【学名】*Plantago lanceolata*
【ハワイ名】なし
【英名】English plantain, Lamb's tonguen
【和名】ヘラオオバコ
【原産地】ヨーロッパ
【特徴】多年草（20～50㎝）、花序2～3㎝、花冠0・3～0・5㎝
【備考】外来種
花穂の下から上へ、白い小さな花を放射状に広げながら順番に咲く。オオバコに似た形状だが一回り大きく、細長いへら状の葉を伸ばすのが和名の由来。オオバコとは異なり踏みつけには弱い。

ファイアクラッカー・プラント >>>P208

【学名】*Russelia equisetiformis*
【ハワイ名】なし
【英名】Firecracker plant, Coral plant, Coral fountain, Fountainbush
【和名】ハナチョウジ
【原産地】メキシコ
【特徴】低木（1・2～1・5ｍ）、花冠1・2～2・5㎝
【備考】外来種

火の点いた煙草のような形状の赤い筒状の花をつける。葉はほとんど退化しており、四稜のある太い茎から細い花茎を多く出す様子は、遠目にはタケのようにも見える。

オオホザキアヤメ科 Costaceae

熱帯アメリカを中心に四属約一〇八種が分布。そのほとんどがオオホザキアヤメ属で、これまでショウガ科に属していた。葉茎がらせん状になる点と、花の構造の違い、芳香のないことから、科として独立した。costatus は葉の肋のことで、オオホザキアヤメ属の葉の肋が鮮明であることから。

スパイラル・ジンジャー（バルバツス） >>>P208

【学名】*Costus barbatus*
【ハワイ名】なし
【英名】Spiral ginger, Red tower ginger
【和名】なし
【原産地】コスタリカ
【特徴】多年草（1・5〜2・5m）、花序30〜50㎝
【備考】外来種

花は穂状に咲き、苞葉は鮮やかな紅色となる。その間から黄色の花を出す。ショウガ科の花と同じく花の期間は短いが苞葉は長く残る。本種を含め、オオホザキアヤメ科の植物は、葉茎がらせん状となる。

スパイラル・ジンジャー（コモスス） >>>P208

【学名】*Costus comosus* var. *bakeri*
【ハワイ名】なし
【英名】Spiral ginger, Red tower ginger
【和名】なし
【原産地】中南米
【特徴】多年草（2〜3m）、花序20〜30㎝
【備考】外来種

赤色の苞葉から顔を出す黄色の花は周年で咲く。葉の長さは一〇〜三五㎝、幅二・五〜七㎝。オオホザキアヤメ科の中では寒さに強いが、強い日差しは好まない。湿り気のある森に分布する。

アフリカン・コストゥス >>>P209

【学名】*Costus dubius*
【ハワイ名】なし
【英名】African costus
【和名】なし
【原産地】熱帯アフリカ
【特徴】多年草（1〜2m）、花冠5〜10㎝
【備考】外来種

グループのなかでは比較的大振りの白い花をつける。花弁の先端に黄色の斑が入るのが特徴。苞は緑色で変色はしない。原産地では葉と茎を咳止めとして用いた。

スパイラル・ジンジャー（マロルティエアヌス） >>>P209

【学名】*Costus malortieanus*
【ハワイ名】なし
【英名】Sprial ginger
【和名】なし
【原産地】中米
【特徴】多年草（0・5〜1m）、花序3〜8㎝
【備考】外来種

Costus 属の仲間のなかでは、苞はあまり発達しないが、苞に匹敵する大振りの花を垂直に咲かせる。花は赤色に黄色が入り混じった鮮やかな模様をしている。一日花のため翌日には萎れる。花筒部分は食用となる。花後、直径一㎝余の白い果実をつける。葉には繊毛が密生する。

クレープ・ジンジャー >>>P209

【学名】*Costus speciosus*
【ハワイ名】なし
【英名】Crepe ginger, Wild ginger, Malay ginger
【和名】オオホザキアヤメ、フクジンソウ、コスタス
【原産地】インド東部、マレー半島
【特徴】低木（2〜3m）、花冠8〜10㎝
【備考】外来種

赤い苞から白色の大花を咲かせる。花心は黄色。葉は長さ一〇〜一五㎝、幅四〜五㎝。原産地では根茎を食用や薬用として利用する。花弁がクレープのように細かいシワが寄っているのが英名の由来。

レッドボタン・ジンジャー >>>P209

【学名】*Costus woodsonii, C. scaber*
【ハワイ名】なし
【英名】Red-button ginger, Indian head ginger
【和名】なし
【原産地】中央アメリカ
【特徴】多年草（0・8〜1・2m）、花序10〜20㎝
【備考】外来種

赤い苞から黄またはオレンジ色の花を出す。葉は長さ二〇㎝、幅一〇㎝ほどで縁が内側に反り返る。花外蜜腺から蜜を出し、アリを呼び寄せる。原産地では花を食用とする。

ワックス・ジンジャー >>>P209

【学名】*Tapeinochilos ananassae*
【ハワイ名】なし
【英名】Indonesian wax ginger
【和名】なし
【原産地】インドネシア、マレーシア
【特徴】多年草（1・5〜2m）、花序15〜25㎝、花冠1〜1・5㎝
【備考】外来種

葉の付け根から五〇〜一〇〇㎝の花茎を伸ばし、先端に光沢のある花序をつける。花期には赤い苞から黄色の花を咲かせる。葉は三〇㎝前後。

オクナ科　Ochnaceae

中南米を中心とする熱帯地域に、約四〇属六〇〇種が分布する。花は大きく美しいものが多いので、欧米などでは観賞用に栽培されている。ochna はギリシャ語で「野生のナシの一種」を指す。ただし、果実ではなく葉の形による。

ミッキーマウスノキ >>>P210

【学名】*Ochna thomasiana, O. serrulata*
【ハワイ名】なし
【英名】Mickey-mouse plant
【和名】ミッキーマウスノキ
【原産地】南アフリカ
【特徴】低木（1・5m）、花冠1〜1・5㎝
【備考】外来種

花は初めのうちは黄色だがやがて赤色になる。花の目と鼻のようにみえる黒点部分から果実が育つ。果実は、初めは白色だが完熟すると黒くなる。この黒い果実を耳に見立てると、どことなくミッキーマウスに見える。

オシロイバナ科　Nyctaginaceae

熱帯を中心に約三〇属三〇〇種がある。花序の基部に大型でカラフルな苞をもつのが特徴。ハワイではオシロイバナやブーゲン

ビレアの人気が高い。なかでもパーパラ・ケーパウは古くからハワイの伝統文化にとって欠くことのできない植物だった。nyc-tagina は「夜の花」の意味。

アレナ >>>P210

【学名】*Boerhavia repens*
【ハワイ名】Alena, Anena, Nena
【英名】Red spiderling, Paperflower
【和名】タイトウカノコソウ
【原産地】主要ハワイ諸島、北西ハワイ諸島を含む世界の熱帯・亜熱帯地域
【特徴】多年草（50～60㎝）、花冠0・5～0・7㎝
【備考】在来種

花にはピンクと白色がある。葉は食用となり、根は利尿剤や胃腸薬、駆虫剤などに用いられた。海抜五〇m未満の低地に分布する。地を覆うように広がる。

ブーゲンビレア >>>P210

【学名】*Bougainvillea spectabilis*
【ハワイ名】Pukanawila, Kepalo
【英名】Bougainvillea, Paper flower
【和名】ブーゲンビレア、イカダカズラ
【原産地】熱帯ブラジル
【特徴】低木（つる性だが4m程度まで自立する）、花冠0・4～0・6㎝
【備考】外来種

大きくカラフルな花弁のように見えるのは苞で、三枚または六枚で構成される。白、赤、黄、紫、黄緑、オレンジなど、色数は非常に多い。実際の花は、苞の中の白く小さな花柱のように見えるもので、二～三個つく。名前の由来は、十八世紀のフランスの航海者ルイ・ド・ブーガンヴィルがブラジルのリオ・デ・ジャネイロで発見したことによる。ハワイ島のコナとコナ空港を結ぶ街道の街路樹がよく知られる。

パーパラ・ケーパウ >>>P210

【学名】*Pisonia brunoniana*
【ハワイ名】Pāpala kēpau, Pāpala
【英名】Australasian catchbird tree
【和名】なし
【原産地】ポリネシア、オーストラリア、ニュージーランド
【特徴】低木（3～6m）、花冠0・6㎝
【備考】在来種

ふつうは低木だが、生育環境が良いと一五mほどの高木になることもある。ハワイ島のカウ地区に群生が見られる。ハワイでは、ピンク色の細長い実（二・五～四㎝）の表面の粘液と内部にある粘り気のある果肉を鳥もちとして用い、ハワイミツスイなどを捕った。

カキノキ科 Ebenaceae

熱帯・亜熱帯を中心に約六属三〇〇種が分布する。代表的なものに仏壇や家具などに用いられるコクタン（黒檀）がある。ebeneus はギリシャ語でコクタンを意味する。アカテツ科に近縁。

ラマ >>>P211

【学名】*Diospyros sandwicensis*
【ハワイ名】Lama, Ēlama
【英名】Hawaiian ebony
【和名】なし
【原産地】ニイハウ島とカホオラヴェ島を除くハワイ諸島
【特徴】低木～中高木（2～15m）、花冠0・5～0・6㎝
【備考】固有種

完熟した実は味がカキに似ている。主に乾燥した土地に自生する。

ラマにはハワイ語で「光」とか「啓発」という意味があり、フラを踊るときには神が化身した姿として祭壇にこの木を置いた。非常に硬く耐久性があるため、ハワイではこの木で神を祀る家を建てた。また、フィッシュポンドの潮門にも利用した。

カタバミ科　*Oxalidaceae*

熱帯、亜熱帯、温帯を中心に約八属九五〇種が分布する。果樹が多い。いずれもシュウ酸が含まれるため、酸味がある。科名のoxysには「酸っぱい」という意味がある。

キューカンバー・ツリー >>>P211

【学名】 *Averrhoa bilimbi*
【ハワイ名】 なし
【英名】 Cucumber tree, Cucumber
【和名】 ナガバノゴレンシ、キュウリノキ、ビリンビ
【原産地】 インドネシア
【特徴】 低木（3〜5ｍ）、花冠3〜4㎝
【備考】 外来種／栽培種

果実（五〜八㎝）はスターフルーツと同じく断面が五角形となる。ほんのりとした酸味と甘みがあり、原産地では生食するほか、カレーの具材やピクルスとなる。

スターフルーツ >>>P211

【学名】 *Averrhoa carambola*
【ハワイ名】 なし
【英名】 Star fruit, Carambola
【和名】 ゴレンシ、スターフルーツ
【原産地】 スリランカ、モルッカ諸島
【特徴】 低木（5〜8ｍ）、花冠0・8〜1・2㎝
【備考】 外来種／栽培種

スターフルーツの名前は、果実の断面が星形になることにちなむ。多くの園芸品種がつくられていて、ハワイではハワイ大学によって品種改良が行われており、水分の多い「ホク」や、甘みの強い「マハ」などが栽培されている。まれに庭木として植えられることもある。

カヤツリグサ科　*Cyperaceae*

世界に約九〇属七〇〇〇種が広く分布している。エジプトで紙として使用されたパピルスがよく知られる。繊維作物や牧草として利用されるものもあるが、大半はいわゆる雑草として扱われる。茎の断面が三角形になるものが多い。科名はカヤツリグサのギリシャ語名cyperiosによる。

ヒゲスゲ >>>P212

【学名】 *Carex wahuensis*
【ハワイ名】 なし
【英名】 Carex, Oahu sedge
【和名】 ヒゲスゲ、イソスゲ、オオヒゲスゲ
【原産地】 ニイハウ島とカホオラヴェ島を除くハワイ諸島
【特徴】 多年草（0・4〜1ｍ）、花序5〜10㎝
【備考】 固有種／絶滅危惧種

海岸の岩場や砂地など、風通しの良いところに分布する。和名のヒゲスゲは、長く太い芒が髭のように見えることから。本種は三つの固有亜種によって構成されているが、いずれも絶滅の危機に瀕している。

ウキ >>>P212

【学名】 *Cladium jamaicense*
【ハワイ名】 ʻUki
【英名】 Sawgrass, Jamaica swamp sawgrass

【和名】ヒトモトススキ
【原産地】北米、太平洋諸島、アジア
【特徴】多年草（1・2〜3m）、花序30〜90㎝
【備考】在来種
海抜〇〜九〇mの、湿り気の多い場所でもっともよく見かけるスゲの一種。淡水、塩水を問わず分布する。水鳥などの動物たちを守る隠れ家となるだけでなく、巣作りの素材となり、ときには餌ともなる。属名はcladion（小枝）に由来する。

メリケンガヤツリ >>>P212

【学名】*Cyperus eragrostis*
【ハワイ名】なし
【英名】Tall umbrellaplant, Tall flat sedge
【和名】メリケンガヤツリ、オニシロガヤツリ
【原産地】南北アメリカ
【特徴】多年草（0・4〜1m）、花序7〜10㎝
【備考】外来種
葉は長さ一m前後で、多数の根出葉をつけるのが特徴。そのうちのいくつかは十分に発達せず赤みを帯びる。茎の断面は三角形だが角は丸い。日差しの多い湿地帯に分布する。

アファヴァ >>>P213

【学名】*Cyperus javanicus, Mariscus javanicus*
【ハワイ名】‘Ahu’awa, ‘Ehu’awa
【英名】Sedge
【和名】オニクグ
【原産地】熱帯アフリカ、熱帯アジア、太平洋諸島の熱帯地域
【特徴】多年草（0・4〜1m）、花序10〜15㎝
【備考】在来種
茎は撚ってイプ（ヒョウタン）などに巻きつけるロープとして用いた。主に川沿いや、海岸近くの塩分が混ざった湿地帯に分布するが、タロイモ水田の脇などでもよく見かける。

フラット・セージ >>>P212

【学名】*Cyperus meyenianus*
【ハワイ名】なし
【英名】Meyen’s flatsedge
【和名】なし
【原産地】南アメリカ
【特徴】多年草（20〜50㎝）、花序10〜20㎝
【備考】外来種／有害植物
小穂は水平に広がる。葉は長さ一二㎝前後で硬く、全体に緑色だが基部は赤みを帯びている。繁殖力が強く、カウアイ島コケエの森ではランタナとともに拡散している。

パピルス >>>P213

【学名】*Cyperus papyrus*
【ハワイ名】なし
【英名】Papyrus sedge, Paper reed, Indian matting plant, Nile grass
【和名】カミガヤツリ、パピルス、カミイ
【原産地】中央アフリカ
【特徴】多年草（4〜5m）、花序10〜30㎝
【備考】外来種
エジプトでは、茎の表皮を剥いでから縦に薄い切片にして並べ、圧着することで、「紙」として用いたほか、履き物やロープ、船の帆などに用いた。若葉や茎、根は食用とした。水中の窒素やリンを吸収する能力が高いため、水質浄化などにも用いた。

プウカア >>>P213

【学名】*Cyperus trachysanthos*
【ハワイ名】Pu’uka’a

【英名】なし
【和名】なし
【原産地】カホオラヴェ島、ハワイ島、カウアイ島を除くハワイ諸島
【特徴】多年草（60㎝）、花序6～12㎝
【備考】固有種／絶滅危惧種

　ニイハウ島ではこの草を編んでカラフルなマットが作られた。このマットは、ポリネシア一帯でもっとも寝心地のよいものとされた。カメハメハ・スクールでは伝統復活プログラムの一環として、プウカアの栽培を行っている。ダイヤモンドヘッドのクレーター内に小群落がある。

マウアキアキ >>>P213

【学名】*Fimbristylis cymosa*
【ハワイ名】Mauʻuʻakiʻaki
【英名】Button sedge, Tropical fimbry
【和名】シオカゼテンツキ、シバテンツキ、ハマテンツキ
【原産地】中国、インド、インドネシア、オーストラリア、太平洋諸島
【特徴】多年草（15～40㎝）、花序2～3㎝
【備考】在来種

　花後につく実は完熟すると暗褐色となる。葉は細くて硬い。長さは五～二〇㎝。ロゼット状であることと、縁ほど反り返るため全株は半球状となる。海岸などで塩害の及ばない土地に分布する。

ユキボウズ >>>P213

【学名】*Kyllinga nemoralis*
【ハワイ名】Kiliʻoʻopu, Mauʻu mokae
【英名】White kyllinga, White spikesedge
【和名】ユキボウズ、オオヒメクグ
【原産地】世界の熱帯・亜熱帯地域、太平洋諸島
【特徴】多年草（30～50㎝）、花序0・5～1㎝
【備考】外来種（帰化植物とされるが在来種の可能性がある）

　白い球状の花序は小穂が寄り集まったもの。花序の直下から葉のように見える苞（二〇㎝前後）を三方に伸ばす。湿った土壌を好む。

ペレ・グラス >>>P213

【学名】*Machaerina angustifolia*
【ハワイ名】ʻUki
【英名】Pele grass, Polynesian twigrush, Volcano grass
【和名】なし
【原産地】ポリネシア諸島
【特徴】多年草（70～80㎝）、花序8～16㎝（小穂0・4～0・8㎝）
【備考】在来種

　標高四〇〇～二三〇〇ｍの湿った土地を好む。伝統文化において戦士がかぶったヒョウタン製のマスクがあるが、これに付ける髪の代用品として本種が使われた。若葉は生食できる。

アカアカイ >>>P213

【学名】*Schoenoplectus lacustris*
【ハワイ名】ʻAkaʻakai, Kaluhā, Naku, Neki, Nānaku
【英名】Lakeshore bulrush, Common club-rush
【和名】オオフトイ
【原産地】南北アメリカを除く世界の熱帯・亜熱帯・温帯
【特徴】多年草（1・5～3・5ｍ）、花序5～7㎝（小穂0・6～1・5㎝）
【備考】在来種

　小穂は光沢があり淡褐色だが花後に赤紫色となる。茎は一～一・五㎝と太く、断面は円形。ハワイでは屋根を葺いたり、靴やマットに用いたが耐久性はあまりなかった。

カンナ科　Cannaceae

　単子葉植物に属する。カンナ属のみで、世界の熱帯を中心に約五〇種ある。一般にカンナと呼ばれるのは園芸品種のハナカンナ

のこと。cannaはギリシャ語の「葦」あるいはケルト語の「杖」に由来する。

カンナ >>>P213

【学名】*Canna × generalis, C. indica* hybrid
【ハワイ名】なし
【英名】Canna
【和名】ダンドク、ハナカンナ
【原産地】熱帯アメリカ
【特徴】多年草（1～2ｍ）、花冠8～12㎝
【備考】外来種

一般にカンナというときは観賞用品種を指す。いくつかの野生種を人工的に交雑させてつくりあげたもの。花茎の先に苞葉があり、その上に萼片が三枚ある。さらに上には緑色をした萼片のようなものがあるが、これが本来の花弁で三枚ある。ハワイでは周年咲きで、庭植えとしてよく見られる。種子はジュズダマのような真円で、初めは白いが完熟すると黒くなる。

カンラン科　Burseraceae

熱帯を中心に約一六属五〇〇種が分布する。江戸時代にインド経由で移植されたカンランがよく知られる。果実を食用にしたほか、種子も薬用や食用にした。また、樹皮からは油を採った。Burserは、オランダの自然科学者ヨアヒム・ブルサーにちなむ。

カナリヤノキ >>>P214

【学名】*Canarium commune, C. vulgare*
【ハワイ名】なし
【英名】Java almond, Manila elemi
【和名】カナリヤノキ、カンラン、エレミ
【原産地】マレーシア東部
【特徴】高木（20～45ｍ）、花序40～60㎝
【備考】外来種

巨大な板根と葉（四〇㎝）が特徴。淡黄色の花は上品な香りがする。黒く熟したアーモンド形の果実は生食できる。また樹皮を傷つけると出てくる樹脂エレミ油は、古くから香料やスキンケア剤として知られる。

キキョウ科　Campanulaceae

温帯から熱帯にかけて約六〇属二〇〇〇種が広く分布する。万葉集の時代から歌われるキキョウを代表に、日本にも野生種が多い。キク科やクサトベラ科の近縁。campanulaは「釣鐘」の意味。

アールラ >>>P214

【学名】*Brighamia insignis*
【ハワイ名】Ālula, Hāhā, ʻŌlulu, Pū aupaka
【英名】Cabbage on a stick
【和名】なし
【原産地】カウアイ島、ニイハウ島
【特徴】低木（0・9～1・8ｍ）、花冠10㎝
【備考】固有種／絶滅危惧種

英名のとおり、茎の上にキャベツを載せたような形状をしており、ハワイではもっとも個性的な植物と言われている。通常は人の背丈以下の高さだが、まれに五ｍほどに生長する。花はスイカズラに似た甘い香りがある。カウアイ島のナパリ・コーストとニイハウ島に分布していたが、ニイハウ島では絶滅したとされる。葉は体力回復の目的で生食したり、塩でもんで切り傷の治療に用いた。

オハ・ヴァイ・ヌイ >>>P214

【学名】*Clermontia fauriei, C. arborescens*
【ハワイ名】'Oha wai nui, Oha, Hāhā, 'Oha wai
【英名】Tree lobelias
【和名】なし
【原産地】モロカイ島、ラナイ島、マウイ島
【特徴】低木（1・5～8m）、花冠0・8～1・8cm
【備考】固有種

ロベリア類の一種。樹液は切り傷の手当に用いられた。「オハ・ヴァイ・ヌイ」とは「大型で形が良く水分が多い（植物）」という意味。この花の蜜を吸うハワイミツスイはクチバシを花のカーブに合わせて進化させた。粘り気のある樹液は鳥もちに、若い葉は人や動物の食用となった。

オーハー・ケーパウ >>>P214

【学名】*Clermontia hawaiiensis, C. subteralbula*
【ハワイ名】'Ōhā kēpau, 'Ōhā wai, 'Ōhā wai nui, Hāhā, 'Ōhā
【英名】なし
【和名】なし
【原産地】ハワイ島
【特徴】低木（4～9m）、花冠1～1・5cm、筒長3・5～4・5cm
【備考】固有種

花弁は大きな葉の下にあるうえ、生長し切るまで淡緑色なので目立たず、気づきにくい。粘り気のある花の汁は鳥もちとして用いられた。ハワイ島のプナまたはカウ地区の標高五四〇～一七〇〇mの湿潤な森に自生する。

ハーハー（フィッサ） >>>P214

【学名】*Cyanea fissa*
【ハワイ名】Hāhā
【英名】なし
【和名】なし
【原産地】オアフ島
【特徴】低木（1～5m）、花冠2～6cm
【備考】固有種／絶滅危惧種

花は白色で基部は紫色となる。葉は長さ三二～八〇cm、幅五～一三cmで上方に伸びる。亜種に*C. fissa* subsp. *gayana* がある。*Cyanea* 属はきわめて種類が多く交雑種も多い。

ハーハー（ハルディ） >>>P215

【学名】*Cyanea hardyi*
【ハワイ名】Hāhā
【英名】なし
【和名】なし
【原産地】カウアイ島
【特徴】低木（1～7m）、花冠2～2・6cm
【備考】固有種

オハ・ヴァイ・ヌイの近縁。葉が強く波打つのが特徴。標高四〇〇mから八〇〇mの比較的高地で、雨の多い湿地に分布する。*Cyanea* 属は約六〇種あるが、すべてハワイ固有種。

ハーハー・ルア >>>P215

【学名】*Cyanea leptostegia*
【ハワイ名】Hāhā lua
【英名】なし
【和名】なし
【原産地】カウアイ島
【特徴】低木（1～7m）、花冠1・4～2cm
【備考】固有種／絶滅危惧種

若葉は上に向かって伸び、新しい葉茎が伸びると、古い葉は垂れ下がる。葉の長さは最長八〇～一〇〇cmで大きな鋸歯がある。葉の

根元に赤紫色の花を数多くつける。*Cyanea* 属はかつて *Delissea* とも *Lobelia* とも呼ばれた。

ハーハー（シップマニ） >>>P215

【学名】*Cyanea shipmanii*
【ハワイ名】Hāhā
【英名】Shipman's cyanea
【和名】なし
【原産地】ハワイ島
【特徴】低木（2・5〜4m）、花冠3〜3・6cm
【備考】固有種／絶滅危惧種
　葉の鋸歯が深く切れ込むため、シダ類のようにも見える。葉や茎には剛毛がある。葉の基部に白い小さな花をつけ、花後、オレンジ色の実をつける。マウナ・ロアとマウナ・ケアの標高一五〇〇〜一八〇〇mにのみ分布する。

オーハー >>>P215

【学名】*Delissea rhytidosperma, D. kealiae*
【ハワイ名】'Ōhā, 'Oha
【英名】Kauai delissea tree
【和名】なし
【原産地】カウアイ島
【特徴】低木（1〜7m）、花冠1・4〜2cm
【備考】固有種／絶滅危惧種
「ミニチュアのヤシの木」という別名をもつ。花は淡いピンクか白色で、濃い紫色の果実をつける。標高三〇〇〜一〇〇〇mの湿り気の多い森に分布する。*Delissea* 属は一〇種類が確認されているが、本種は二〇〇一年時点で、もっとも絶滅の恐れが強い植物とされる。

ホシアザミ >>>P215

【学名】*Hippobroma longiflora, Laurentia longiflora*
【ハワイ名】なし
【英名】Star of bethlehem, Madamfate
【和名】ホシアザミ、イソトマ
【原産地】西インド諸島
【特徴】多年草（30〜60cm）、花序4〜5cm
【備考】外来種
　白色の細長い五弁花をつける。葉は長さ一五〜二〇cm、幅三〜四cm。はっきりとした鋸歯がある。和名の由来は葉がアザミに似ていることから。キキョウ科に共通することだが、草の汁は有害なので気をつけたい。

ロベリア >>>P215

【学名】*Lobelia grayana*
【ハワイ名】なし
【英名】Haleakala lobelia
【和名】なし
【原産地】マウイ島
【特徴】低木（1〜2m）、筒長3・5〜4・5cm
【備考】固有種
　淡い紫色の筒状花をつける。花蜜はハワイミツスイの一種であるイイヴィの餌となる。この鳥のくちばしは、筒状花の形と長さに合わせている。葉は長さ一〇〜二四cm、幅〇・五〜一・五cmと細長い。ハワイには固有のロベリア属が一四種ある。

絶滅危惧種の種子配布

　ニイハウ島の所有者の一人であるキース・ロビンソンは、ハワイ固有種のうち絶滅の危機に瀕する植物の種子を、一九九七年より一般市民に配布している。九九年には一〇万粒を配布した。「オーハー」もそのなかに含まれる。ハワイの法律では絶滅危惧種を一般家庭で栽培することを認めていないが、行政はこの試みを特例として認めている。

コリイ >>>P215

【学名】*Trematolobelia kauaiensis*
【ハワイ名】Koliʻi
【和名】なし
【英名】なし
【原産地】カウアイ島
【特徴】低木（1・5〜3m）、筒長0・9〜2・5cm
【備考】固有種
濃ピンクの長い筒状の花をつける。ロベリア同様、この花の蜜もイイヴィの餌となる。葉の長さは一二〜二二cm、幅は一〜三cm。湿度の高い土地を好む。

キク科 *Asteraceae*

双子葉植物としてはもっとも進化した科で、寒帯から熱帯、低地から高山まで、世界のあらゆる地域に約一〇〇〇属二万三〇〇〇種が分布する。キクやヒナギクのような観賞用のほか、フキ、レタス、ゴボウなど食用となるものも多い。

ハマクア・パマカニ >>>P216

【学名】*Ageratina riparia, Eupatorium riparia*
【ハワイ名】Hamakua pamakani
【英名】Spreading mist flower, Creeping croftonweed
【和名】なし
【原産地】メキシコ、キューバ、ジャマイカ
【特徴】多年草（40〜60cm）、花冠0・4〜0・6cm
【備考】外来種／有害植物
長い花茎の先に白い筒状花を一〇〜一五個つける。花後、〇・二cm程度の黒い種子をつける。先端に白い毛があるのが特徴。種子の数は一万〜一〇万に及び、強い繁殖力を示す。葉は長さ七〜八cm、幅二〜三cm。

カッコウアザミ >>>P216

【学名】*Ageratum conyzoides*
【ハワイ名】なし
【英名】Tropical whiteweed, Tropic ageratum, Billy goatweed
【和名】カッコウアザミ
【原産地】南アメリカ
【特徴】多年草（30〜60cm）、花冠0・5〜0・7cm
【備考】外来種
世界中に広く帰化し栽培されている。茎は直立し、よく分枝する。茎と葉に繊毛が密生する。葉は長さ三〜八cm、白と淡紫色の筒状花で五〜七個つける。

グリーンソード >>>P216

【学名】*Argyroxiphium grayanum*
【ハワイ名】なし
【英名】Greensword
【和名】なし
【原産地】マウイ島
【特徴】多年草（1・5〜2m）、花序0・1〜1m
【備考】固有種
標高一五〇〇m以上の湿り気のある土地に生育する。ギンケンソウに似た花を毎年六月から翌年の一月にかけて咲かせる。

ギンケンソウ >>>P216

【学名】*Argyroxiphium sandwicense*
【ハワイ名】ʻĀhinahina, Hinahina
【英名】Silversword
【和名】ギンケンソウ

【原産地】マウイ島ハレアカラ
【特徴】多年草（1・5～3ｍ）、花序0・7～2ｍ
【備考】固有種
　標高二一〇〇～三七五〇ｍの日差しが強く乾燥した土地に分布する。大群生といえるものは、今日ではハレアカラ・クレーター内にしか存在しない。かつてハワイ人はギンケンソウをボールに見立て、転がして遊んだというが、近年はヤギの食害にもあって絶滅寸前となった。ギンケンソウを守る目的でハレアカラを国立公園にしたといういきさつがある。ハワイ語のアーヒナヒナとは「灰白色（銀色）の毛」の意味。そのほか属名、英名、和名のすべてが「灰白色」にちなむ。この色と球形のロゼットによって、激しく変化する気温や風の影響を免れている。ロゼットからは花茎が伸びるが、花が咲くまでには発芽後二〇年から五〇年かかる。かつては三ｍに近い巨大な株もあったが、今日では二ｍを超す背丈のものはほとんど確認されていない。ヒマワリを小さくしたような花は、最大で五〇〇個近くつく。一度花を咲かせると、その個体は枯れる。葉は喘息の治療に、枯葉は焚きつけとして利用された。

アーヒナヒナ（アウストラリス）>>>P217

【学名】*Artemisia australis*
【ハワイ名】ʻĀhinahina, Hinahina, Hina-hina kuahiwi
【英名】Oahu wormwood
【和名】なし
【原産地】オアフ島
【特徴】低木（1・5～5ｍ）、花冠0・6～2・6ｍ
【備考】固有種
　黄色の丸い花をつける。標高一〇〇〇ｍまでの断崖に生育する。葉の形状は変化が大きく、特にニイハウ島、モロカイ島、ラナイ島の個体は一般のものよりかなり幅広となる。ハワイ語で「アーヒナヒナ」はギンケンソウ、「ヒナヒナ」はレイに用いるヘリオトロープを指すことが多い。

アーヒナヒナ（マウイエンシス）>>>P217

【学名】*Artemisia mauiensis*
【ハワイ名】ʻĀhinahina, Hinahina, Hina-hina kuahiwi
【英名】Maui wormwood
【和名】なし
【原産地】マウイ島
【特徴】低木（1・8～3ｍ）、花冠0・3～0・5㎝
【備考】固有種
　花は淡いクリーム色で、花弁を包む苞が葉や茎と同系色のため、目立たない。葉は二～五㎝の針状で、ヨモギに似た微香がある。葉は衣類を包む防虫シートとして用いられた。

コオコオラウ（ハワイエンシス）>>>P217

【学名】*Bidens hawaiiensis*
【ハワイ名】Koʻokoʻolau
【英名】Beggarticks, Hawaii beggarticks
【和名】なし
【原産地】ハワイ島（コハラ、プナ、キラウエア地区）
【特徴】多年草（30～90㎝）、花冠2～3㎝
【備考】固有種
　花は黄色が多いがまれに白色もある。種子は強壮剤として用いられた。コオコオラウ（センダングサ属）の仲間は簡単に交雑するため、近縁種との隔離が求められている。

コオコオラウ（マウイエンシス）>>>P217

【学名】*Bidens mauiensis*
【ハワイ名】Koʻokoʻolau
【英名】Beggar tick
【和名】なし
【原産地】マウイ島、ラナイ島、カホオラヴェ島

【特徴】多年草（10～30㎝）、花冠2・5～5㎝
【備考】固有種／絶滅危惧種
　黄色の花は櫛の歯が欠けたような感じの花弁をつける。標高一〇〇〇ｍまでの岩稜や海岸などの、乾燥地帯や半乾燥地帯に分布する。ハワイでは葉を煎じた茶を強壮剤や食欲増進剤に用いた。

リトル・アイアンウィード >>>P217

【学名】*Cyanthillium cinereum*
【ハワイ名】なし
【英名】Little ironweed
【和名】ムラサキムカシヨモギ
【原産地】日本、中国、熱帯アジア
【特徴】多年草（20～80㎝）、花序0・3～0・4㎝
【備考】外来種
　花後、冠毛のついた種子を風に飛ばす。葉は長さ二～六㎝、幅一・五～三㎝。全草が繊毛に覆われている。

クーパオア（ラクサ） >>>P218

【学名】*Dubautia laxa*
【ハワイ名】Kūpaoa, Naʻenaʻe pua melemele
【英名】Silversword alliance
【和名】なし
【原産地】ニイハウ島、カホオラヴェ島、ハワイ島を除く主要ハワイ諸島
【特徴】低木（2～6ｍ）、花序4～20㎝
【備考】固有種
　水平に広がる葉の頂に、黄色の花がまとまってつく。葉の長さは四～二〇㎝、幅は一～六㎝。*Dubautia* 属のグループには多くの種がある。

クーパオア（メンジエシー） >>>P218

【学名】*Dubautia menziesii*
【ハワイ名】Kūpaoa
【英名】なし
【和名】なし
【原産地】マウイ島、ハワイ島
【特徴】低木（3～6ｍ）、花序14～20㎝
【備考】固有種
　黄色の筒状花から黒いしべが伸びる。葉は花序を包み込むように立ち上がる。ハレアカラ・クレーターなど、標高一八〇〇～三〇〇〇ｍの高地に分布する。

クーパオア（スカブラ） >>>P218

【学名】*Dubautia scabra*
【ハワイ名】Kūpaoa
【英名】なし
【和名】なし
【原産地】モロカイ島、ラナイ島、マウイ島、ハワイ島
【特徴】低木（30～40㎝）、花序2～18㎝
【備考】固有種
　白い花から突き出すしべは反り返る。濃赤色の花茎は直上するが、匍匐する場合もある。葉茎は高さ一〇～二〇㎝ほどで地を覆うように広がる。

プアレレ >>>P218

【学名】*Emilia fosbergii*
【ハワイ名】Pualele
【英名】Florida tasselflower
【和名】ナンカイウスベニニガナ
【原産地】東アフリカ、中央アフリカ
【特徴】多年草（3～6ｍ）、花序14～20㎝
【備考】外来種

淡い朱色の花の先に黄色の葯がつく。花後、冠毛のついた種子を飛ばす。葉は丸みを帯び、棘のように見える鋸歯をつける。

ガザニア >>>P218

【学名】*Gazania rigens*
【ハワイ名】なし
【英名】Trailing gazania, Rainbow daisies, Treasure flower
【和名】クンショウギク
【原産地】南アフリカ
【特徴】多年草（15～30㎝）、花冠5～10㎝
【備考】外来種

ガザニアは花色が多彩で、白、ピンク、黄色とさまざまな色合いがある。このことから英名がつけられている。花弁の形状も少しずつ異なり、交雑種も多く、園芸種が多様だ。生長が速く、乾燥した気候にも強いので、ハワイでは庭草のほか、荒れ地の緑化などに利用されている。

ブタナ >>>P219

【学名】*Hypochaeris radicata*
【ハワイ名】なし
【英名】Hairy cat's ear, False dandelion
【和名】ブタナ、タンポポモドキ
【原産地】ヨーロッパ
【特徴】多年草（30～60㎝）、花冠2・5～3㎝
【備考】外来種

花はタンポポに似るが背が高い。葉はロゼット状で葉裏には長い繊毛がある。全草が食用となる。特に若葉はよく用いられる。原産地ではハーブとして利用された。繁殖力が強く在来の植物を駆逐する場合もある。

ナタネタビラコ >>>P219

【学名】*Lapsana communis*
【ハワイ名】なし
【英名】Nipplewort
【和名】ナタネタビラコ、カラフトヤブタビラコ
【原産地】ヨーロッパ～南西アジア
【特徴】多年草（70～90㎝）、花冠1～1・5㎝
【備考】外来種

黄色の小さな花はヤブタビラコに似る。葉は基部では丸みを帯びて深裂し、上部では細長く浅い鋸歯となる。全草は直立し、横にはあまり広がらない。

ネヘ（コナタ） >>>P219

【学名】*Melanthera connata*
【ハワイ名】Nehe
【英名】Lipochaeta
【和名】なし
【原産地】カウアイ島
【特徴】多年草（1ｍ）、花冠2・5～3㎝
【備考】固有種

海岸を彩る植物の一つ。レイの素材として用いられる。この花のレイは、知り合いだけでなく面識のない人たちにも贈られた。「ネヘ」にはハワイ語で「葉がさらさらとそよぐ」という意味がある。

ネヘ（ラヴァルム） >>>P219

【学名】*Melanthera lavarum*
【ハワイ名】Nehe
【英名】Lipochaeta, Rock's nehe
【和名】なし
【原産地】モロカイ島、ラナイ島、カホオラヴェ島、マウイ島、ハワイ島北西部
【特徴】多年草（0・3～2ｍ）、花冠4～6・5㎝

【備考】固有種
花には芳香があるため、ハワイではかつて、レイに用いられた。葉は形状・サイズともにきわめて変異が大きい。

ネヘ（ロバタ）>>>P219

【学名】*Melanthera lobata*
【ハワイ名】Nehe
【英名】Lipochaeta
【和名】なし
【原産地】ニイハウ島、オアフ島、マウイ島
【特徴】多年草（0・5〜1・5m）、花冠1・5〜3・5㎝
【備考】固有種／絶滅危惧種
海岸と、低地から四〇〇mまでの乾燥した土地に分布する。ハワイの海岸を彩る花として、かつてはイリマと同じくらいよく知られていたが、今日では個体数を大きく減らしている。匍匐性の多年草で、つる植物のように岩場や砂地に広がる。ネヘ（コナタ）と同じくレイの素材として用いられた。

ネヘ（ロッキー）>>>P219

【学名】*Melanthera rockii*
【ハワイ名】Nehe
【英名】Lipochaeta
【和名】なし
【原産地】モロカイ島、カホオラヴェ島、マウイ島
【特徴】多年草（0・5〜1m）、花冠2・5〜5㎝
【備考】固有種
葉は長さ四〜一〇㎝、幅二・五〜五㎝。暗緑色で深裂する。溶岩地帯など乾燥気候に多く分布することが英名の由来。

マーシュ・フリーベイン>>>P220

【学名】*Pluchea foetida*
【ハワイ名】なし
【英名】Marsh fleabane, Stinking camphorweed
【和名】なし
【原産地】北アメリカ南部
【特徴】多年草（0・4〜1m）、花序3〜10㎝
【備考】外来種
白または淡桃色、黄色の筒状花を球状につける。葉は長さ三〜一〇㎝、幅一〜四㎝。ハワイでは低地の湿地帯に多く分布する。

ヒイラギギク>>>P220

【学名】*Pluchea indica*
【ハワイ名】なし
【英名】Indian fleabane, Indian camphorweed
【和名】ヒイラギギク
【原産地】東南アジア、オーストラリア北部、太平洋諸島
【特徴】低木（1〜3m）、花冠0・4〜0・6㎝
【備考】外来種
淡桃色の筒状花をつける。葉には芳香があり、厚く裏側にくっきりと盛り上がった葉脈がある。若芽と若葉は食用となる。

プーヘウ>>>P220

【学名】*Pseudognaphalium sandwicensium*
【ハワイ名】Pūheu, ʻEnaʻena
【英名】Trailing african daisy, Shrubby daisybush
【和名】なし
【原産地】主要ハワイ諸島
【特徴】低木（30〜60㎝）、花序3〜10㎝
【備考】固有種
花は淡いオレンジ色のしべで構成され、花弁はない。葉茎と葉は繊毛に覆われ、銀灰色の外観をもつ。

ウェデリア >>P220

【学名】*Sphagneticola trilobata*
【ハワイ名】なし
【英名】Wedelia, Rabbits paw
【和名】アメリカハマグルマ、ミツバハマグルマ、ウェデリア
【原産地】中央アメリカ
【特徴】多年草（40～50㎝）、花冠3～8㎝
【備考】外来種／有害植物

黄色の小さな花と光沢のある葉をつける。葉は長さ四～九㎝、幅二～五㎝。標高の低い土地であればどこにでも拡散し、在来の植物を駆逐してしまう。そのため、「世界の侵略的外来種ワースト一〇〇」に指定されている。

パーマカニ >>P221

【学名】*Tetramolopium humile* subsp. *haleakalae*
【ハワイ名】Pāmakani
【英名】Haleakala tetramolopium, Alpine tetramolopium
【和名】なし
【原産地】マウイ島
【特徴】低木（8～20㎝）、花冠2～3・5㎝
【備考】固有種

白い小さな花は花後、冠毛のついた種子を飛ばす。葉は一～二・五㎝、幅〇・一～〇・三㎝。ハレアカラの二八〇〇～三〇〇〇ｍのトレイルサイドで見られる。

ツリー・マリゴールド >>P220

【学名】*Tithonia diversifolia*
【ハワイ名】なし
【英名】Tree marigold
【和名】ニトベギク、コウテイヒマワリ
【原産地】中米～メキシコ
【特徴】多年草（2～5ｍ）、花冠5～15㎝
【備考】外来種

オレンジ色または黄色の花をつける。茎はときに木質化して常緑の低木状となる。葉は糖尿病治療など薬用として用いられる。

ヘアリー・スパージ >>P220

【学名】*Tridax procumbens*
【ハワイ名】なし
【英名】Hairy spurge, Coatbuttons, Tridax daisy
【和名】コトブキギク
【原産地】熱帯アメリカ
【特徴】多年草（30～60㎝）、花冠1～1・5㎝
【備考】外来種

花茎は直立せず、くねりながら伸びる。全草に繊毛がある点が英名の由来となる。花は極小で一部が欠落した装飾花をつけるなど、ハキダメギクによく似る。繁殖力が強く有害植物に指定する国もある。

ゴールデン・クラウンベアード >>P221

【学名】*Verbesina encelioides*
【ハワイ名】なし
【英名】Golden crown-beard, Wild sunflower, American dogweed
【和名】なし
【原産地】北米～メキシコ
【特徴】多年草（30～90㎝）、花冠4～6㎝
【備考】外来種

鮮やかな黄色の花を花茎の頂に一つつける。花後、冠毛のついた種子を飛ばす。葉は長さ三～八㎝、幅二～四㎝の三角形で、鋸歯が目立つ。

イリアウ >>P221

【学名】*Wilkesia gymnoxiphium, Argyroxiphium gymnoxiphium*

【ハワイ名】Iliau
【英名】なし
【和名】なし
【原産地】カウアイ島
【特徴】多年草（1～4m）、花序0・3～1m
【備考】固有種

ギンケンソウに近縁で、外観もよく似ている。標高四二五～一一〇〇mの乾燥した稜線上や、開けた森林に生育する。開花時期は五月から六月にかけてだが、二〇〇三年の調査報告によると、近年の気象異常で不確定になっている。また、ヤギによる食害が深刻で、その数を減らしている。

ヒャクニチソウ >>P221

【学名】*Zinnia elegans*
【ハワイ名】なし
【英名】Zinnia, Zinnia hybrid
【和名】ヒャクニチソウ
【原産地】メキシコ
【特徴】多年草（30～90cm）、花冠4～6cm
【備考】外来種

葉は長さ四～一〇cm、幅三～六cmで、繊毛に覆われる。黄、ピンク、赤、白など、さまざまな花色がある。高温と直射日光を好み、乾燥にも強いため、ハワイの庭花として人気がある。和名のとおり花の寿命が長い。

キツネノマゴ科　Acanthaceae

熱帯を中心に約二五〇属二五〇〇種が分布する。ゴマノハグサ科に近縁で、種子に胚乳がないのが特徴。acantha は「棘」の意味。アカンサス（ハアザミ属）の棘に由来する。しかし、本科の植物に棘のあるものは少ない。

チャイニーズ・バイオレット >>P222

【学名】*Asystasia gangetica*
【ハワイ名】なし
【英名】Chinese violet, Coromandel
【和名】セキドウサクラソウ、コロマンソウ、ツノグサ
【原産地】マレーシア、インド、アフリカ
【特徴】多年草（30～60cm）、花冠2～3cm
【備考】外来種

花色は白、赤紫、白と赤紫の二色、ピンク色などがある。葉は長さ約八cm、幅約四cm。匍匐性があるため、グラウンドカバーとして使われることが多い。

ジャコビニア >>P222

【学名】*Justicia aurea, Jacobinia aurea*
【ハワイ名】なし
【英名】Water-willow, Shrimp plant, Yellow jacobina
【和名】なし
【原産地】メキシコ～中米
【特徴】低木（1～3m）、花序10～20cm、筒長5～6cm
【備考】外来種

花火のような長い筒状花を円柱状につける。アジサイに似た葉は長さ一〇～二五cm。湿り気の多い森林の日陰に分布する。サンゴバナに近縁。

ホワイトシュリンプ >>P222

【学名】*Justicia betonica*
【ハワイ名】なし
【英名】White shrimp plant
【和名】シロバナコエビソウ
【原産地】熱帯アジア、東アフリカ

【特徴】低木（1・2〜1・5ｍ）、花序15〜20㎝、花冠1・5㎝
【備考】外来種
荒れ地や岩稜地帯の水はけの良い土地に生育する。花は淡い紫色をしている。白い部分は苞で緑色の葉脈がくっきりと見える。花は開くとすぐに変色するが、苞は一か月以上も瑞々しさを保つ。名前の由来は花穂がエビの尻尾のように見えることから。

コエビソウ

>>P222

【学名】*Justicia brandegeana*
【ハワイ名】なし
【英名】Shrimp plant, Yellow shrimp, Bronze shrimp
【和名】コエビソウ、ベロペロネ
【原産地】メキシコ
【特徴】低木（1〜1・5ｍ）、花序7〜10㎝
【備考】外来種
原産地のメキシコでは多年草だが、ハワイでは低木となる。赤褐色のエビのように見える部分は苞葉。淡緑色から赤褐色へと変化するが、他に黄色に変わる品種もある。白い花が突き出すようにして咲く。花は短命だが、苞は長く観賞できる。

サンゴバナ

>>P222

【学名】*Justicia carnea, Jacobinia carnea, Jacobinia magnifica*
【ハワイ名】なし
【英名】Brazilian plume flower, Brazilian-plume, Flamingo flower
【和名】サンゴバナ
【原産地】ブラジル
【特徴】草丈（0・3〜1ｍ）、花冠（筒長）5〜10㎝
【備考】外来種
淡桃色の、ジャコビニアに似た花をつける。葉は長さ一五〜二〇㎝。表面は光沢のある淡緑色だが、裏面は暗褐色。花色からフラミンゴフラワーと呼ばれることもある。

ブラジリアン・レッド・クローク

>>P222

【学名】*Megaskepasma erythrochlamys*
【ハワイ名】なし
【英名】Brazilian red cloak
【和名】なし
【原産地】南アメリカ
【特徴】低木（3〜4・5ｍ）、花序20〜30㎝
【備考】外来種
外見はコエビソウに似るが、一属一種。英名は、赤く大きな苞をマント（クローク）にたとえたもの。苞から顔を出すピンク色の花は数日で萎むが、苞はほぼ一年を通して観賞することができる。

オドントネマ

>>P223

【学名】*Odontonema strictum*
【ハワイ名】なし
【英名】Firespike
【和名】ベニツツバナ
【原産地】南アメリカ
【特徴】多年草（1〜2ｍ）、花序15〜25㎝、花冠（筒長）5㎝
【備考】外来種
先端が膨らんだ赤い筒状花を枝先や葉腋につける。葉は長さ二〇〜二五㎝で光沢がある。繁殖力が強いため、既存の環境を破壊することもある。

パキスタキス・ルテア

>>P223

【学名】*Pachystachys lutea*
【ハワイ名】なし
【英名】Lollipop plant, Golden candle, Lollypops
【和名】ウコンサンゴバナ
【原産地】メキシコ〜ペルー

【特徴】低木（１〜１・５ｍ）、花序８〜12㎝
【備考】外来種
　鮮やかな黄色の苞をつけ、そこから白い花が咲く。花は短命だが次々と開花する。また、苞は長く鮮やかさを保つので、ハワイでは一年を通じて楽しむことができる。属名はギリシャ語で「厚い穂」を意味する。

ルリハナガサモドキ >>>P223

【学名】*Pseuderanthemum carruthersii, P. reticulatum*
【ハワイ名】なし
【英名】Golden eldorado, Purple pseuderanthemum, Yellow-vein
【和名】ルリハナガサモドキ
【原産地】メキシコ
【特徴】低木（１〜２ｍ）、花冠２〜２・５㎝
【備考】外来種
　白やピンク色の小さな花に赤いしべがよく目立つ。基部は筒状となっている。葉は長さ一〇〜二〇㎝で淡緑色、暗緑色、暗桃色などがある。ハワイでは庭木としてよく見られる。

アメジスト・スター >>>P223

【学名】*Pseuderanthemum laxiflorum*
【ハワイ名】なし
【英名】Amethyst star, Shooting-star plant, Purple star
【和名】なし
【原産地】フィジー諸島
【特徴】多年草（０・６〜１・２ｍ）、花冠２・５㎝
【備考】外来種
　濃い赤紫色の花は蕾のときからよく目立つ。葉は革をなめしたような光沢をもつ。雄しべの先端に黒紫色の葯をつける。

サンケジア・スペキオサ >>>P223

【学名】*Sanchezia speciosa*
【ハワイ名】なし
【英名】Shrubby whitevein
【和名】キンヨウボク
【原産地】西インド諸島、コロンビア
【特徴】低木（１・５〜２・５ｍ）、花冠（筒長）５〜６㎝
【備考】外来種
　葉脈が白、黄、ピンクと多彩なので、花よりは葉を観賞するために庭木などにされる。ヘリコニアに似た多段の赤い苞から、淡黄色の筒状の花が咲く。日差しにも乾燥にも強いが、葉脈の模様は日陰で育てたほうが鮮明になる。

ヤハズカズラ >>>P224

【学名】*Thunbergia alata*
【ハワイ名】なし
【英名】Black-eyed susan vine
【和名】ヤハズカズラ
【原産地】熱帯アフリカ
【特徴】つる植物、花冠３〜５㎝
【備考】外来種
　つる性だが軟毛に覆われた茎は硬くて自立性があり、生長が速い。棚づくりにしたり、グラウンドカバーとして用いられる。本種には黄一色の「ルテア」、黄橙色の「オランティアカ」などの園芸種もある。属名は江戸期に来日し、『日本植物誌』を著したスウェーデンの博物学者ツンベリーにちなむ。

コダチヤハズカズラ >>>P224

【学名】*Thunbergia erecta*
【ハワイ名】なし
【英名】Bush thunbergia, King's mantle
【和名】コダチヤハズカズラ、キンギョボク
【原産地】熱帯西アフリカ

【特徴】低木（1～2ｍ）、花冠4～5㎝
【備考】外来種

アサガオに似た花と葉をつける。花は通常は青・黄・白の三色だが、白花やピンク色の花をつけるものもある。次々と花を咲かせるので、一年を通じて楽しめる。

カオリカズラ >>>P224

【学名】*Thunbergia fragrans*
【ハワイ名】なし
【英名】Sweet clock vine, White lady, Angel wings
【和名】カオリカズラ
【原産地】ネパール、インド
【特徴】つる植物、花冠3～4㎝
【備考】外来種

純白の花と葉は芳香が強く、学名や和名の由来となっている。ただし、日本の栽培種には芳香がない。葉はベルベットのような手触りで、一般に緑色だがときに紫色となる。茎はしだいに木化し、低木のようになる。

ベンガルヤハズカズラ >>>P224

【学名】*Thunbergia grandiflora*
【ハワイ名】なし
【英名】Trumpet vine, Bengal clock vine, Blue trumpet creeper
【和名】ベンガルヤハズカズラ
【原産地】熱帯アジア
【特徴】つる植物、花冠5～8㎝
【備考】外来種

きわめて生長が速く、茎は生長とともに木化する。品種によっては周年開花する。ふつうは淡青色の花をつけるが、ハワイでは白い花をつける「アルバ」という品種をよく目にする。原産国のマレーシアでは葉の汁を胃薬として用いた。

ブルー・トランペット・バイン >>>P224

【学名】*Thunbergia laurifolia*
【ハワイ名】なし
【英名】Blue trumpet vine
【和名】ローレルカズラ、ゲッケイカズラ
【原産地】ミャンマー、タイ、マレー半島
【特徴】つる植物、花冠6～7㎝
【備考】外来種

和名にあるように、ゲッケイジュの葉（ローレル）に似た肉厚の葉が特徴。野生のものは果実をつけるが、栽培種はつけない。花はベンガルヤハズカズラによく似るが、花が密生してつく点と、葉の形状が異なる。

キョウチクトウ科 Apocynaceae

熱帯、亜熱帯を中心に約一七〇属一五〇〇種以上が分布する。木本、草本、一年草、多年草、つる性、多肉など、その形態はさまざま。果実もまた袋状（莢状）、液果状など、多くの形態がある。茎などを切ったときに出る白い樹液には毒がある。一部はアルカロイドを含み、強心剤などに使われる。また、ガム（チクル）を採集する種もある。科名はapo（離れた）とcyno（犬）の合成で、その毒性から「犬を遠ざける」の意味。これまでのガガイモ科は本科に吸収された。

デザートローズ >>>P225

【学名】*Adenium obesum*
【ハワイ名】なし
【英名】Desert rose
【和名】アデニウム

【原産地】東アフリカ〜アラビア南部
【特徴】低木（2〜4m）、花冠5〜7㎝
【備考】外来種
生長するにつれて茎の根元が大きく膨らむ。葉も花も茎の先端近くにまとまってつく。「砂漠のバラ」という英名のとおり、乾燥した土地を好む多肉植物で、プルメリアと近縁。葉や茎から出る乳液は、他のキョウチクトウ科の植物と同じく有毒。

ムラサキアリアケカズラ >>>P225

【学名】*Allamanda blanchetii, A. violacea*
【ハワイ名】なし
【英名】Purple allamanda
【和名】ムラサキアリアケカズラ
【原産地】ブラジル
【特徴】つる植物（0・9〜3・6m）、花冠8〜12㎝
【備考】外来種
水はけがよく日当たりの良い場所や、高温多雨を好む。気温が下がると、花弁の紫色が通常よりも鮮やかになる。寒さには弱く、摂氏一〇度以下では枯れる恐れがある。ハワイでは園芸種として人気がある。

アリアケカズラ >>>P225

【学名】*Allamanda cathartica*
【ハワイ名】なし
【英名】Golden trumpet
【和名】アリアケカズラ、アラマンダ
【原産地】南米北東部
【特徴】つる植物、花冠5〜7㎝
【備考】外来種
鮮やかな淡黄色のトランペット状の花を次々とつける。花後、いがぐりに似た棘のある円盤状の実をつける。ハワイでは庭木のほか、ハイビスカスなどに巻きつけてアクセントにする。

ヒメアリアケカズラ >>>P225

【学名】*Allamanda schottii, A. neriifolia*
【ハワイ名】なし
【英名】Bush allamanda
【和名】ヒメアリアケカズラ
【原産地】ブラジル
【特徴】低木（1〜1・5m）、花冠3〜4㎝
【備考】外来種
花はアリアケカズラによく似るが、一回り小さい。花後にいがぐりのような棘のある果実をつけるが、棘は柔らかい。葉は長さ約一〇㎝。低木として立ち上がるが、暗い場所ではつる状に伸びることがある。

マイレ >>>P225

【学名】*Alyxia stellata, A. oliviformis*
【ハワイ名】Maile
【英名】なし
【和名】なし
【原産地】ニイハウ島とカホオラヴェ島を除くハワイ諸島
【特徴】低木、つる性、花冠0・4〜0・6㎝
【備考】固有種
緑色を帯びた黄色の小さな花をつけ、しだいにオレンジ色に変化する。乾燥した土地か、適度に湿り気のある土地の岩場や大木の根元などに生育する。茎から出る白い粘り気のある乳液と葉にはバラに似た香りがあり、ハワイでは大切な人に捧げるレイの素材として古くから用いられた。装飾やカパの香り付けとしても用いられている。フラの女神として知られるラカのシンボルでもある。

クラウン・フラワー >>>P226

【学名】*Calotropis gigantea*
【ハワイ名】Pua kalaunu

【英名】Crown flower
【和名】アコン、カイガンタバコ
【原産地】インド~インドネシア
【特徴】低木(4~5m)、花冠4~5㎝
【備考】外来種

　花には白色とラベンダー色の二色があり、一八七一年にラベンダー色の品種がハワイに紹介された。これはリリウオカラニ王女がもっとも愛した花といわれている。彼女の死から三年後の一九二〇年に白色の品種が紹介され、それをきっかけにハワイで人気の花の一つとなった。香りの良さもあり、今日でも庭木やレイの素材としてよく用いられている。茎を切ると出てくる白い乳液は皮膚に炎症を起こすことがある。

カリッサ >>>P226

【学名】*Carissa macrocarpa*
【ハワイ名】なし
【英名】Natal plum
【和名】オオバナカリッサ
【原産地】南アフリカ
【特徴】低木(5~6m)、花冠4~5㎝
【備考】外来種

　夜になるとオレンジに似た甘い香りを漂わせる白い星形の花は、年間を通して楽しめる。鶏卵ほどの大きさの赤い果実はクランベリーに似た味で生食できる。枝に長く鋭い棘があるため、ハワイでは垣根として利用されることが多い。

ニチニチソウ >>>P226

【学名】*Catharanthus roseus*
【ハワイ名】なし
【英名】Rose periwinkle, Madagascar periwinkle
【和名】ニチニチソウ
【原産地】マダガスカル
【特徴】低木または多年草、つる性、花冠3~4㎝
【備考】外来種

　花色は白、ピンク、赤色などの単色と、中心に斑が入ったものがある。また、八重咲きやひだの入ったものなど、さまざまな園芸品種が作られている。葉は長さ二・五~九㎝、幅〇・七~四㎝。全草に有毒成分がある。和名は長期間日替わりで花をつけることから。

オキナワキョウチクトウ >>>P226

【学名】*Cerbera manghas*
【ハワイ名】なし
【英名】Cerbera, Reva
【和名】オキナワキョウチクトウ、ミフクラギ
【原産地】アジアの熱帯・亜熱帯地域
【特徴】低木(5~20m)、花冠4~5㎝
【備考】外来種

　花色は白で中心に赤い斑がある。花後、五~八㎝の、マンゴーを小さくしたような果実をつける。初めは緑色だが、完熟すると赤色になる。全部位に有毒成分があり、果実も生食には適さない。葉は長さ一〇~二〇㎝で、枝先に多く集まる。

毒にも薬にも

　キョウチクトウの仲間は甘い芳香をもつものが多く、ハワイではプルメリアやマイレがよく知られている。しかし、その多くは樹液にアルカロイド系またはステロイド系の有毒物質を含む。強いものは死に至ることもあるので注意を要する。その一方で、降圧剤や抗がん剤など薬用に用いられるものも多い。さらにはカリッサのように食用となるものもある。いずれにしても十分な知識なく口に含んだり、樹液のついた手で目や傷口に触れたりしないようにしたい。

フウセントウワタ >>>P227

【学名】*Gomphocarpus physocarpus, G. fruticosus*
【ハワイ名】なし
【英名】Swan plant, Wild cotton, Cotton bush
【和名】フウセントウワタ
【原産地】南アフリカ
【特徴】多年草（1～2ｍ）、花冠1・5～2㎝
【備考】外来種
　白い花を下向きにつける。長径六㎝ほどの風船状の果実は柔らかな棘で覆われ、中に房状の毛のついた種子があり、綿のように見えるのが和名の由来。葉は長さ五～一〇㎝、幅〇・五～二㎝。樹液は有毒。

ツリー・コプシア >>>P227

【学名】*Kopsia arborea*
【ハワイ名】なし
【英名】Tree kopsia
【和名】なし
【原産地】インドネシア
【特徴】低木（10～15ｍ）、花冠2・4～3・2㎝
【備考】外来種
　ガーデニアに似た白い花には芳香がある。花後、長径一・五～四㎝の果実をつけ、完熟すると黒色となる。葉は長さ五～二五㎝、幅三～四㎝で、葉の縁は波打つ。

セイヨウキョウチクトウ >>>P227

【学名】*Nerium oleander*
【ハワイ名】ʻOleana, ʻOliwa
【英名】Oleander
【和名】セイヨウキョウチクトウ
【原産地】地中海沿岸部、パレスチナ
【特徴】低木（2～6ｍ）、花冠2・5～3・5㎝
【備考】外来種
　白、ピンク、オレンジ、赤など多彩な花をつける。和名（キョウチクトウ／夾竹桃）は、細長い葉が竹に、花が桃に似るため。有毒成分を含むので取り扱いには注意が必要。木を燃やしたときにも有毒成分が出る。強心剤として利用されたほか、塩害や乾燥、排気ガスに強いので、海岸道路や幹線道路沿いに植えられることが多い。

ホーレイ >>>P227

【学名】*Ochrosia haleakalae*
【ハワイ名】Hōlei
【英名】なし
【和名】なし
【原産地】マウイ島、ハワイ島
【特徴】低木（2～8ｍ）、花冠1～1・2㎝
【備考】固有種／絶滅危惧種
　白い小さな花をつける。葉はプルメリアによく似ている。野生化したウシやヤギ、野ブタによる食害で絶滅の危機に瀕しており、一九九七年時点で一五〇～二〇〇の個体しか確認されていない。湿り気のある森で生育するが、ときに溶岩上で育つこともある。ハワイ人はホーレイの実を疲労回復剤として、樹皮は発汗剤として利用した。また、樹皮と根はカパを染める黄色の染料として使用した。ハオに近縁。

プルメリア（オブツサ） >>>P228

【学名】*Plumeria obtusa*
【ハワイ名】Pua melia
【英名】Temple tree, Singapore plumeria
【和名】インドソケイ
【原産地】キューバ、西インド諸島、ユカタン半島
【特徴】低木（4～8ｍ）、花冠6～7㎝
【備考】外来種

白い花の中央が黄みを帯びる。レイの素材としてよく知られているが、本来は葬儀に用いられる花だった。オアフ島のパンチボールにみごとな並木があるほか、花卉生産としても栽培されている。比較的生長が速く、およそ五年で成木となる。属名はフランス人植物学者シャルル・プリュミエにちなむ。葉先は丸みを帯びる。

プルメリア（プディカ） >>>P228

【学名】*Plumeria pudica*
【ハワイ名】Pua melia
【英名】Wild plumeria, White frangipani, Bridal bouquet
【和名】なし
【原産地】熱帯アメリカ
【特徴】低木（2～3ｍ）、花冠7～8㎝
【備考】外来種
白い花には芳香があり、株の上部にまとまってつく。葉は逆さ十字のような特徴のある形状をしている。プルメリアの仲間のなかでは低木で、枝は横に張り出さない。

プルメリア（ルブラ） >>>P228

【学名】*Plumeria rubra*
【ハワイ名】Pua melia
【英名】Temple tree, Frangipani
【和名】インドソケイ、ベニバナインドソケイ、フランジパニ
【原産地】西インド諸島
【特徴】低木（3～5ｍ）、花冠6～12㎝
【備考】外来種
オブツサ種に比べて花弁がいくぶん細長い。花色は多彩で、濃ピンク、赤、白、黄などの花をつける。本種もレイに利用されることが多い。春から秋にかけて花をつけるが、それ以外の季節でも花を残すことがある。すべてのキョウチクトウ科の植物に通じるが、切り口からは刺激性の強い乳液が出るので注意が必要。葉先は尖る。

プルメリア（ステノペタラ） >>>P229

【学名】*Plumeria × stenopetala*
【ハワイ名】Pua melia
【英名】Plumeria
【和名】なし
【原産地】熱帯アメリカ
【特徴】低木（2～9ｍ）、花冠10～20㎝
【備考】外来種
大きく長い花弁が特徴。花には強い芳香がある。葉は細いが、三〇㎝前後と長い。生長すると一〇ｍほどに枝を広げる。オアフ島のホオマルヒア植物園に巨樹がある。

ハオ >>>P229

【学名】*Rauvolfia sandwicensis*
【ハワイ名】Hao
【英名】Devil's pepper

プルメリアの二つの種類

プルメリアはレイやフラなどの髪飾りとしてハワイの生活に溶けこんでいるが、近年にハワイに持ち込まれたものだ。ヨーロッパやアジアでは寺院の花として用いられたため、結婚式に使うのは好ましくないとされる。プルメリアは多くの種類が導入されているが、ルブラ種とオブツサ種が大半を占める。オブツサ種の葉はルブラ種に比べて革質で光沢が強い。またオブツサ種は常緑だが、ルブラ種は落葉する。オブツサ種の花はルブラ種よりいくぶん肉厚で、色は白が基調だ。ルブラ種は赤、濃ピンク、黄、それらの混合など、さまざまな色合いがある。香りはオブツサ種のほうが強いとされるが、株や環境によって異なる。ルブラ種はオブツサ種より耐久性があり、暑さ寒さに強い。

【和名】なし
【原産地】ニイハウ島とカホオラヴェ島を除くハワイ諸島
【特徴】低木（3～10ｍ）、花冠3～6㎝
【備考】固有種
　湿気の多い森の中の、日当たりの良い土地で生育する。プルメリアの近縁で、香りもよく似ている。花に触れると香りが指に移るのが特徴。小さな濃紫の果実をつける。「ハオ」はハワイ語で「鉄」や「鉄器」を指す。インドジャボクに近縁。

オウサイカク >>>P229

【学名】*Stapelia gigantea*
【ハワイ名】なし
【英名】Stinky asclepiads, Zulu giant, Toad plant
【和名】オウサイカク
【原産地】南アフリカ
【特徴】多年草、草丈（15～20㎝）、花冠20～30㎝
【備考】外来種
　ヒトデに似た肉質の花はよく目立つ。腐肉臭を放つことが英名の由来。サボテンに似た葉（一五～二〇㎝）は枝を出さずに地面から直上する。ガガイモ科からキョウチクトウ科に移動した。オアフ島のココヘッドなどで野生化している。

マダガスカル・ジャスミン >>>P229

【学名】*Stephanotis floribunda*
【ハワイ名】Pua male
【英名】Madagascar jasmine, Bridal wreath
【和名】ステファノティス、アメリカシタキヅル
【原産地】マダガスカル
【特徴】多年草、つる植物、花冠5～6㎝
【備考】外来種／栽培種
　ジャスミンに似た強い香りは、結婚式のコサージュやリース、レイなどの素材として人気がある。住宅街ではときおり垣根として使われている。切り口から出る白い乳液は肌に触れると炎症を起こす。ガガイモ科からキョウチクトウ科に移動した。

ピンホイール・ガーデニア >>>P229

【学名】*Tabernaemontana corymbosa*
【ハワイ名】なし
【英名】Pinwheel gardenia
【和名】なし
【原産地】ブルネイ、中国、インドネシア、東南アジアの熱帯地域
【特徴】低木（1～5ｍ）、花冠1・8～3・1㎝
【備考】外来種
　風車のような形状の白い花には芳香がある。花後、楕円形の実（二～四・五㎝）をつける。葉は長さ七～三〇㎝、幅二～一四㎝。標高五〇〇～一七〇〇ｍの日差しの強い土地に分布する。

サンユウカ >>>P229

【学名】*Tabernaemontana divaricata*
【ハワイ名】なし
【英名】Pinwheel flower, Crape jasmine, East India rosebay
【和名】サンユウカ
【原産地】インド、東南アジア
【特徴】低木（1～3ｍ）、花冠4～5㎝
【備考】外来種
　風車のような形状の白色の花弁には光沢があり、八重の花のみクチナシに似た香りがある。夜から翌朝まで芳香を放つ。葉は長さ一〇～一五㎝、幅四～五㎝。

パカラナ >>>P229

【学名】*Telosma cordata*
【ハワイ名】Pakalana

【英名】Tonkin creeper, Tonkin flower, Night-fragrant flower, Chinese violet
【和名】イエライシャン、トンキンカズラ
【原産地】中国南部、ベトナム、インド
【特徴】多年草、つる性（2～5ｍ）、花冠1・2～1・8㎝
【備考】外来種

下向きに咲く花は、初めのうちは黄緑色だが、その後、黄色に変わる。夜に芳香を放つことからイエライシャン（夜来香）と呼ばれる。葉は長さ六～一二㎝、幅四～八㎝。

キバナキョウチクトウ >>P230

【学名】*Thevetia peruviana*
【ハワイ名】Noho malie
【英名】Yellow oleander, Be-still tree
【和名】キバナキョウチクトウ
【原産地】熱帯アメリカ
【特徴】低木（4～6ｍ）、花冠3～4㎝
【備考】外来種

一年を通じて黄色の花を咲かせる。まれに白やピンク、オレンジの花色も見られる。ペチコートのような三角錐の花弁が特徴。涼しげな葉とさわやかな黄色のコントラストが目に鮮やかで、ハワイでは垣根によく使われる。

キントラノオ科 Malpighiaceae

熱帯地域、特に熱帯アメリカを中心に約六〇属一〇〇〇種が分布する。つる性の種が多いという以外に際立った特徴はない。科名はイタリアの著名な自然科学者M・マルピーギにちなむ。

キントラノオ >>P230

【学名】*Galphimia gracilis, Thryallis gracilis*
【ハワイ名】なし
【英名】Thryallis, Spray of gold, Galphimia
【和名】キントラノオ、ゴールドシャワー
【原産地】メキシコ東部
【特徴】低木（1～1・5ｍ）、花冠1～2㎝、花序15㎝
【備考】外来種

黄色い小さな花を多数つける。つる性のコウシュンカズラによく似る。耐寒性があるため、ハワイでは低地から標高二〇〇〇ｍくらいまで分布する。

アセロラ >>P230

【学名】*Malpighia glabra*
【ハワイ名】なし
【英名】Acerola, Barbados cherry
【和名】アセロラ、バルバドスチェリー
【原産地】合衆国南部～西インド諸島～熱帯アメリカ
【特徴】低木（3～4ｍ）、花冠3～4㎝
【備考】外来種

果実がよく知られている。生食するには酸味が強すぎるが、果実にはレモンの三〇倍以上という豊富なビタミンCが含まれていることが着目され、食品として脚光を浴びている。ハワイには一九四六年に導入され、ハワイ大学で品種改良が行われた結果、一時は米本土にも出荷していた。樹皮は染料として利用された。

キンポウゲ科 Ranunculaceae

北半球の暖帯以北に、約五八属二五〇〇種が分布する。ほとんどが多年草で、フクジュソウやアネモネなど日本に縁の深いものや、花が美しく観賞用にされるものが多い。トリカブトなど毒をもつ植物も多い半面、薬用植物が多いのも特徴。rana は「カエル」

の意味だが、水生の種がカエルの多くすむような場所に生えることからつけられた。

シュウメイギク >>>P230

【学名】*Anemone hupehensis*
【ハワイ名】なし
【英名】Japanese anemone
【和名】シュウメイギク、キブネギク
【原産地】中国、台湾、ヒマラヤ
【特徴】多年草（0・3〜1m）、花冠5〜7㎝
【備考】外来種

白い花びらに見える部分は萼。英名に「日本の」とあるが、本種はヨーロッパにおいてタイワンシュウメイギクとの交配によって作られたもの。花は一重と八重とがあり、ピンク、紫など花色もさまざま。ハワイでは白花種がキラウエア周辺に群生している。花が散ったあとに綿毛が飛ぶと、秋の到来となる。

クサスギカズラ科 Asparagaceae

世界に一五三属、約二五〇〇種が分布する。形態的には多様で、リュウゼツラン、アマドコロ、アスパラ、スズラン、オモト、ヤブランなどを含む。草本、木本、つる性がある。キジカクシ科とも呼ばれる。asparagos は「はなはだしく裂ける」の意味で、アスパラガスの形状を表している。

エレファント・ノーズ >>>P231

【学名】*Agave attenuata*
【ハワイ名】なし
【英名】Elephant nose
【和名】ハツミドリ
【原産地】メキシコ東部
【特徴】多年草（2〜4m）、花序2〜4m
【備考】外来種

長く伸びる花序の形状がゾウの鼻のように見えるのが英名の由来。花序とともに花茎も内部で発達する。無数につく小さな淡緑色の花は下から順につくので、その変化を楽しむことができる。リュウゼツラン科からクサスギカズラ科に移動した。

スギノハカズラ >>>P231

【学名】*Asparagus densiflorus, A. densiflorus* 'Sprengeri'
【ハワイ名】なし
【英名】Sprenger's asparagus fern
【和名】スギノハカズラ
【原産地】南アフリカ
【特徴】多年草（1〜1・5m）、花冠0・4〜0・6㎝
【備考】外来種

花は白色と淡桃色がある。花後の実は完熟すると赤くなる。葉は一〜三㎝、幅〇・二㎝。多年草だが、木質化する。耐寒性があるため比較的高所まで進出している。

アスパラガス >>>P231

【学名】*Asparagus myriocladus*
【ハワイ名】なし
【英名】Asparagus
【和名】アスパラガス、タチボウキ
【原産地】南アフリカ
【特徴】低木（1〜2m）、花冠0・5〜0・7㎝
【備考】外来種

細かな葉のように見えるのは茎で、全株を覆うように分岐を続ける。茎の陰に隠れるように白い小さな花がつく（雄花と雌花がある）。花後〇・七～〇・八㎝の丸い実をつけ、完熟すると赤や暗紫色となる。雌雄異株。食用のアスパラガスは本種ではなく、*A. officinalis* のこと。

ティ（キー） >>>P231

【学名】*Cordyline fruticosa, C. terminalis*
【ハワイ名】Kī, Ti, Lilinoʻe
【英名】Ti, Hawaiian good-luck plant
【和名】センネンボク
【原産地】ヒマラヤ～東南アジア～オーストラリア北部
【特徴】多年草（2～3・5ｍ）、花冠（筒長）0・8～1・5㎝
【備考】伝統植物

透明感のある白い花を密生させる。長い雄しべの先に、黄色の葯をつける。葉は四〇～八〇㎝で、しなやかで光沢がある。ポリネシア人が持ち込んだ有用食物の一つで、当初はハラ（タコノキ）の林に植えられた。今日では観葉植物として知られ、多くの園芸品種がつくられている。リリノエと呼ばれる赤葉のものは人気が高い。ハワイでは厄除けとして庭植えにすることが多い。また、葉は食材を包むなど料理にも活用されている。リュウゼツラン科からクサスギカズラ科に移動した。

ドラセナ >>>P232

【学名】*Dracaena concinna, D. marginata*
【ハワイ名】なし
【英名】Dragon tree, Money tree
【和名】ドラセナ、コンシンネ、ベニフクリンセンネンボク
【原産地】モーリシャス
【特徴】低木（2～4ｍ）、花序40～50㎝
【備考】外来種

葉の長さは三〇～四〇㎝。生長すると下部から順に落葉する。観葉植物としてハワイ諸島各地で栽培されている。リュウゼツラン科から移動した。

センチュリー・プラント >>>P232

【学名】*Furcraea macdougallii*
【ハワイ名】なし
【英名】MacDougall's century plant, Tree furcraea
【和名】なし
【原産地】メキシコ
【特徴】低木（4～6ｍ）、花序5～6ｍ
【備考】外来種

標高八〇〇～一〇〇〇ｍの乾燥した土地に生育する。二五～四〇年ほど生長を続けたあとに花をつけ、その後に枯死する。ハラ（タコノキ）に似た革質の葉には鋭い棘がある。リュウゼツラン科からクサスギカズラ科に移動した。

トックリラン >>>P232

【学名】*Nolina recurvata, Beaucarnea recurvata*
【ハワイ名】なし
【英名】Ponytail palm, Elephant's foot
【和名】トックリラン、ノリナ

ティとカメハメハ

ティ（キー）の葉は屋根葺きや食物の包装、フラ用スカート、あるいははきものなどに用いられた。根は焼いて食用としたほか、アルコール分のある飲料とした。ティに関する次のような伝説がある。ハワイ島のファアラライ山が噴火してカイルア方面に溶岩が流れはじめたとき、カフナ（神官）は祈りを唱えて溶岩流の勢いを止めようとした。しかし変化は起こらず、いよいよ集落を襲おうとした。そのとき、カメハメハ大王は自分の髪を切り取ってティの葉にくるみ、祈りを唱えたカフナとともに溶岩流の中に投げ込んだ。すると、溶岩は勢いをなくして冷え固まったという。

【原産地】メキシコ
【特徴】低木（2〜4m）、花序40〜50㎝
【備考】外来種
　長いリボンのような葉と、幹の基部が大きく膨らむのが特徴。白または淡黄色の小さな花には芳香がある。葉の形状がポニーテールのように見えるのが英名の由来だが、ヤシに外観が似ているため、ヤシと誤称された。まれに一〇mの高木となる。

ハラペペ >>>P232

【学名】*Pleomele hawaiiensis*
【ハワイ名】Hala pepe
【英名】なし
【和名】なし
【原産地】ハワイ島
【特徴】低木（5〜6m）、花序19〜28㎝
【備考】固有種／絶滅危惧種
　細長い葉を放射状につけるのが特徴。葉の基部に黄色の果実をつける。パキラの実によく似ており、かつては同じ属と考えられた。この果実はラカに捧げるフラで用いられる植物の一つとして知られる。また、材は神々の偶像を彫る素材となった。淡黄色の花はレイに用いられる。ユリ科から移動した。

チューベローズ >>>P232

【学名】*Polianthes tuberosa*
【ハワイ名】Kupaloke
【英名】Tuberose
【和名】チューベローズ、ゲッカコウ
【原産地】メキシコ
【特徴】多年草（0・8〜1m）、花穂30〜45㎝
【備考】外来種
　花には一重と八重とがある。芳香は夜間に強くなる。ハワイでは香水にするため栽培されている。花はプルメリアと同じく葬儀用とされてきたが、今日ではレイの素材として人気があり、宗教的な行事でも用いられる。

ユッカ >>>P232

【学名】*Yucca gloriosa*
【ハワイ名】なし
【英名】Spanish bayonet, Yucca
【和名】アツバキミガヨラン、ユッカ
【原産地】北アメリカ南東部
【特徴】低木（2〜3m）、花序1〜1・5m
【備考】外来種
　白い釣鐘状の花を数多くつける。二度咲きすることがあり、そのときの花は淡紫色となる。花後は枯死して花茎は倒れるが、そこからまた根を出し、繁殖域を広げる。葉は長さ六〇〜八〇㎝で鋭い鋸歯があるので注意が必要。

クサトベラ科 Goodeniaceae

世界の熱帯、亜熱帯に約一四属三〇〇種が分布、ほとんどはオーストラリアとポリネシアに自生する。海岸地域に生育するものが多く、砂止めや防風林などに用いられる。キク科とキキョウ科に近縁。科名はイギリスの植物学者 Goodenough に由来する。

ナウパカ・クアヒヴィ（シャミッソニア） >>>P233

【学名】*Scaevola chamissoniana*
【ハワイ名】Naupaka kuahiwi
【英名】Mountain naupaka
【和名】なし
【原産地】カウアイ島、オアフ島

【特徴】低木（1・5～3ｍ）、花冠1・2～2㎝
【備考】固有種
　ナウパカ・カハカイが山間部に移って種分化したもの。葉はより小さく硬くなり、花弁は先端が平坦になった。花には香りがある。*S. gaudichaudiana* と非常に近縁だが、本種は山間部の比較的低地に、後者は高地に自生する。実は腫れ物や打ち身の治療に用いられた。

ナウパカ・パパ >>>P233

【学名】*Scaevola coriacea*
【ハワイ名】Naupaka papa
【英名】Dwarf naupaka, False jade-tree
【和名】なし
【原産地】カホオラヴェ島を除くハワイ諸島
【特徴】多年草・匍匐性、花冠1・5～1・8㎝
【備考】固有種／絶滅危惧種
　黄色みを帯びた花の白と緑の二色がよく目立つ。乾燥した日差しの強い場所に自生する。クックが第三次世界周航でハワイ諸島に寄港したとき（一七七九年）、同行のD・ネルソンによって発見された。二〇〇一年時点で、マウイ島に三五〇の個体が残るだけとなり、絶滅危惧種に指定されている。

オヘ・ナウパカ >>>P234

【学名】*Scaevola glabra*
【ハワイ名】ʻOhe naupaka
【英名】なし
【和名】なし
【原産地】カウアイ島、オアフ島
【特徴】低木（1・5～4ｍ）、花冠1・5～3・2㎝
【備考】固有種
　ナウパカの仲間のなかでは比較的大きく長い黄色の花をつける。カウアイ島のコケエの森やオアフ島のコオラウ山系の、標高二〇〇～八〇〇ｍに分布する。

ナウパカ・クアヒヴィ（キラウエア） >>>P233

【学名】*Scaevola kilaueae*
【ハワイ名】Pāpaʻahekili, Huahekili uka, Naupaka, Naupaka kuahiwi
【英名】Kīlauea naupaka
【和名】なし
【原産地】ハワイ島
【特徴】低木（0・5～1ｍ）、花冠2～2・5㎝
【備考】固有種
　淡いクリーム色の花をつける。葉は横に広がらず、全草は縦に長い。ハワイ島のキラウエア地区とカウ地区に分布する。

ナウパカ・カハカイ >>>P234

【学名】*Scaevola taccada, S. sericea*
【ハワイ名】Naupaka kahakai, Aupaka, Huahekili, Naupaka kai
【英名】Beach naupaka
【和名】クサトベラ
【原産地】熱帯、亜熱帯全域（主にオーストラリア～ポリネシア）
【特徴】低木（1～3ｍ）、花冠1・5～2・5㎝

海と山のナウパカ

　クサトベラの仲間は半円状の花をつけるが、ナウパカには花の形に由来するよく知られた神話がある。昔、愛し合っていた若い男と女がいた。しかし双方の親に結婚を反対されたため、ふたりとも命を絶ってしまった。そして女は海のナウパカに、男は山のナウパカに姿を変えた。ふたつのナウパカの花の、半円の部分を合わせると雨が降るという。それは、再会を喜んだふたりが涙を流すからだ。

【備考】在来種
ナウパカ・クアヒヴィ（シャミッソニア）に比べて大きく多肉質の葉が特徴。薄い紫の筋が入った白い花はすぐに黄ばみ、白い実をつける。ハワイでは一年を通じて花を咲かせるので、花と実の両方をつけている場合が多い。海岸地域の植栽によく見られる。熟した実の果汁は、充血用の目薬として用いられた。

クズウコン科 Marantaceae

熱帯雨林を中心に約三〇属三〇〇種が分布する。特にアメリカ大陸に多い。クズウコンのようにデンプンを採るものもあるが、美しい模様の入った葉を観葉植物とすることが多い。科名は、ヴェネチアの植物学者マランティに由来する。ショウガ科、バショウ科、カンナ科に近縁。

カラテア（アイス・ブルー） >>>P234

【学名】*Calathea burle-marxii* 'Ice Blue'
【ハワイ名】なし
【英名】Ice blue calathea, Blue ice plant
【和名】なし
【原産地】ブラジル
【特徴】多年草（1〜1・5ｍ）、花序短径6〜8㎝、長径9〜16㎝
【備考】外来種
わずかに青みを帯びた白色の苞は、その名のとおり氷のように涼しげな印象を与える。淡い青紫の花が苞の間から顔を出す。日陰の湿り気を帯びた土地に育つが、第二世代が必ずしも同じ色合いになるとは限らない。純白のものは「ホワイト・アイス」あるいは「スノー・コーン」とも呼ばれる。

カラテア（クロタリフェラ） >>>P234

【学名】*Calathea crotalifera*
【ハワイ名】なし
【英名】Rattle shaker, Rattlesnake plant
【和名】なし
【原産地】メキシコ、パナマ、エクアドル
【特徴】多年草（1・5〜2・5ｍ）、花序3・1〜3・6㎝
【備考】外来種
光沢のある葉と淡黄色の苞がよく目立つ。この苞は対になってつき、苞の先から同色の花が顔を出す。植物園や公園の植栽としてよく見られる。種名も英名もガラガラヘビ（rattle snake）の尾に似ていることから名づけられた。

クスノキ科 Lauraceae

東南アジアを中心に、熱帯から亜熱帯、温帯にかけて約三二属二五〇〇種が分布する。常緑の高木が多く、漢方薬や香辛料として用いられるものから、アボカドのような食用のものなど、多くの有用植物がある。laurus はラテン語で「ゲッケイジュ」の意味。

カウナオア・ペフ >>>P235

【学名】*Cassytha filiformis*
【ハワイ名】Kauna'oa pehu, Kauna'oa
【英名】Devil's gut
【和名】スナヅル、シマネナシカズラ
【原産地】日本、台湾、中国南部、中南米、ハワイ、フロリダ
【特徴】多年草、つる性（3〜5ｍ）、花冠0・3〜0・4㎝
【備考】在来種
他の植物に寄生し、茎は匍匐する。葉はもたないが全草に葉緑体を含むため光合成をする。日当たりの良い条件で育つ。葉は目立たない。果実（〇・六〜〇・七㎝）は淡黄あるいは緑色だが、完熟すると褐色

になる。茎を切るとクスノキに似た臭いがする。つる性であり、他の植物に寄生するなど、一見するとヒルガオ科のカウナオアに似ることから、同名のハワイ名がついたと思われる。

セイロンニッケイ >>P235

【学名】*Cinnamomum verum, C. zeylanicum*
【ハワイ名】なし
【英名】Ceylon cinnamon tree
【和名】セイロンニッケイ、シナモン
【原産地】スリランカ
【特徴】低木(10~15m)、花序1~1・5cm
【備考】外来種

葉は長さ七~一八cmで、大きくて光沢があり、葉脈がくっきりとしている。内樹皮からは香辛料であるシナモンを採る。花は円錐花序、緑がかった色で、独特の芳香をもっている。果実は紫色の一cmほどの核果。観葉植物として利用されることもある。世界最古のスパイスといわれ、紀元前四〇〇〇年頃からエジプトでミイラの防腐剤として使われた。

ショア・ローレル >>P235

【学名】*Neolitsea cassia*
【ハワイ名】なし
【英名】Shore laurel, Grey bollywood
【和名】なし
【原産地】スリランカ
【特徴】高木(6~30m)、花冠0・8~1cm
【備考】外来種

花は、初めは淡緑色だが、生長するにつれて緑色になる。花後、〇・六~〇・八cmの実をつける。実は緑から赤、黒色へと変化する。葉は長さ六~一八cm、幅一・五~四cmで、芳香がある。

アボカド >>P235

【学名】*Persea americana*
【ハワイ名】Pea
【英名】Avocado, Butter fruit
【和名】アボカド、ワニナシ、バタノキ
【原産地】メキシコ~ホンジュラス
【特徴】高木(7~20m)、花冠1~1・5cm(集合花序)
【備考】外来種

黄緑色の花は芳香がある。果実は球形、洋ナシ形、卵形などがあり、重さは二〇〇g~二kg。栄養豊富なため、さまざまな料理に用いられる。ハワイには一八二五年に導入されたあと、一八九五年に新品種の栽培が本格化する。ハワイ農業試験場で現在も品種改良が行われている。メキシコ系、グアテマラ系、西インド諸島系、雑種系の四つの品種に大きく分けられる。

クマツヅラ科 Verbenaceae

南半球の熱帯から温帯地方を中心に約一〇〇属二六〇〇種が分布する。草本から、かなり大きな木本になるものまである。チークは木材として、ランタナやバーベナなどは園芸種としてよく知られている。科名はバーベナ(ビジョザクラ)に由来。シソ科に近縁。

ジュニパーベリー >>P236

【学名】*Citharexylum caudatum*
【ハワイ名】なし
【英名】Juniperberry, Fiddlewood
【和名】なし
【原産地】西インド諸島、メキシコ

【特徴】低木（1・2〜1・8ｍ）、花冠（0・2〜0・3㎝（雄花）
【備考】固有種／有害植物
　芳香のある白い花をつけ、赤い果実の房（五〜一〇㎝）は熟すと黒くなる。湿り気のある森や渓谷に生育する。ライアン演習林で栽培されていたものが拡散し、オアフ島のコオラウ山脈に急速に広がった。現在は有害植物に指定されている。

デュランタ >>>P236

【学名】*Duranta erecta*
【ハワイ名】なし
【英名】Golden dewdrop
【和名】デュランタ、タイワンレンギョウ、ハリマツリ
【原産地】南アメリカ
【特徴】低木（1・8〜4・5ｍ）、花冠0・7〜1㎝
【備考】外来種
　観賞用として園芸品種が作られており、花色も淡桃色、淡紫色、濃紫色などのほか、斑入りなど種類が多い。葉は長さ二〜六㎝、幅一〜三㎝。枝には〇・二〜一・四㎝の棘がある。株は直上するが花茎は垂れ下がる。

ランタナ >>>P236

【学名】*Lantana camara*
【ハワイ名】Lakana, Mikinolia
【英名】Common lantana, Shrub verbena
【和名】ランタナ、シチヘンゲ
【原産地】北米南部〜熱帯アメリカ
【特徴】低木（1〜1・2ｍ）、花序2・5〜5㎝
【備考】外来種／有害植物
　和名の由来は、最初は黄色やオレンジ色の花が、白、ピンク、紫色などに変化するため。小さな花だが、多色の彩りはとても美しい。ハワイでは野山によく見られるが、繁殖力が非常に強く、在来の自然を荒らすため、有害植物に指定されている。

ラッツ・テイル >>>P236

【学名】*Stachytarpheta dichotoma, S. cayennensis*
【ハワイ名】ʻŌwī
【英名】Blue rat's tail, Blue porter weed, Verbena, Blue snakeweed
【和名】チリメンナガボソウ
【原産地】キューバ、メキシコ、ペルー、アルゼンチン
【特徴】多年草（0・8〜2ｍ）、花冠0・6〜0・8㎝
【備考】外来種／有害植物
　茎のなかほどに小さな青い花を咲かせる。花の上の部分がネズミの尻尾のように見えるのが英名の由来。草本だが、茎は木質化して低木状になる。花弁はマッシュルームに似た味がする。繁殖力が強いため、ハワイでは有害植物に指定されている。

バーベナ >>>P236

【学名】*Verbena litoralis*
【ハワイ名】ʻŌwī
【英名】Seashore vervain, Brazilian vervain
【和名】ハマクマツヅラ、ヒメクマツヅラ
【原産地】南北アメリカ
【特徴】多年草（0・5〜2ｍ）、花冠0・3〜0・5㎝
【備考】外来種
　淡青色の小さな花は穂状にまとまってつく。葉は長さ約一〇㎝、幅約二・五㎝で楕円形、鋸歯がある。茎は断面が四角形となる。アレチハナガサに形状が似る。

クロウメモドキ科　Rhamnaceae

　寒帯を除く世界のあらゆる地域に五八属約九〇〇種が分布する。ナツメがよく知られているが、本科にはキニーネの代用成分を含

むものが多く、薬用としてよく用いられる。托葉や枝に棘をもつものが多い。花は小さく目立たない。木本だがつる性の性質をもつものも多い。科名は「クロウメモドキ」のギリシャ語名による。ブドウ科に近縁。

アーナパナパ

>>>P236

【学名】*Colubrina asiatica*
【ハワイ名】ʻĀnapanapa, Kauila kukuku, Kukuku, Kolokolo
【英名】Asian nakedwood, Asiatic snakewood, Latherleaf
【和名】ヤエヤマハマナツメ
【原産地】タイ、ミャンマー、日本、オセアニア
【特徴】低木（2〜5m）、花冠0・3〜0・5cm
【備考】在来種

花は淡緑色でカウイラによく似る。花後、〇・七〜一cmの果実をつける。葉は長さ五〜九cm。葉と若芽は食用になり、根は薬用に用いられた。

カウイラ

>>>P237

【学名】*Colubrina oppositifolia*
【ハワイ名】Kauila, Kauwila, Oʻa
【英名】なし
【和名】なし
【原産地】ニイハウ島とカホオラヴェ島を除くハワイ諸島
【特徴】低木（0・4〜2・5m）、花冠1〜1・2cm
【備考】固有種

幹は非常に硬く耐久性があり、水に浮かべると沈むほど重い。そのため槍や杖、短刀、あるいはカパを叩く棒などが作られた。また、彫刻用、薬用など、日常生活でさまざまに使われ、ハワイではもっとも重要な木とされた。稀少な植物だが、ワイキキのカピオラニ庭園などで見ることができる。

クワ科 Moraceae

熱帯、亜熱帯を中心に温帯まで七五属約三〇〇〇種が分布する。パンノキ、クワ、ホップ、インドゴムノキなど、生活に深く関わるものが多い。一部を除き、内部に乳液を蓄えている。なお、イチジク属 *Ficus* は他の木に寄生して気根を垂らし、親木を枯らしてしまうことがあるため、「絞め殺しの木」という異名をもつものもある。また、花嚢といって実のように見える袋の内壁に花をつける。科名はクワのラテン語名から。イラクサ科に近縁。

パンノキ

>>>P237

【学名】*Artocarpus altilis, A. incisus*
【ハワイ名】ʻUlu
【英名】Breadfruit
【和名】パンノキ
【原産地】マレーシア〜ポリネシア海域
【特徴】高木（12〜18m）、雄花序15〜25cm、雌花序8〜10cm
【備考】外来種／伝統植物

ポリネシア人がハワイへ移植した有用植物の一つ。重さが最大五kgになる実は、一個で成人男性一日分のカロリーと栄養をまかなえるとされる。成木は毎年三〇〇もの実をつけるため、一本のパンノキがあれば一生食べられるといわれた。木から採れる乳液は、皮膚病や化膿止めなどの治療に用いられた。

パラミツ

>>>P238

【学名】*Artocarpus heterophyllus*
【ハワイ名】なし
【英名】Jackfruit
【和名】パラミツ、ジャックフルーツ
【原産地】インド〜マレー半島

【特徴】高木（15～20ｍ）、雄花序10㎝、雌花序5～8㎝
【備考】外来種

幹に直接つく果実は四五～七〇㎝、重さも最大で五〇kgという記録があり、世界最大の果実としてギネスブックに登録されている。パイナップルとクリを合わせたような独特の味がする。未熟な果実を野菜代わりにしたり、種子を炒めて食べることもある。未熟なものからは白い乳液が出る。幹からは染料を採った。

ワウケ >>>P238

【学名】*Broussonetia papyrifera*
【ハワイ名】Wauke, Po'a'aha
【英名】Paper mulberry
【和名】カジノキ
【原産地】マレーシア～太平洋諸島
【特徴】低木（5～15ｍ）、花冠1～1・2㎝
【備考】外来種／伝統植物

縞模様の葉が特徴的。赤紫のボンボン状の花をつける。ポリネシア人が持ち込んだ約二四の有用植物の一つで、樹皮はもっとも優れたカパの素材となり、ベッドの敷物などがつくられた。その作業はすべて女性が行った。また、漁網やバッグにも利用された。樹液は下剤に、ワウケのカパを燃やした灰は、カンジダ症や口内炎の治療に用いられた。

バニヤン・ツリー >>>P237

【学名】*Ficus bengalensis*
【ハワイ名】Paniana
【英名】Banyan tree, Indian banyan tree
【和名】ベンガルボダイジュ
【原産地】インド
【特徴】高木（10～30ｍ）、花嚢1・5～2㎝
【備考】外来種

複雑に絡みあった気根と大きく広げた枝は独特の樹形を見せる。気根は幹のような役割を果たし（支持根）、そこからさらに木が育つので、樹冠が径一〇〇ｍを超えるものも珍しくない。ハワイ島ヒロのバニヤンドライブや、マウイ島ラハイナのタウンスクエアにあるものがよく知られている。ちなみに世界最大のバニヤンはインドのハウラー植物園にあるもので、二八〇〇本の幹化した気根からなり、樹冠は一・五haに広がるという。果実は生食できる。また、樹液からはガムがつくられる。

インドゴムノキ >>>P238

【学名】*Ficus elastica*
【ハワイ名】なし
【英名】Indian rubber fig
【和名】インドゴムノキ
【原産地】熱帯アジア
【特徴】高木（40～50ｍ）、花嚢1・5～2㎝
【備考】外来種

日本では観葉植物として人気が高いが、ハワイでは高さ五〇ｍにも達する高木となり、街路樹に用いられる。バニヤンと同様、多くの気根を発達させる。葉に特徴があり、肉厚でゴムのような感触がある。樹液からゴムが採れるが、産業用として利用されるのは本種ではなく、ブラジル産のトウダイグサ科のパラゴムノキ（*Hevea brasiliensis*）。若い葉は生食したり、煮て食べることができる。

チャイニーズ・バニヤン >>>P238

【学名】*Ficus microcarpa*
【ハワイ名】なし
【英名】Chinese banyan, Indian laurel
【和名】ガジュマル
【原産地】南アジア～オーストラリア北部
【特徴】高木（10～25ｍ）、花嚢0・8～1・2㎝

【備考】外来種
バニヤン・ツリーと同じく、気根を垂らしながら巨大化する。海岸に比較的多く分布するが、適度な湿り気があれば内陸でも生育する。ハワイ大学マノア校のキャンパスには樹高三〇m近い巨木がある。アジアでは「幸福の木」として知られ、日本でもミニ観葉植物にされている。原産地では、実は鳥やコウモリの餌となる。和名は幹や気根が「絡まる」ように見えることから、それが転訛したという。

ケシ科 Papaveraceae

北半球の温帯地方を中心に約二六属二五〇種が分布する。ケシやコマクサがよく知られている。木本もあるがハワイではほとんどが草本。花の形はキンポウゲ科によく似るもの（プア・カラなど）と、フウチョウソウ科、アブラナ科に似るものがある。茎に含まれる白やオレンジの乳液には有毒なものがある。papa は「幼児に与える粥」の意味で、白い液汁に由来する。アブラナ科、フウチョウソウ科に近縁。

プア・カラ >>P239

【学名】*Argemone glauca*
【ハワイ名】Pua kala
【英名】Hawaiian poppy, Prickly poppy
【和名】なし
【原産地】カウアイ島を除くハワイ諸島
【特徴】多年草（0・7～1・5m）、花冠7～11㎝
【備考】固有種
葉と茎に棘をもち、乾燥した草原や森林に見られる。強風が吹く乾燥した赤土だらけのカホオラヴェ島でも生育する。ハワイ固有種だが、ハワイ諸島に根づいたのはポリネシア人が移住する少し前の時代と推定されている。樹液は麻酔薬として用いられた。

ゴクラクチョウカ科 Strelitziaceae

南米とアフリカ南部、マダガスカルの熱帯を中心に三属七種が分布する。科名は英国ジョージ三世の妃シャーロットの実家に由来する。本科はバショウ科から移動した。

タビビトノキ >>P239

【学名】*Ravenala madagascariensis*
【ハワイ名】なし
【英名】Traveller's palm
【和名】タビビトノキ、オウギバショウ
【原産地】マダガスカル
【特徴】高木（5～15m）、花冠2～3㎝
【備考】外来種
ヤシの木の仲間のようだが、幹のように見える部分は木質化した偽茎。扇状に広げた葉が特徴。花序はヘリコニアに似ており、苞の先に白い花をつける。和名は、旅行者が葉柄に穴をあけて水を飲んだという言い伝えに由来する。ハワイでは公園や植物園などで目にする。葉は小さく切りとり、花束のアクセントとして用いられる。

ゴクラクチョウカ >>P239

【学名】*Strelitzia reginae*
【ハワイ名】なし
【英名】Bird of paradise
【和名】ゴクラクチョウカ、ストレリチア
【原産地】南アフリカ
【特徴】多年草（1～1・5m）、花序15～25㎝
【備考】外来種
長い苞と、鮮やかなオレンジと黄、青、白色の見事な色の取り合わせがゴクラクチョウを彷彿とさせる。花持ちもよく、ハワイでは切り花として欠かせぬ存在となっている。

コショウ科　Piperaceae

世界の熱帯と亜熱帯を中心に、約八属三〇〇〇種が分布する。香辛料の代表といえるコショウがよく知られている。またハワイ文化を語るときに欠かすことのできないカヴァがある。科名はギリシャ語あるいはラテン語で「コショウ」を指す。

アラアラワイヌイ（ヘスペロマニイ） >>>P240

【学名】*Peperomia hesperomannii*
【ハワイ名】ʻAlaʻala wai nui
【英名】Single-nerve peperomia
【和名】なし
【原産地】カウアイ島
【特徴】多年草（30～60㎝）、花序3～8㎝
【備考】固有種

淡緑色の葉は長さ五～七㎝、幅二～三㎝。通常は地面から伸びるが、他の植物に着生することもある。カウアイ島の標高五四〇～一四〇〇mに分布する。香りを喪失したとされるが、生育環境がよければ芳香は甦る。

アラアラワイヌイ（レミイ） >>>P240

【学名】*Peperomia remyi, P. blanda*
【ハワイ名】ʻAlaʻala wai nui, Kupaliʻi, Kūpaoa, ʻAwalauakāne
【英名】Hairy peperomia, Arid land peperomia
【和名】なし
【原産地】アフリカ、東南アジア、ポリネシア諸島
【特徴】多年草（20～50㎝）、花序3～9㎝
【備考】在来種

葉は長さ二・五～六㎝、幅一・五～三㎝。茎は初めのうちは直上するが一定の長さになると匍匐しはじめる。葉や茎は灰緑色の染料として用いられた。木性シダのハープウに着生することがある。

カヴァ（アヴァ） >>>P240

【学名】*Piper methysticum*
【ハワイ名】Kawa, ʻAwa, ʻAwa mākea
【英名】Kava
【和名】カバ
【原産地】マレーシア
【特徴】低木（1・5～3ｍ）、花序3～9㎝
【備考】外来種／伝統植物

茎の部分が濃紫（ときに緑）で節が多い。弛緩作用があり、かつてポリネシア人たちは根を石で砕いてから噛んで液状にし、酒の代用としたが、アルコール成分は含まれない。また、麻酔薬や鎮痛剤として、さらには不眠症や傷の手当にも用いられたが、過度に摂取すると皮膚炎になる。ハワイでは、カヴァ茶は健康食品として今も根強い人気がある。

ゴマ科　Pedaliaceae

東南アジアから南アジア、マダガスカル、アフリカ南部にかけて、熱帯地域を中心に一四属五〇種が分布する。その多くは草本で、農作物であるゴマがもっともよく知られる。

サキュレント・セサミ >>>P240

【学名】*Uncarina peltata*
【ハワイ名】なし
【英名】Mouse trap tree, Succulent sesame

【和名】なし
【原産地】マダガスカル
【特徴】低木（2～3ｍ）、花冠15～25㎝
【備考】外来種
黄色またはオレンジ色の花は、中心に濃紫色の斑がある。葉は二五㎝ほどの円形で、柔らかな繊毛に覆われているためベルベットのような感触がある。花後、イガグリのような実をつける。

ゴマノハグサ科 Scrophulariaceae

北極圏を除く世界の広い範囲に約二二〇属三〇〇〇種が分布する。シソ科に似た唇状や筒状の花をつけるものがある。ほとんどすべてが草本。花が美しく観賞用として知られるものが多い。科名は同科の一種がscrophula（結核）を治すといわれたことから。

バタフライ・ブッシュ >>>P240

【学名】*Buddleja davidii*
【ハワイ名】なし
【英名】Butterfly bush
【和名】フサフジウツギ
【原産地】中国、アフリカ北部、北アメリカ
【特徴】低木（1～4ｍ）、花冠0・8～1・4㎝
【備考】外来種
花色は白色、濃ピンク色、紫色などがある。花序は二〇㎝ほど。葉は長さ四～二〇㎝、幅三～七・五㎝。萼片と葉裏には繊毛が密生している。

ナイオ >>>P241

【学名】*Myoporum sandwicense*
【ハワイ名】Naio, Naeo, Naieo
【英名】Bastard sandalwood, False sandalwood
【和名】なし
【原産地】クック諸島、ハワイ諸島
【特徴】低木～中高木（1～15ｍ）、花冠0・5～2㎝
【備考】在来種
白あるいはピンクの花を葉の基部につける。花はテレビン油の臭いがする。樹皮にはビャクダンに似た香りがあり、カメハメハ一世はビャクダン資源が枯渇した後、ナイオをその代用としたがうまく行かなかった。材は建具に、葉の粉末は難産のときに用いられた。低地から高山まで乾燥地帯を中心に広く分布する。

ビロードモウズイカ >>>P241

【学名】*Verbascum thapsus*
【ハワイ名】なし
【英名】Common mullein
【和名】ビロードモウズイカ、ニワタバコ
【原産地】地中海沿岸
【特徴】多年草（1～2ｍ）、花冠2～2・5㎝、花序30～50㎝
【備考】外来種／有害植物
葉はビロード状のふかふかとした綿毛で覆われている。灰緑色のキャベツのような外観が特徴。比較的高所の乾燥した場所に育つ。ヨーロッパでは鎮静や鎮痛剤などに用いられた。英名のマレインとは、ラテン語で「柔らかい」という意味。非常に繁殖力が強い。特にマウナ・ケアの北山麓では著しく分布域を広げており、他の在来植物を圧迫するため有害植物に指定されている。

アレチモウズイカ >>>P241

【学名】*Verbascum virgatum*
【ハワイ名】なし
【英名】Twiggy mullein, Wand mullein
【和名】アレチモウズイカ、ホザキモウズイカ

【原産地】イギリス、フランス、スペイン、ポルトガル
【特徴】多年草（1～1・5m）、花冠1・5～2㎝
【備考】外来種
黄色の小さな花をまばらにつける。ロゼット状の葉は長さ二〇～三〇㎝。ビロードモウズイカによく似るが、花のつき方と葉に繊毛がない点が異なる。

コミカンソウ科　Phyllanthaceae

世界の熱帯・亜熱帯地域を中心に五六属一七〇〇種が分布する。木本が多い。葉にはマメ科に似た就眠運動を行うものがある。科名は *Phyllanthus* という同科の植物に由来する。トウダイグサ科に近縁。

ハメ >>>P241

【学名】*Antidesma pulvinatum*
【ハワイ名】Hame, Hamehame, Haʻā, Haʻāmaile, Mehame
【英名】なし
【和名】なし
【原産地】ニイハウ島、カウアイ島、カホオラヴェ島を除く主要ハワイ諸島
【特徴】低木（0・5～9m）、花冠0・2～0・4㎝
【備考】固有種
雄花と雌花があるが、いずれも極小。乾燥に強い。材はきわめて硬くて重く、水に沈む。葉と樹皮は薬用となった。またカパ（不織布）の素材ともなった。

ヨウシュコバンノキ >>>P241

【学名】*Breynia disticha* 'Roseoptica'
【ハワイ名】なし
【英名】Snow bush
【和名】ヨウシュコバンノキ
【原産地】南太平洋諸島
【特徴】低木（1・～1・5m）、花冠6～8㎝
【備考】外来種／栽培種
明るい色の葉と節の多い枝が特徴。枝の先端の若葉は初めのうち鮮やかなピンク色をしているが、しだいに白くなり、やがて緑色の斑点が現れる。成熟すると緑色になる。ハワイでは葉の変化を楽しむ観葉植物として垣根などに用いられる。トウダイグサ科から移動。

サガリバナ科　Lecythidaceae

世界の熱帯と亜熱帯を中心に約一八属二〇〇種が分布する。本科はすべて高木で、木材に加工されたり樹脂を採るものが多い。科名の lecythis はラテン語で「食用油を蓄える壺」の意味。果実が壺に似ていることに由来する。和名は花が下垂するものが多いため。フトモモ科に近縁。

ホウガンボク >>>P242

【学名】*Couroupita guianensis*
【ハワイ名】なし
【英名】Cannonball tree
【和名】ホウガンボク、ホウガンノキ
【原産地】南米北部
【特徴】高木（15～35m）、花冠10～15㎝
【備考】外来種
幹からつるに似た花軸を伸ばし、その先に花をつける。ホウガンとは「砲丸」のことで（英名も同じ）、直径一五～二〇㎝大の砲丸にそっくりの丸い実をつける。若い果肉は果汁にして生食できるが、熟すと悪臭を放つ。各島の植物園などで見られる。

サクラソウ科 Primulaceae

北半球の温帯から寒帯を中心に二八属約一〇〇〇種が分布する。ほとんどは草本で、木本の場合には低木となる。また、花茎が葉茎に対して独立していることが多い。代表的な植物にサクラソウがある。園芸種として栽培されているものも多い。科名のprimulaは「最初に開花する」という意味。

コロコロ・カハカイ >>>P242

【学名】*Lysimachia mauritiana*
【ハワイ名】Kolokolo kahakai
【英名】Spoonleaf yellow loosestrife
【和名】ハマボッス
【原産地】日本、アジア、インド、太平洋諸島
【特徴】多年草（10〜40㎝）、花冠0・8〜1・2㎝
【備考】在来種

花は白色で、萼片には黒点がある。花後につける実は〇・四〜〇・六㎝で、実の頂に穴があく。葉は長さ二〜五㎝、幅一〜二㎝。多肉質で光沢がある。

サトイモ科 Araceae

湿潤な熱帯を中心に約一一〇属一五〇〇種が分布する。花穂を包みこむような苞と、ハート型の葉をもつ種が多いのが特徴。水生や着生の種もある。サトイモやタロイモ、コンニャクのように食用とするものや、アンスリウムのように観賞用に栽培されるものがある。科名は同科の「アラム」という植物に由来する。

アペ >>>P242

【学名】*Alocasia macrorrhizos*
【ハワイ名】ʻApe
【英名】Giant taro, Giant alocasia
【和名】インドクワズイモ
【原産地】インド、スリランカ、マレーシア
【特徴】多年草（1・5〜5ｍ）、花序25〜40㎝、葉身0・8〜1・5ｍ
【備考】外来種／伝統植物

葉の先端が矢じり形をしているのが特徴。非常に大きくなり、人の背丈を超えるものも珍しくない。イモの部分は最大で二ｍ、重さ二〇㎏にもなる。味が劣るため放置されて野生化したものが多いが、茎の部分は食用となる。

アンスリウム >>>P242

【学名】*Anthurium andreanum*
【ハワイ名】なし
【英名】Anthurium
【和名】アンスリウム、オオベニウチワ
【原産地】コロンビア、エクアドル
【特徴】多年草（30〜50㎝）、花穂5〜20㎝
【備考】外来種

ミズバショウに似て大きな苞と極小の花の集合体である花穂をもつ。苞には白、赤、緑など多くの色がある。ハワイ諸島各地に分布し、日常生活から伝統儀式の場まで広く使われる。

カロ >>>P243

【学名】*Colocasia esculenta*
【ハワイ名】Kalo, Taro
【英名】Taro, Dasheen
【和名】タロイモ、サトイモ
【原産地】インド〜インドシナ
【特徴】多年草（1〜1・5ｍ）、花穂4〜6㎝

【備考】外来種／伝統植物
ハワイを含むポリネシア人の重要な主食。カロは水耕と陸耕とがあり、後者は飢饉のときなどの救荒作物でもあった。根の部分が肥大したら切り取り、残りは再び畑に突き刺して、次の栽培に備える。カロは、イム（地中に埋めて蒸す調理法）のあとに潰し、のり状にした「ポイ」にして食べるのが一般的。ポイは完全食と言われ、ハワイでは赤ん坊の離乳食にも用いられる。この他にも、発酵させたり、焼いたり、茹でたりして食べることもある。花は滅多につけないが、仏炎苞と呼ばれるものに包まれ、基部に出現する。日本のサトイモと同じ学名だが、品種は異なる。ちなみに日本で「タロイモ」という場合は、南方系のサトイモの総称として使われることが多い。

モンステラ >>>P243

【学名】*Monstera deliciosa*
【ハワイ名】なし
【英名】Swiss cheese plant, Ceriman
【和名】ホウライショウ
【原産地】メキシコ〜中米
【特徴】つる植物、花穂25㎝、葉身60〜90㎝
【備考】外来種
穴の空いた大きな葉が特徴だが、穴の形状はそれぞれ異なる。花穂はカロ（タロ）と同じように仏炎苞の内側にできる。実は花が散ったあと、穂の内部で熟す。和名のホウライショウは「鳳莱蕉」と書くが、パイナップルを表す「鳳梨」あるいは「黄莱」と、バナナを表す「蕉」を合成したもので、果実がパイナップルとバナナを合わせたような味がすることから。ハワイには十九世紀末から二十世紀初頭にかけ、主に観葉植物として導入された。乾燥にも強く、日陰でもよく育つ。今ではよく知られたハワイの植物の一つで、衣類や布地などのデザインにも用いられる。生長が速く、強靭なつるで巻きつき、宿り主の木を締めあげる。

カロと人間は兄弟

カロ（タロイモ）を焼いたものはアオ、地下茎はオハ、葉はルアウ、葉と塊根をカットした残り（種づけ用）はフリと呼ばれるなど、呼び名が細分化されている。また、ハワイ式ディナーパーティーとして知られるルアウの名は、カロの葉に由来する。かつてハワイのカロには三〇〇を超える品種があり、首長しか食べることのできない品種もあった。また男女が同じテーブルでカロを食べてはいけないという規則もあった。

ハワイ人の精神文化にとって、カロはきわめて重要な位置づけにある。昔、空の神ワーケアと、陸の神パパの間に子どもができた。だが死産だったため、両神は悲しんでその亡骸を土中に埋めた。やがてそこから芽が出てカロが育った。その後、二人から人の先祖となるハーロアという子が産まれた。そのため、ハワイではカロと人間は兄弟の関係にあると信じられている。

サボテン科　Cactaceae

約五〇〜一五〇属約二〇〇〇種が南北アメリカ大陸（合衆国以南）の乾燥地帯に分布する。多肉の多年草または木本で、毛を密生させた刺座があり、そこに棘をつけるのが特徴。花にも特徴があり、多くは枝（花床）と一体化している。世界中で鑑賞用として人気がある。

キメンカク >>>P244

【学名】*Cereus peruvianus, C. uruguayanus*
【ハワイ名】なし
【英名】Apple cactus, Hedge cactus
【和名】キメンカク

【原産地】ブラジル、ウルグアイ、アルゼンチン
【特徴】多年草（6～10m）、花冠12～15㎝
【備考】外来種
カップ状の白い花が夜に開花し、朝に萎む。ハワイではココ・クレーター植物園など、昼夜の温度差が大きな乾燥した土地で見られる。日本でも海岸線に自生している。園芸種には棘のないものもある。

キンシャチ >>>P244

【学名】*Echinocactus grusonii*
【ハワイ名】なし
【英名】Golden barrel cactus
【和名】キンシャチ
【原産地】北アメリカ南西部
【特徴】多年草（0・3～1m）、花冠4～6㎝
【備考】外来種
花は黄色と白色、赤色がある。外観はスイカのような球形で、玉サボテンとも呼ばれる。全草に葉が変化した棘がある。二〇年以上を経てから花をつける。乾燥した土地に分布する。ココヘッド・クレーターなどで見られる。

ピタヤ >>>P244

【学名】*Hylocereus undatus*
【ハワイ名】Pitaya, Pa-nini-o-ka, Puna Hou
【英名】Honolulu queen, Night blooming cereus
【和名】ピタヤ、ビャクレンカク、クジャクサボテン、ドラゴンフルーツ
【原産地】メキシコ南部～ホンジュラス
【特徴】多年草（6～10m）、花冠15～25㎝
【備考】外来種
気根を出し、樹木や石垣に絡みついて生長する。ハワイ名であるプナホウの由来は、ホノルル市内のプナホウ小学校の生け垣としてよく知られるため。タンタルスの丘へ上る途中にも大きな群生がある。夏の一夜に数千もの花を一斉に咲かせ、甘い香りを漂わせる。ドラゴンフルーツとも呼ばれる赤い球果は生食できる。ハワイには数少ないゲッカビジン *Epiphyllum oxypetalum* に近縁。

ウチワサボテン >>>P244

【学名】*Opuntia ficus-indica*
【ハワイ名】Panini
【英名】Prickly pear, Indian fig
【和名】ウチワサボテン
【原産地】メキシコ
【特徴】多年草（4～5m）、花冠7～10㎝、葉身30～60㎝
【備考】外来種／有害植物
カップ状をした黄土色の花をつける。果実は五～一〇㎝大で、熟すと表皮がクリームかオレンジ色となり、果肉は赤くなる。熟したものは生食できる。十九世紀初頭にハワイに導入されたが、非常に繁殖力が強く、現在は有害植物に指定されている。

サルトリイバラ科 Smilacaceae

世界の熱帯と亜熱帯地域を中心に四属三七〇種以上が分布する。通常は雌雄異株。草本が多く、低木の場合はつる性が多い。科名の smilax はユリ科シオデ属のこと。本科はユリ科から移動した。

ホイ・クアヒヴィ >>>P245

【学名】*Smilax melastomifolia*
【ハワイ名】Hoi kuahiwi, Pi‘oi, Uhi, Ulehihi, Aka‘awa
【英名】Catbrier, Greenbrier, Hawaii greenbrier
【和名】なし
【原産地】ニイハウ島とカホオラヴェ島を除く主要ハワイ諸島
【特徴】多年草、つる性、花冠0・7～0・9㎝

【備考】固有種
淡緑色の花が咲き、花後に淡緑色または白色の実をつける。茎と葉裏には棘がある。ムカゴは蒸して食べることができる。根茎（イモ）は救荒作物となったが味は良くない

シクンシ科 Combretaceae

世界の熱帯と、一部が亜熱帯にかけて約二〇属五〇〇種が分布する。花は一般に小さい。シクンシ、モモタマナ、一部のマングローブ植物などが知られている。フトモモ科に近縁。

モモタマナ >>P245

【学名】*Terminalia catappa*
【ハワイ名】Kamani haole
【英名】Tropical almond, Indian almond, False kamani
【和名】モモタマナ、コバテイシ、シマボウ
【原産地】インド東部〜マレーシア
【特徴】高木（20〜25m）、花序10〜15㎝
【備考】外来種
ラグビーボールを扁平にしたような実は三〜六㎝で、核の中に緑色の胚がある。この胚はアーモンドに似た味がすることから、英名の由来となっている。実と樹皮は染料として用いられる。葉は落葉前に紅葉する。大きな葉が広がり樹陰をつくるので、ハワイでは街路樹として利用されることが多い。

ホロック >>P246

【学名】*Terminalia myriocarpa*
【ハワイ名】なし
【英名】Hollock, Jhalna
【和名】なし
【原産地】インド東部、マレーシア
【特徴】高木（20〜40m）、花序18〜30㎝
【備考】外来種
巨木を覆うように赤い花序をぶら下げる。花後、〇・三〜〇・六㎝ほどの翼のある実をつける。葉は長さ一〇〜二五㎝、幅四〜一〇㎝で常緑、光沢がある。

シソ科 Lamiaceae

世界の広い地域に約二〇〇属三五〇〇種が分布するが、地中海沿岸や中央アジアなどの乾燥地帯に多い。四角形の茎と、同科特有の香りが特徴。labea はラテン語で「くちびる」の意味。以前は花の形から唇形科といわれた。

ピカケ・ホホノ >>P246

【学名】*Clerodendrum chinense*
【ハワイ名】Pikake hohono, Pikake pilau, Pikake wauke
【英名】Honolulu rose, Glory bower
【和名】ヤエザキクサギ
【原産地】中国南部、ベトナム北部
【特徴】低木（1〜2m）、花序10〜15㎝
【備考】外来種
濃紫の蕾から、八重咲きの白色または淡桃色の花が開く。花には芳香がある。葉は広卵形で対生する。枝の断面は四角形で、繊毛が密生する。

イボタクサギ >>P246

【学名】*Clerodendrum inerme, Volkameria inermis*
【ハワイ名】なし
【英名】Indian privet, Sorcerer's flower, Seaside clerodendrum

【和名】イボタクサギ、ガシャンギ
【原産地】日本、台湾、オーストラリア
【特徴】半つる性の低木（1～2ｍ）、花冠2～3㎝
【備考】外来種

和名にクサギとあるように、葉には独特の匂いがある。海辺に多い植物で、枝は黄色の染料として用いられる。長く伸びる雄しべがこのグループの特徴。ハワイでよく見られる近縁にパゴタ・フラワーやジャワヒギリがある。クマツヅラ科からシソ科に移動した。

ベルベットリーフ >>>P246

【学名】*Clerodendrum macrostegium*
【ハワイ名】なし
【英名】Velvetleaf glorybower
【和名】なし
【原産地】フィリピン
【特徴】低木（1～4ｍ）、花冠（筒長）4～5㎝
【備考】外来種／有害植物

葉は長さ二〇～二六㎝、幅一五～一九㎝。淡紫色の部分は苞葉で、そこから白い筒状の花を出す。ハワイでは繁殖力が強く、有害植物に指定されている。クマツヅラ科から移動した。

ブルーエルフィン >>>P246

【学名】*Clerodendrum myricoides, C. ugandense*
【ハワイ名】なし
【英名】Butterfly bush, Blue elfin , Butterfly flower , Blue wing
【和名】ブルーエルフィン
【原産地】ウガンダ、ローデシア
【特徴】低木（2～3ｍ）、花冠1・5～2・5㎝
【備考】外来種

淡青色の五弁花をつける。そのうちの一枚は濃青色となる。花後、直径一㎝ほどの実をつけ、完熟すると赤色から黒色になる。葉は長さ七・五～一五㎝、幅二・五～七・五㎝で、表面は繊毛が密生し、ビロードのような質感がある。

パゴダ・フラワー >>>P246

【学名】*Clerodendrum paniculatum*
【ハワイ名】なし
【英名】Pagoda flower, Orange tower flower
【和名】カクバヒギリ、シマヒギリ
【原産地】東南アジア
【特徴】低木（1～2ｍ）、花序20～30㎝
【備考】外来種

花は赤色と白色とがあり、花床から伸びる長いしべが目立つ。ピラミッドのような形状が仏塔に似ることが英名の由来。

ゲンペイカズラ >>>P246

【学名】*Clerodendrum thomsoniae*
【ハワイ名】なし
【英名】Harlequin glory bowe, Bag flower
【和名】ゲンペイクサギ、ゲンペイカズラ
【原産地】アフリカ西部
【特徴】つる性あるいは低木（3～7ｍ）、筒長1・5～2・5㎝
【備考】外来種

白い筒状の萼から赤い小さな花と長いしべを出す。花後、一～一・五㎝ほどの実をつける。葉は長さ五・二～一四㎝、幅二・七～七㎝で、葉脈が深く刻まれているため立体感がある。

クラリンドウ >>>P246

【学名】*Clerodendrum wallichii*
【ハワイ名】なし
【英名】Nodding clerodendrum, Bridal veil, Wallich's glorybower
【和名】クラリンドウ

【原産地】アッサム、ヒマラヤ
【特徴】低木（2～4ｍ）、花冠1・1～1・5㎝
【備考】外来種
　赤い萼片から白い筒状の花を出す。花後一～一・三㎝の実をつける。完熟すると黒くなる。葉は長さ一一～一八㎝、幅二・五～四㎝で光沢がある。

コンゲア >>>P247

【学名】*Congea griffithiana*
【ハワイ名】なし
【英名】Congea, Pink sandpaper vine, Shower orchid
【和名】なし
【原産地】ミャンマー、マレーシア、タイ
【特徴】つる性または低木（3～5ｍ）、花冠2～2・5㎝、花序20～30㎝
【備考】外来種
　光沢のない濃ピンクの花を密生させる。花弁が落ちたあとも長く萼片が残る。近くに他の樹木があるときはそれに絡まりながら生長するが、ないときは自立する。葉は長さ一〇～一五㎝、幅五～七㎝。

テングバナ >>>P247

【学名】*Holmskioldia sanguinea*
【ハワイ名】なし
【英名】Chinese hat plant, Cup and saucer, Mandarins hat
【和名】テングバナ、カラカサバナ
【原産地】インド、ヒマラヤ
【特徴】低木（3～8ｍ）、花冠（筒長）2・5～3・5㎝
【備考】外来種
　明るいオレンジ色の花は、花弁が上下に二分される。上部は天狗の鼻のように伸びることから和名がついた。花後、黒い球状の実をつける。葉は長さ五～一〇㎝。

ライオンズ・イアー >>>P247

【学名】*Leonotis nepetifolia*
【ハワイ名】なし
【英名】Lion's ear
【和名】レオノティス、タマザキメハジキ
【原産地】熱帯アフリカ
【特徴】多年草（0・3～1・5ｍ）、花冠（筒長）2・5～3・5㎝
【備考】外来種
　ライオンの耳のような花の形が英名の由来。花は放射状につく。花が散ると串団子のような姿になる。和名にあるメハジキは「目弾き」のことで、子どもたちがこの茎を短く切ってまぶたに張り、目を大きく見せる遊びをしたことから名付けられた。

ネコノヒゲ >>>P247

【学名】*Orthosiphon aristatus*
【ハワイ名】なし
【英名】Cat's whiskers
【和名】ネコノヒゲ
【原産地】インド、マレーシア
【特徴】多年草（40～80㎝）、花序10～20㎝
【備考】外来種
　純白の花が特徴的だが、まれに薄紫色の種もある。花は下から順に咲き始める。英名・和名の由来は、長く伸びる雄しべと雌しべがネコのヒゲに似ることによる。薬草として利尿作用や高血圧を防ぐ効果がある。乾燥したものを茶にして服用する。ハワイでは観賞用として人気がある。

アラアラワイヌイ・ワヒネ >>>P247

【学名】*Plectranthus parviflorus*
【ハワイ名】'Ala'ala wai nui wahine, 'Ala'ala wai nui pua kī

【英名】Little spurflower, Cockspur flower
【和名】なし
【原産地】マレーシア、オーストラリア、ニュージーランド、ポリネシア
【特徴】多年草（20〜80㎝）、花冠0・8〜1・1㎝
【備考】在来種
　シソに似た白い小さな花を八〜二〇個つける。花後、光沢のある〇・一㎝ほどの丸い実をつける。葉は長さ三〜八㎝、幅二〜七㎝で芳香がある。根や葉は食用となる。

ウツボグサ >>>P247

【学名】*Prunella vulgaris, P. vulgaris* subsp. *asiatica*
【ハワイ名】なし
【英名】Great antimicrobial
【和名】ウツボグサ、カコソウ
【原産地】東アジア
【特徴】多年草（10〜30㎝）、花序3〜8㎝
【備考】外来種
　シソ科の植物であるが、花や葉に芳香はない。全草が薬用となる有用植物。そのため日本ではクスリグサとも呼ばれる。原産地ではハーブティーとして利用される。

マーオヒオヒ >>>P247

【学名】*Stenogyne calaminthoides*
【ハワイ名】Māʻohiʻohi
【英名】Hawaiian mint
【和名】なし
【原産地】ハワイ島
【特徴】つる植物、花冠0・7〜1・5㎝
【備考】固有種
　花は白色、淡桃色、濃紫色などがある。葉は長さ二・二〜五・一㎝、幅一・一〜三・九㎝。ミントの仲間だが芳香はない。

パープルフルーツ >>>P247

【学名】*Stenogyne purpurea*
【ハワイ名】なし
【英名】Purplefruit stenogyne
【和名】なし
【原産地】カウアイ島
【特徴】つる植物、花冠（筒長）0・7〜1・5㎝
【備考】固有種／絶滅危惧種
　花は紫色だが、まれに淡紫色に白い斑の入ったものもある。芳香はない。葉は長さ三・五〜一三㎝、幅一・二〜四・九㎝で鋸歯がある。標高六〇〇〜一三〇〇mの湿り気のある森に分布する。本種をモーヒヒと呼ぶことがあるが、モーヒヒとは *S. scrophularioides* のこと。

ポーヒナヒナ >>>P248

【学名】*Vitex rotundifolia*
【ハワイ名】Pōhinahina, Hinahina kolo, Kolokolo kahakai
【英名】Beach vitex
【和名】ハマゴウ
【原産地】アジア〜太平洋諸島
【特徴】つる植物（30〜45㎝）、花冠0・5〜0・7㎝
【備考】在来種
　海岸の砂浜や磯に生育する。花と葉には芳香があり、レイや香料として用いられた。葉はさまざまな薬用効果をもつ。種名はラテン語で「丸い葉」を意味する。

シュウカイドウ科 Begoniaceae

熱帯を中心に約五属二〇〇〇種が分布する。そのほとんどがシュウカイドウ属。ベゴニアがよく知られている。科名はフランス領アンティル諸島を治めていたミシェル・ベゴンの名にちなむ。

ベゴニア >>>P248

【学名】*Begonia hirtella*
【ハワイ名】なし
【英名】Begonia
【和名】ベゴニア
【原産地】ブラジル、ペルー
【特徴】多年草（30～60㎝）、花冠0・4～0・7㎝
【備考】栽培種／外来種

　カボチャに似た大きな葉から顔を出す淡緑の苞と、黄色の雄しべをつけた白い小さな花が特徴的。カウアイ島、オアフ島、マウイ島、ハワイ島で野生化している。標高四五〇～九五〇mの湿り気の多いところに分布する。

ジュズサンゴ科　*Petiveriaceae*

北アメリカ南部から南アメリカにかけて、九属二〇種が分布する。代表的な植物にジュズサンゴがある。ヤマゴボウ科から分離された。

ジュズサンゴ >>>P248

【学名】*Rivina humilis*
【ハワイ名】なし
【英名】Pigeonberry, Baby peppers, Bloodberry, Coralito, Coral berry
【和名】ジュズサンゴ
【原産地】熱帯アメリカ
【特徴】多年草あるいは低木（0・5～1m）、花冠0・3～0・4㎝、花序5～8㎝
【備考】外来種

　花に花弁はない。白い花弁のように見えるのは萼片。花後、〇・五㎝ほどの赤色または黄色の実をつける。葉は長さ一〇～一五㎝、幅七～九㎝。

ショウガ科　*Zingiberaceae*

熱帯アジアとアフリカを中心に約四〇属五〇〇種が分布する。多年草で、大きな根茎をもつ。ショウガやミョウガなど、香辛料や薬用としてよく知られる種が多いが、ハワイでは観賞用が多い。科名のzingiberはラテン語でショウガの意味。

レッド・ジンジャー／ピンク・ジンジャー >>>P248

【学名】*Alpinia purpurata*
【ハワイ名】‘Awapuhi ‘ula ‘ula
【英名】Red ginger, Jungle king
【和名】アカボゲットウ
【原産地】マレー半島、ボルネオ
【特徴】多年草（1～5m）、花序15～30㎝
【備考】外来種

　赤色の苞から白い花を出す。ハワイでは一九二八年に導入された。今日では、庭木や切り花としてもっともポピュラーな花の一つとなっている。株（根茎）はショウガの香りがする。色の変化が大きく、本種から作られた園芸品種の一つにピンク・ジンジャーがある。こちらは一九七三年にタヒチから導入された。

タヒチアン・ジンジャー >>>P249

【学名】*Alpinia purpurata* ‘Tahitian Ginger’
【ハワイ名】なし
【英名】Tahitian ginger
【和名】なし

【原産地】ソサエティ諸島の園芸品種（基本種は東南アジア）
【特徴】多年草（0・9〜4・5m）、花序15〜30cm
【備考】外来種／園芸種

赤い花に見えるのは苞で、その間から白い小さな花が出る。葉は長さ三〇〜八〇cm、幅一〇〜二二cm。本種はピンク・ジンジャーと同じく、園芸品種としてレッド・ジンジャーからつくられた。

シェルジンジャー >>>P249

【学名】*Alpinia zerumbet*
【ハワイ名】ʻAwapuhi luheluhe
【英名】Shell ginger
【和名】ゲットウ
【原産地】インド
【特徴】多年草（2〜3m）、花序30〜50cm
【備考】外来種

花は白とピンクの二色で、その内部（唇弁）は鮮やかな黄色をしている。和名は台湾での名前「月桃」の日本語読みから。またこの葉で包んだ沖縄地方の餅菓子も「ゲットウ」という。花は甘く上品な香りがあり、切り花として用いられる。葉にも芳香があるので、食べものを巻いたり、葉を浸した水を化粧水として用いたりする。

ケープヨーク・リリー >>>P249

【学名】*Curcuma australasica*
【ハワイ名】なし
【英名】Cape-York lily, Aussie plume ginger
【和名】なし
【原産地】オーストラリア
【特徴】多年草（0・5〜1m）、花序10〜15cm
【備考】外来種

花茎は一五〜二〇cmで、苞の頭頂部に花序をつける。ピンク色と白色の花弁状に見えるのは苞葉で、実際の花はその間から顔を出す黄色の小さな花。葉は長さ一五〜四五cm、幅五〜二〇cm。オーレナに近縁。

オーレナ >>>P249

【学名】*Curcuma longa*
【ハワイ名】ʻŌlena, ʻŌliana
【英名】Turmeric
【和名】ウコン
【原産地】インド
【特徴】多年草（0・8〜1・2m）、筒長2〜3cm
【備考】外来種／伝統植物

花序は一二〜一八cmで、白い花のように見えるのは苞。その間から筒長三cmほどの黄色い小さな花が顔を出す。葉は長さ三〇〜九〇cm、幅一五〜一八cm。和名のウコンには「鮮やかな黄色」という意味がある。染料やカレーの原料となるほか、薬用にもなる。

シャムローズ >>>P249

【学名】*Etlingera corneri*
【ハワイ名】なし
【英名】Siam rose, Rose of siam
【和名】なし
【原産地】東南アジア
【特徴】多年草（1〜1・8m）、花序7〜10cm
【備考】外来種

花色は濃赤、赤、淡赤、朱などで光沢がある。英名は花冠がバラのような形状をもつことによる。葉は地下茎から単独に顔を出し、最大四mほどの高さになる。改良種でピンクに白い斑が入ったマレーローズ・ジンジャー（*E. venusta*）02もある。

トーチジンジャー >>>P250

【学名】*Etlingera elatior, Nicolaia elatior*
【ハワイ名】なし

【英名】Torch ginger
【和名】カンタン
【原産地】東インド〜マレーシア、インドネシア
【特徴】多年草（1〜4ｍ）、花序8〜12㎝
【備考】外来種

赤い部分は苞で、唇弁状の小さな黄色の花は苞の間から顔を出す。英名は外観が松明のように見えることから。マレーシアでは蕾をカレーの素材に、根を香辛料として用いる。葉や根を砕いて漉し、紙もつくられた。ハワイでは庭のアクセントとして植えられることが多い。

ホワイト・ジンジャー >>>P250

【学名】*Hedychium coronarium*
【ハワイ名】'Awapuhi ke'o ke'o
【英名】White butterfly ginger
【和名】シュクシャ、ハナシュクシャ
【原産地】インド〜マレーシア
【特徴】多年草（1〜2ｍ）、花冠5〜6㎝、花序15〜30㎝
【備考】外来種／有害植物

花弁のように見える部分は雄しべの変化したもの。強い芳香はハワイ人にも愛され、フラやレイ、観賞用、あるいは香水として欠かせぬ素材となっている。この香りは夜間に特に強くなる。野生化したものは群生をなす。一日花だが次々と花を咲かせる。繁殖力が強いため、ハワイでは有害植物に指定されている。

イエロー・ジンジャー >>>P251

【学名】*Hedychium flavescens*
【ハワイ名】'Awapuhi melemele
【英名】Yellow ginger
【和名】なし
【原産地】インド
【特徴】多年草（1〜2ｍ）、花冠6〜7㎝、花序20〜25㎝
【備考】外来種／有害植物

ホワイト・ジンジャーに比べていくぶん花弁が小さく、茎の部分は赤みを帯びる。その芳香はホワイト・ジンジャーに劣らぬもので、レイや切り花として人気がある。しかし繁殖力が強いので、ハワイでは有害植物に指定されている。

カヒリジンジャー >>>P251

【学名】*Hedychium gardnerianum*
【ハワイ名】'Awapuhi kahili
【英名】Kahili ginger
【和名】キバナシュクシャ
【原産地】ネパール、シッキム
【特徴】多年草（1・5〜2・5ｍ）、花序30〜50㎝
【備考】外来種／有害植物

花弁のように見える部分はホワイト・ジンジャーやイエロー・ジンジャーと同様、雄しべの変化したもの。花には良い香りがある。カヒリとは、ハワイ王朝時代、日本の毛槍にヒントを得て作ったはたきのような形の道具で、王権のシンボルにしたもの。

ホーンビル・ジンジャー >>>P251

【学名】*Hedychium longicornutum*
【ハワイ名】なし
【英名】Hornbill's ginger
【和名】なし
【原産地】マレーシア
【特徴】多年草（0・7〜1・7ｍ）、花序15〜25㎝
【備考】外来種

赤い花に見えるのは苞葉で、そこから黄色の花が顔を出して垂れ下がり、黄色のしべが伸びる。

ビーハイブジンジャー >>>P250

【学名】*Zingiber spectabile*
【ハワイ名】なし
【英名】Beehive ginger, Nodding gingerwort
【和名】オオヤマショウガ
【原産地】マレーシア
【特徴】多年草（1・5～2・5ｍ）、花序30～40㎝
【備考】外来種

　苞の間から淡黄を基調とした斑模様の花を出す。苞の色は一般にハチミツ色だが、ピンクや赤もある。ミツバチの巣のような幾何学模様の苞が英名の由来。ハワイでは切り花として人気がある。マレーシアでは根を香辛料、葉を薬用にする。

アヴァプヒ・クアヒヴィ >>>P251

【学名】*Zingiber zerumbet*
【ハワイ名】ʻAwapuhi kuahiwi
【英名】Shampoo ginger
【和名】ハナショウガ
【原産地】インド、マレーシア
【特徴】多年草（0・6～1ｍ）、花序10～15㎝
【備考】伝統植物

　緑の苞は生長すると赤茶色となる。白い花は苞の間から顔を出す。ハワイでは花穂の中の水分を絞り出してシャンプー代わりに用いたのが英名の由来となった。今日でも子どもたちが花穂を水鉄砲にして遊ぶ光景を目にする。根は香辛料として、葉は香り付けのラッピングとして用いられた。アヴァプヒというハワイ名は本種に対して使われることが多いが、本来はジンジャーの総称。

ジンチョウゲ科 Thymelaeaceae

世界の温帯から亜熱帯にかけて約五〇属八〇〇種が分布する。ただし、南北アメリカには一部を除いて分布しない。花に花弁はないが、代わりに萼がさまざまに色づく。果実は有毒なので注意が必要。科名は香草であるタイムとオリーブの合成語。*Thymelaea* 属の葉がタイムに、果実がオリーブに似ることによる。

アーキア >>>P252

【学名】*Wikstroemia uva-ursi*
【ハワイ名】ʻĀkia, Kauhi
【英名】Molokai osmanthus, Dwarf akia
【和名】なし
【原産地】カウアイ島、オアフ島、マウイ島、モロカイ島
【特徴】低木（1～1・5ｍ）、花冠1～3・8㎝
【備考】固有種

　チューブ状の小さな黄色の花をつける。樹皮から繊維をとり、樹皮や根、葉からは鎮静剤をつくった。果実は黄色から赤に変化するが、果実には毒があり、これを海や川に流して魚を獲るのに用いた。荒れ地のグラウンドカバーとしても利用された。

スイカズラ科 Caprifoliaceae

北半球の温帯を中心に一六属約五〇〇種が分布する。特に日本を含む東アジアと北米によく見られる。多くは木本で、まれにつる性や草本がある。代表的なものとしてスイカズラ、ガマズミなどがある。科名は「ヤギひげに似た葉」の意味。

スイカズラ >>>P252

【学名】*Lonicera japonica*
【ハワイ名】なし
【英名】Japanese honeysuckle
【和名】スイカズラ、ニンドウ

【原産地】日本、東アジア
【特徴】多年草、つる性、花冠3～4㎝
【備考】外来種
花は筒状で上を向く。咲きはじめは白く、しだいにクリーム色に変わる。甘い芳香がある。花後、〇・五～〇・七㎝の果実をつけ、完熟すると黒色となる。葉は長さ二・五～八㎝、幅〇・七～四㎝。葉裏は繊毛が密生する。ハワイ島の火山国立公園やカウアイ島のコケエ州立公園などに野生化している。

スイレン科 Nymphaeaceae

世界の熱帯から温帯、亜寒帯にかけて約八属一〇〇種が分布する。いずれも多年草で、代表的なものにスイレン、コウホネ、オニバス、オオオニバスなどがある。ハゴロモモ科とともに被子植物のなかではもっとも原始的なグループに属する。ハス科に似るが系統的には大きく異なる。科名の nymph は妖精の意味だが、本来は「水」を指す。

スイレン >>>P252

【学名】*Nymphaea* sp.
【ハワイ名】Lilia pala'ai
【英名】Water lily, Water nymph
【和名】スイレン、ヒツジグサ
【原産地】世界の熱帯地域
【特徴】多年草、花冠15～25㎝
【備考】外来種
水面から三〇㎝ほど花茎を伸ばし、その上に大柄の花をつける。花色はきわめて多種にわたる。葉は直径三〇㎝前後で、ほぼ円形をしている。ハワイでスイレンと呼ばれているもののほとんどは園芸種で、ヒツジグサ（*N. tetragona*）を含む。

ススキノキ科 Xanthorrhoeaceae

オーストラリア、東アジア、アフリカ、ヨーロッパを中心に三三属約七四〇種が分布する。単子葉植物。ユリ科から移動した。ヒガンバナ科やクサギカズラ科に近縁。科名の xanth は黄色を意味する。

アロエ >>>P253

【学名】*Aloe vera*
【ハワイ名】なし
【英名】Aloe, Aloe vera, Common aloe
【和名】アロエ、アロエベラ、バルバドスアロエ
【原産地】アラビア半島、北アフリカ、カナリア諸島
【特徴】多年草（0・6～1ｍ）、筒長2～3㎝
【備考】外来種
一本の花茎に黄色の筒状の花を多数つける。葉は地面近くから生える多肉植物。葉には棘がある。ユリ科、アロエ科を経てススキノキ科に移動した。温帯から亜熱帯まで世界中で栽培されており、観賞用のほか、食用、薬用に用いられる。

ウキウキ >>>P253

【学名】*Dianella sandwicensis*
【ハワイ名】Uki 'uki, 'uki
【英名】Hawaiian lily
【和名】なし
【原産地】ハワイ諸島、マルケサス諸島、ニューカレドニア
【特徴】多年草（0・5～2ｍ）、花序20～40㎝
【備考】在来種
白または薄紫の花から冠状に突き出した黄色の葯がよく目立つ。薄紫か暗青色の実（〇・七～一㎝）はカパを染める青い染料として用

いられた。葉はロープとなり、種子はレイに用いられた。ハワイではニイハウ島とカホオラヴェ島を除く各島に生育している。

デイ・リリー >>>P254

【学名】*Hemerocallis* sp.
【ハワイ名】なし
【英名】Day lily
【和名】ワスレグサ
【原産地】日本、台湾、中国南部
【特徴】多年草（0・3～1ｍ）、花冠7～8㎝、筒長10～15㎝
【備考】外来種

大振りの花は朝に開き夕暮れに枯れる一日花。日差しのある土地に分布する。若葉や葉、根には豊富な栄養分があり食用となる。

マンシュウキスゲ >>>P254

【学名】*Hemerocallis lilioasphodelus*
【ハワイ名】なし
【英名】Lemon daylily
【和名】マンシュウキスゲ
【原産地】中国北部
【特徴】多年草（40～80㎝）、花冠9～12㎝
【備考】外来種

花は淡黄色と明るいオレンジ色とがあり、芳香がある。近縁のデイ・リリーは一日花だが、本種は二日ほど咲き続ける。蕾、若芽は食用となる。亜種にエゾキスゲがある。

スベリヒユ科 Portulacaceae

アメリカ大陸を中心に一九属約五〇〇種が、寒帯を除く世界各地に分布する。ほとんどが草本で、葉は多肉質。科名は「入口」を意味する。果実が熟すと、蓋がとれて開くことによる。

ハワイの菌類

菌類とは真核生物のキノコやカビ、酵母などの総称。ハワイには多くのキノコがあり、食用となるものもあるが、オヒアを枯死させる真菌病原体（**Ceratocystis** の仲間）などもある。

キノコの仲間アカイカタケ（P254）は山林に多く自生し、鮮やかな色をしているので見つけやすい。本種の属するスッポンタケ科（Phallaceae）は、熱帯を中心に二二属七七種が分布する。臭気を放ってハエをおびき寄せ受粉の媒介をさせる。

【学名】*Aseroe rubra*【ハワイ名】なし【英名】**Sea anemone fungus, Anemone stinkhorn**【和名】アカイカタケ【原産地】オーストラリア（タスマニア島）【特徴】初期約3㎝、成熟期約10㎝【備考】外来種

はじめに三㎝ほどの卵形となり、さらに一〇㎝ほどに生長すると、赤いヒトデのような形となる。そして開口部の周囲に泥のような粘膜を形成し、臭気を放ちはじめる。

イヒ（ルテア） >>>P254

【学名】*Portulaca lutea*
【ハワイ名】ʻIhi
【英名】Yellow purslane
【和名】なし
【原産地】カホオラヴェ島を除く主要ハワイ諸島、北西ハワイ諸島
【特徴】多年草（15～25㎝）、花冠1・4～2㎝
【備考】在来種

鮮やかな黄色の花をつける。葉は直径二・五㎝ほどの円形で多肉質。茎の色は灰色、淡褐色、緑色、赤色など変化が大きい。乾燥した土地に分布する。

イヒ（モロキニエンシス） >>>P254

【学名】*Portulaca molokiniensis*
【ハワイ名】ʻIhi
【英名】Sea purslane
【和名】なし
【原産地】カホオラヴェ島、モロキニ環礁
【特徴】多年草（30〜45㎝）、匍匐性、花冠1・2〜1・8㎝
【備考】固有種
葉を積み木のように重ねた外観をもつ。レモンイエローのカップ状の花がその上につく。葉は多汁質で肉厚。種子には光沢と粘り気がある。海岸の断崖などに分布。太平洋に広く分布するイヒ（ルテア）に近縁。

イヒ（ウィロサ） >>>P255

【学名】*Portulaca villosa*
【ハワイ名】ʻIhi
【英名】Purslane
【和名】なし
【原産地】ニイハウ島とカウアイ島を除くハワイ諸島、北西ハワイ諸島
【特徴】多年草（15〜30㎝）、匍匐性、花冠1・6〜2㎝
【備考】固有種
白、ピンク、あるいはその中間色の花をつける。多年草だが、主根は木化する。乾燥した海岸地帯に生育する。生育地の生態系が脆弱で近い将来絶滅危惧種となる可能性が高い。

スミレ科 Violaceae

世界に約二〇属九〇〇種ほどあり、寒帯から熱帯まであらゆるところに分布する。このうちスミレ属が大半を占める。パンジー、ヴィオラなど園芸化されたものも多い。科名の violaceus はラテン語でスミレ色を指す。

パーマカニ >>>P254

【学名】*Viola chamissoniana* subsp. *tracheliifolia*
【ハワイ名】Pamakani, ʻOlopū
【英名】Tree violet
【和名】なし
【原産地】カウアイ島、マウイ島
【特徴】低木（0・5〜1・2m）、花冠2〜4㎝
【備考】固有種
白い大柄の花をつける。葉には鋸歯があり、長さ六〜八㎝、幅四〜六㎝。光沢がある。パーマカニは在来のハイビスカスの呼び名でもあるため、スミレと似たグループと捉えていたのかもしれない。

センダン科 Meliaceae

熱帯から亜熱帯にかけて約五〇属一四〇〇種が分布する。木材として使用される種が多く、なかでもマホガニーはよく知られている。科名はトネリコのギリシャ名 melia に由来する。

センダン >>>P255

【学名】*Melia azedarach*
【ハワイ名】なし
【英名】Bead tree, Chinaberry
【和名】センダン、アウチ、オウチ
【原産地】日本（小笠原諸島を含む）〜西南アジア
【特徴】高木（10〜30m）、花序8〜13㎝
【備考】外来種／有害植物
非常に生長が速い高木で、大きく葉を広げて秋に落葉する。開花時期にはジャカランダのように木全体が薄紫色に見える。淡緑色の実をつけるが熟すと黄褐色になる。海抜〇〜七〇〇mに生育するが、もと

は人が植えたと推測される。日本ではサポニンを多く含む果実は薬用、樹皮は駆虫剤などに用いられるが、ハワイでは在来の植物環境を阻害するため、有害植物に指定されている。カウアイ島のワイメア渓谷やハワイ島のコナに大きな群落がある。

ソテツ科 Cycadaceae

熱帯地方を中心に一〇属一一二種が分布する。裸子植物に属し、種子植物のなかではもっとも原始的とされる。科名はソテツを指すギリシャ語の cycas に由来する。

ヒメオニソテツ >>>P254

【学名】 *Encephalartos horridus*
【ハワイ名】 なし
【英名】 Eastern cape blue cycad
【和名】 ヒメオニソテツ
【原産地】 南アフリカ
【特徴】 低木(60〜90㎝)、花冠8〜10㎝
【備考】 外来種

大きく切れ込んだ鋸歯葉の基部に、褐色の花をつける。枝は地上の基部または地中から伸びる。葉の中心に松かさ状の巨大な球果(約四〇㎝)をつける。

タコノキ科 Pandanaceae

アフリカ、アジア、太平洋の熱帯地方に五属約九八〇種が分布する。常緑の高木で海岸地域に分布する。科の和名は、茎の節から出ている気根がタコの足のように見えることから。科名はマレー語のタコノキを指す言葉に由来。

イエイエ >>>P255

【学名】 *Freycinetia arborea*
【ハワイ名】 ʻIeʻie, ʻIe
【英名】 なし
【和名】 なし
【原産地】 ポリネシア
【特徴】 つる植物、花序10〜15㎝
【備考】 在来種

花穂は葉に似たオレンジ色の苞に囲まれている。標高三〇〇〜一五〇〇mの森林に生育する。根は編んで、籠や魚の罠、戦闘の際の兜(マヒオレ)などをつくった。葉や茎は丈夫なので、溶岩の上を歩くときのはきものにした。若芽は薬用となった。フラの神の祭壇に捧げる五つの植物の一つとしても知られている。

アダン >>>P255

【学名】 *Pandanus odoratissimus*
【ハワイ名】 Halaʻula
【英名】 Red fruited pandanus
【和名】 アダン、トゲナシアダン
【原産地】 日本、中国、東南アジア
【特徴】 低木(2〜6m)、雄花序20〜25㎝、雌花序10〜20㎝
【備考】 外来種

葉は長さ一〇〇〜一五〇㎝、幅三〜五㎝。両端と中軸に鋭い棘がある。雌雄異株。海岸近くに多く分布する。新芽と花は食用となる。

キフタコノキ >>>P256

【学名】 *Pandanus tectorius, P. sanderi*
【ハワイ名】 Hala
【英名】 Sand screw pine, Timor screw pine
【和名】 キフタコノキ

【原産地】インドネシア東部、ソロモン諸島
【特徴】低木（3～5ｍ）、花序10～20㎝
【備考】外来種

葉（八〇～一八〇㎝）は初めのうちは黄色が基調だが、生長するにつれて、端から緑色に変化する。シマタコノキよりも小振りで幹の部分が低いため、葉は地面に届いて独特のスタイルをつくり出す。ハワイでは街路樹や庭木の植栽として人気がある。

シマタコノキ >>>P256

【学名】*Pandanus* sp.
【ハワイ名】Hala, Pūhala
【英名】Screw pine, Red fruited pandanus
【和名】シマタコノキ、アダン、リントウ
【原産地】熱帯アジア、太平洋諸島、オーストラリア北部
【特徴】低木（3～9ｍ）、花序5～6㎝
【備考】在来種

幹の基部から伸びる気根がタコのように八方に伸びるのが和名の由来。主に海岸線に生育する。棘のある長い二つ折れの葉（八〇～一八〇㎝）は強靭で耐久性と柔軟性に富む。そのため、アジアでは編み細工に使用した。ハワイでもラウハラ（ハラの葉）の編み細工文化が浸透している。ナパリ・コーストに見事な群生がある。パイナップルに似た径二〇㎝ほどの集合果をつける。実は食用や歯ブラシに、材は建材として用いられた。ヒーナノと呼ばれる雄株の花（約三〇㎝）には芳香があり、香水がつくられる。和名のタコノキは、小笠原諸島の*P. boninensis*を指す。ハワイでハラと表記されるものには、*P. tectorius, P. odoratissimus, P. baptistii, P. veitchii* などがある。

タデ科　Polygonaceae

北半球の温帯地方を中心に約四〇属一〇〇〇種が分布する。種子にはデンプン質の胚乳がある。科名は「多くの膝（節）」の意味で、茎に多くの膨らんだ節ができることから。

アサヒカズラ >>>P257

【学名】*Antigonon leptopus*
【ハワイ名】なし
【英名】Mexican creeper, Coral vine, Chain of love
【和名】アサヒカズラ、ニトベカズラ
【原産地】メキシコ
【特徴】つる性（10～12ｍ）、花冠1～4㎝
【備考】外来種／有害植物

濃いピンクの花をつけるが、ときに白い花をつけることもある。花弁のように見えるのは萼。地下茎は食用となる。ハワイでは垣根として使われることが多いが、乾燥した土地に野生化している。繁殖力が強いため、有害植物に指定されている。

ハマベブドウ >>>P257

【学名】*Coccoloba uvifera*
【ハワイ名】なし
【英名】Sea grape, Seaside grape, Jamaican kino
【和名】ハマベブドウ、ウミブドウ、ハマブドウノキ
【原産地】フロリダ南部、西インド諸島、ブラジル
【特徴】低木（2～6ｍ）、花序10～15㎝
【備考】外来種

丸く大きな葉（五～二〇㎝）の間から垂れ下がった果実が特徴。熟すと紫色になるブドウ状の果実は生食できるが、傷みが速いので流通はしていない。白い小さな集合花には甘い芳香がある。ワイキキ・ビーチをはじめハワイの海岸でよく見られる。

ヒメツルソバ >>>P257

【学名】*Persicaria capitata, Polygonum capitatum*

【ハワイ名】なし
【英名】Pink bubbles
【和名】ヒメツルソバ
【原産地】インド北部、ヒマラヤ
【特徴】多年草（10～30㎝）、花冠0・8～1・2㎝
【備考】外来種

薄紫色をしたボンボン状の花をつけ、カーペットのように広がる。葉にはV字型の黒い斑が入り、秋になると紅葉する。ハワイで野生化が確認されたのは一九六〇年代だが、低温にも高温にも強く、しかも乾燥に強いため、ハワイ島のマウナ・ロアとマウナ・ケアの鞍部など、各地で少しずつ分布域を広げている。

パーヴァレ >>>P257

【学名】*Rumex giganteus, R. skottsbergii*
【ハワイ名】Pāwale, Uhauhako
【英名】Hawaiian buckwheat, Climbing dock
【和名】なし
【原産地】モロカイ島、マウイ島、ハワイ島
【特徴】多年草（0・6～1・5m）、花序10～30㎝
【備考】固有種

淡緑色の花を多数つける。後に淡褐色となるが、長期間萎れない。葉は長さ六～二〇㎝、幅二・五～一〇㎝。基本的に自立するが、他の植物があるとそれに絡みつく場合もある。標高六六〇～三〇五〇mに分布する。

ツツジ科 Ericaceae

温帯と寒帯を中心に八二属約二五〇〇種が世界中に分布する。すべて木本で、酸性の土壌を好む。科名はギリシャ語でツツジを表す erica にちなむ。

プキアヴェ >>>P257

【学名】*Leptecophylla tameiameiae*
【ハワイ名】Pukiawe, ʻAʻaliʻi mahu, Maiele
【英名】なし
【和名】なし
【原産地】ハワイ諸島、マルケサス諸島
【特徴】低木（1～4・5m）、花冠0・4～0・7㎝
【備考】在来種

プキアヴェの仲間はハワイ諸島のほかオーストラリア大陸とタスマニア島に一一種ある。ニイハウ島とカホオラヴェ島を除く島の標高三〇〇〇mまでに自生する。なかでもハワイ火山国立公園やハレアカラ山中腹の群落が素晴らしい。小さな白い花はあまり目立たない。果実は濃いピンクあるいは白色。ハワイでは高位の首長が一般庶民と儀式を行うとき、プキアヴェの木で室内を燻して体に浴び、庶民に力を吸い取られるのを防いだ。頭痛薬やレイの素材としても用いられた。エパクリス科からツツジ科へ移動した。

ロードデンドロン・ヤスミニフロルム >>>P257

【学名】*Rhododendron jasminiflorum*
【ハワイ名】なし
【英名】なし
【和名】なし
【原産地】マレーシア、インドネシア
【特徴】低木（2～3m）、花冠（筒長）4～5㎝
【備考】外来種

ピンクの花を多数つける。種小名は、花にジャスミンのような芳香があることに由来する。シャクナゲに近縁。

ビレイア >>>P257

【学名】*Rhododendron* sp.

【ハワイ名】なし
【英名】Vireya
【和名】マレーシアシャクナゲ、ビレアシャクナゲ、ビレイア
【原産地】マレーシア
【特徴】低木（1～1・5m）、花序15～20㎝
【備考】外来種
　花は白、ピンク、オレンジ、濃ピンク、赤など色数が多い。湿り気の多い森に分布する。ハワイ島のヒロ動物園やアカ滝州立公園にまとまった植栽がある。ビレイア節のグループの総称でもある。

オヘロ（カウ・ラーアウ） >>>P257

【学名】*Vaccinium calycinum*
【ハワイ名】'Ōhelo kau lā'au
【英名】Tree ohelo, Jungle ohelo
【和名】なし
【原産地】ラナイ島、ニイハウ島、カウアイ島を除くハワイ諸島
【特徴】低木（2～3m）、花冠0・9～1・2㎝
【備考】固有種
　オヘロ（アイ）よりも草丈が高く、日差しの少ない場所に分布する。楕円形の葉はオヘロ（アイ）よりも大きく厚く、鋸歯もはっきりとしている。果実は苦みがある。

オヘロ（アイ） >>>P257

【学名】*Vaccinium reticulatum*
【ハワイ名】'Ōhelo, 'Ōhelo'ai
【英名】なし
【和名】なし
【原産地】ラナイ島、ニイハウ島、カウアイ島を除くハワイ諸島
【特徴】低木（1～1・2m）、花冠0・6～0・7㎝
【備考】固有種
　溶岩の大地に最初に根づく植物の一つで、クランベリーの仲間。丸く小さな葉の腋から下向きに赤い花をつける。赤や黄色の実は生食あるいはジャムにして食べる。乾燥させた葉は茶として、あるいは薬用として用いられた。かつて、オヘロの実を採ると、雨や濃霧を招いて帰り道がわからなくなるため禁じられたが、火の女神ペレに祈りを捧げた後であれば、採ることを許された。

オヘロとアーキア

　オヘロの赤い実は生食やジャムにして食べたりするが、野生のものを採るのは避けたい。分布域が一部重複するアーキア（P一〇三参照）と外観がよく似ているからだ。アーキアの実は猛毒で、最悪の場合は死を招くほどだ。オヘロの実には小さな種子がいくつも入っているのに対し、アーキアは大きな種子が一つだけ入っている点と、アーキアはオヘロよりも大型の木本である点が異なる。

ツヅラフジ科　*Menispermaceae*

世界の熱帯と、北アメリカ、東アジアの温帯を中心に七〇属約五〇〇種が分布する。雌雄異株で花は比較的小さい。科名は「三日月形のタネ」を意味する。

フエフエ >>>P258

【学名】*Cocculus orbiculatus*, *C. trilobus*
【ハワイ名】Huehue
【英名】なし
【和名】アオツヅラフジ、カミエビ
【原産地】日本、朝鮮半島、台湾、太平洋諸島
【特徴】低木、つる性、花冠0・4～0・6㎝
【備考】在来種

葡萄に似た球状の直径〇・六㎝ほどの黒い実をつける。葉は長さ三～一二㎝、幅二～一〇㎝。海岸や溶岩の割れ目などに生える。ハワイの伝統文化では、茅葺きの屋根をまとめるロープとして用いられた。

ツバキ科 Theaceae

アジアの熱帯、温帯に約一六属三〇〇種が分布する。大半が木本で、ツバキ、サザンカ、チャノキなどが知られている。科名はかつてのチャノキ属の学名（*Thea*）に由来する。

チャノキ >>>P258

【学名】 *Camellia sinensis*
【ハワイ名】 なし
【英名】 Tea plant
【和名】 チャノキ、チャ
【原産地】 インド、ベトナム、中国西南部
【特徴】 低木（0・9～5・5ｍ）、花序2～2・5㎝
【備考】 外来種

花はツバキに似るが、しべを包み込むように花弁がつく。葉は長さ五～七㎝で鋸歯がある。革質で硬い。葉はカフェインやカテキンを含み、飲料とされる。ハワイでは茶としての加工よりも、垣根として用いられることが多い。

ツユクサ科 Commelinaceae

熱帯を中心に四〇属約六五〇種が分布する。日本では染色用に用いられるツユクサや、外来種のムラサキツユクサがよく知られている。科名のcommelinはオランダの植物学者J・コメリンとK・コメリン兄弟の名に由来する。

ブルー・ジンジャー >>>P258

【学名】 *Dichorisandra thyrsiflora*
【ハワイ名】 なし
【英名】 Blue ginger
【和名】 オオタチカラクサ、コダチムラサキツユクサ
【原産地】 ブラジル南東部
【特徴】 多年草（1・5～2ｍ）、花序10～15㎝
【備考】 外来種

葉柄の基部が長い毛で覆われるのが特徴。茎頂から総状花序を伸ばし、三弁の青紫色の花を多数つける。花の中心に黄色の葯が目立つ。葉は最初は紫色を帯びているが、やがて緑色に変わる。オアフ島のライアン演習林には大群生が、リリウオカラニ植物園やワヒアヴァ植物園には小規模ながら美しい群生が見られる。地下茎が発達するなど、外観を含めてショウガ科に似ることから、ジンジャーと誤認された。

ムラサキオオツユクサ >>>P258

【学名】 *Tradescantia pallida*
【ハワイ名】 なし
【英名】 Purple heart
【和名】 ムラサキオオツユクサ、ムラサキゴテン、セトクレアセア
【原産地】 メキシコ
【特徴】 多年草（40～60㎝）、花冠3～4㎝
【備考】 外来種

葉は全面に白い繊毛が密生する。葉は長さ八～一五㎝、幅二・五㎝でわずかに多肉質。茎は最初のうちは直立するが、生長すると倒れて匍匐する。全草が紫一色（花は淡紫色で葉が濃紫色）であることから和名がついた。ただしこれは園芸品種の特徴であり、原種は葉が淡緑色で赤色や紫色の縁取りがある。

ツリフネソウ科　Balsaminaceae

熱帯と北半球の温帯に三属約五〇〇種が分布。すべて草本。日本ではホウセンカやツリフネソウがよく知られている。科名はラテン語でホウセンカを指す balsam から。

インパチェンス・ソデニー >>>P258

【学名】*Impatiens sodenii*
【ハワイ名】なし
【英名】Shrub balsam, Poor man's rhododendron
【和名】なし
【原産地】ケニヤ、タンザニア
【特徴】多年草（1〜1・5ｍ）、花冠3〜5㎝
【備考】外来種

花は白色、淡桃色、赤色、紫色など、多数ある。花後、緑色の実（二〜三㎝）をつける。完熟すると裂ける。茎は多肉多汁。葉は長さ一〇〜一八㎝で鋸歯がある。

アフリカホウセンカ >>>P258

【学名】*Impatiens walleriana*
【ハワイ名】なし
【英名】Busy lizzie, Patience plant
【和名】アフリカホウセンカ、インパチエンス
【原産地】タンザニア〜モザンビーク
【特徴】多年草（30〜60㎝）、花冠2・5〜3・5㎝
【備考】外来種／栽培種

八重咲きの園芸品種もある。花持ちがよいので、ハワイでは街中の花壇などに植えられることが多い。属名は「耐えられない」という意味。この仲間は熟した実に触れると、すぐに種子を弾き飛ばすことにちなむ。

トウダイグサ科　Euphorbiaceae

世界のほぼ全域に約三〇〇属七〇〇〇種が分布する。多肉植物が多く、樹液は有毒のものが多い。花に花弁はないが、苞がその代わりを果たす。ポインセチアをはじめ、日本にもなじみの種が多い。科名の euphorbos はアフリカ・モーリタニアの外科医だったユーフォルブスの名にちなむ。

ベニヒモノキ >>>P259

【学名】*Acalypha hispida*
【ハワイ名】なし
【英名】Chenille plant, Foxtail
【和名】ベニヒモノキ
【原産地】ニューギニア、マレー半島、インドネシア（西インド諸島とする説もある）
【特徴】低木（2〜5ｍ）、花序20〜50㎝
【備考】外来種

花穂がひも状に垂れ下がるのが特徴。ハワイでは大きな茂みをつくる。英名のシェニールとは織物の名称で、それを織るための毛羽立った糸によく似ていることから。園芸店ではサンデリーと呼ばれることもある。

コパーリーフ >>>P259

【学名】*Acalypha wilkesiana*
【ハワイ名】なし
【英名】Copperleaf, Fire dragon, Beefsteak plant
【和名】なし
【原産地】パプアニューギニア・ニューブリテン島
【特徴】低木（2〜4ｍ）、花序15〜20㎝
【備考】外来種

葉の緑がピンクや紫色に縁取りされるのが特徴。赤みを帯びた花穂は長く伸びるが、葉に隠れて目立たない。生長すると葉が銅色に変化するのが英名の由来となっている。本種から色合いの異なるさまざまな園芸品種がつくり出されている。ハワイでは観葉植物として生け垣によく用いられる。

ククイ（モルッカヌス） >>>P259

【学名】 *Aleurites moluccanus*
【ハワイ名】 Kukui, Kuikui
【英名】 Candle nut tree
【和名】 ククイノキ、ハワイアブラギリ
【原産地】 マレー半島、太平洋諸島
【特徴】 高木（15～20m）、花序15～25㎝
【備考】 外来種／伝統植物

ポリネシア人が持ち込んだ有用植物の一つで、ハワイ州の木となっている。銀色に近い葉は遠くからでもよく識別できる。ククイの実の種子は大半は濃茶で、ときに茶と白の二色、まれに白色となる。英名のキャンドルは、鯨油が取って代わるようになるまで、ククイ油が灯火として用いられてきたことにちなむ。食用、薬用、染料など、暮らしのあらゆる場面で用いられた。

ククイ（レミイ） >>>P259

【学名】 *Aleurites moluccanus* var. *remyi*
【ハワイ名】 Kukui, Kuikui
【英名】 Candle nut tree
【和名】 ククイノキ、ハワイアブラギリ
【原産地】 マレー半島、太平洋諸島
【特徴】 低木（5～10m）、花序15～25㎝
【備考】 外来種／伝統植物

ククイの変種で、葉が細かく引き裂かれたような形状になるのが特徴。ククイには本種以外にもいくつかの変種が存在する。

クロトン >>>P259

【学名】 *Codiaeum variegatum*
【ハワイ名】 なし
【英名】 Croton
【和名】 ヘンヨウボク、クロトンノキ
【原産地】 東インド、モルッカ諸島、南太平洋諸島、オーストラリア
【特徴】 低木（0・5～2・5m）、花序17～25㎝
【備考】 外来種

和名（変容木）のとおり、葉の色は変化に富む。長さは六～六〇㎝、色は緑地に赤、黄、白、紫、オレンジなどが混ざり合ったものなど、多種多様。ハワイでは生け垣や庭木に用いられる。

スリッパー・プラント >>>P261

【学名】 *Euphorbia bracteata, Pedilanthus bracteatus*
【ハワイ名】 なし
【英名】 Slipper plant, Candelilla
【和名】 なし
【原産地】 メキシコ

人々を守る木

ククイはヤシの木と並び、きわめて有用な植物としてハワイに持ち込まれた。実は便秘薬に、種子はレイや調味料（イナモナ）に、種子の油は灯りの燃料に、茎は薬用に、樹皮は赤色の染色や薬用に、花は口内炎などの治療に、葉もレイの素材や薬用に、材はカヌーのブイに、根は黒と茶色の染料や薬用にと、そのすべてが利用された。今日でもレイや、ロミロミ・マッサージ用オイルとして欠かせぬ素材となっている。生活に不可欠なククイは、ハワイ創世を語る『クムリポ』のなかでも、「われわれ人間を守護する木」と呼ばれている。

【特徴】多年草または低木（1・5〜3ｍ）、花冠0・4〜0・6㎝
【備考】外来種
花は赤みを帯びた大きな苞葉に包まれている。この形がスリッパのように見えることが英名の由来。葉は長さ二〇〜二五㎝、幅五〜一〇㎝。茎は光沢のある緑色をしている。

アココ（ケラストロイデス） >>>P260

【学名】*Euphorbia celastroides*
【ハワイ名】'Akoko, Koko, 'Ekoko, Kōkōmālei
【英名】なし
【和名】なし
【原産地】主要ハワイ諸島と北西ハワイ諸島
【特徴】低木（1・5〜3ｍ）、花冠0・3〜0・5㎝
【備考】固有種
花は褐色または淡緑色。樹木のサイズは変化が大きい。粘り気のある樹液は薬用となったほか、鳥もちとして利用した。

ブロンズ・ユーフォルビア >>>P260

【学名】*Euphorbia cotinifolia*
【ハワイ名】Hieba mala
【英名】Bronze euphorbia
【和名】ケツヨウボク
【原産地】メキシコ〜南米北部
【特徴】低木（1〜9ｍ）、花序5〜8㎝
【備考】外来種
白い小さな花を咲かせ、観葉植物として人気がある。赤紫色の葉は美しく、ハワイでは庭木や垣根に用いられる。ポインセチアに近縁。

ショウジョウソウ >>>P260

【学名】*Euphorbia cyathophora*
【ハワイ名】Kaliko
【英名】Annual poinsettia, Mexican fire plant, Fire on the mountain
【和名】ショウジョウソウ、クサショウジョウ
【原産地】南北アメリカ
【特徴】多年草（0・5〜1ｍ）、花冠0・2〜0・3㎝
【備考】外来種
花は極小で長いしべだけが目立つ。葉は長さ三〜一〇㎝、幅一〜五㎝。中間がくびれたバイオリンのような形をしている。赤い葉のように見えるのは苞葉。茎の基部は木質化する。

アココ（ハエレエレアナ） >>>P260

【学名】*Euphorbia haeleeleana*
【ハワイ名】'Akoko
【英名】Kauai spurge
【和名】なし
【原産地】カウアイ島、オアフ島
【特徴】低木（3〜14ｍ）、花序3〜5㎝
【備考】固有種／絶滅危惧種
分厚い大きな葉が集まる枝先に、小さな黒い花を咲かせる。切り口からは乳液が出る。標高五〇〇ｍ前後の山麓に自生する。カウアイ島の数か所で確認されており、一九八五年にはオアフ島でも発見されたが、きわめて個体数が少なく、絶滅が危惧されている。

ユーフォルビア（レウコケパラ） >>>P260

【学名】*Euphorbia leucocephala*
【ハワイ名】なし
【英名】White-laced euphorbia, Christ child
【和名】なし
【原産地】メキシコ、エルサルバドル
【特徴】低木（1・5〜3ｍ）、花冠0・2〜0・3㎝
【備考】外来種
白い花のように見えるのは苞葉で二枚が重なっている。花はその中

心にあるが目立たない。花後、直径〇・六cmほどの果実がつく。葉は長さ八～一五cm。

ハナキリン >>>P260

【学名】*Euphorbia milii* var. *splendens*
【ハワイ名】なし
【英名】Crown of thorns, Christ plant
【和名】ハナキリン
【原産地】マダガスカル
【特徴】低木（60～90cm）、花冠0・1～0・2cm
【備考】外来種／園芸品種

茎は初めのうち直立するが、高く伸びるとつる状になり、地上を這ったり他の物によりかかったりする。葉は長さ一・五～五cm、幅〇・八～一・四cmの楕円形で、生長している茎の先端付近にまとまってつく。茎が生長しきると葉は棘になる。朱色の花は茎の頂につく。他にピンク、白、黄色などがある。花の直下にある緑色の葉に見えるものは苞葉。茎を切ると出る白い乳液は有毒。

ポインセチア >>>P260

【学名】*Euphorbia pulcherrima*
【ハワイ名】なし
【英名】Poinsettia, Christmas flower
【和名】ショウジョウボク、ポインセチア
【原産地】メキシコ
【特徴】低木（2～6ｍ）、花序0・3～0・4cm、苞葉3～7cm
【備考】外来種／園芸品種

赤を中心に黄色、白色、ピンク色、クリーム色など、さまざまな色合いの花がつくられている。これらの花弁のように見えるものはすべて苞葉。極小の花は苞葉の基部につく。葉は長さ六～二五cm、幅四～一〇cm。マダガスカルの国花。

ユーフォルビア・プニケア >>>P260

【学名】*Euphorbia punicea*
【ハワイ名】なし
【英名】Jamaican poinsettia
【和名】なし
【原産地】熱帯アメリカ
【特徴】低木（1～2ｍ）、花序1・5～2cm
【備考】外来種

赤い花弁のように見えるのは苞葉で、極小の花序はその中心につく。花序の直下に長い葉を放射状につける。メキシコではこれを茶葉として利用する。

テイキンザクラ >>>P261

【学名】*Jatropha hastata, J. integerrima*
【ハワイ名】なし
【英名】Peregrina, Spicy jatropha
【和名】テイキンザクラ、ナンヨウザクラ
【原産地】キューバ、西インド諸島
【特徴】低木（2～6ｍ）、花冠2・5～4cm
【備考】外来種

総状に五～八個、サクラに似た濃ピンクの花を咲かせる。葯は黄色。

大きく育つ植物

ハワイでは一年を通じて温暖で湿潤な気候の土地が多いため、他の地域よりも大きく生長したり、草本が木本化したりすることがある。ポインセチアも同様で、日本で見られるものより二倍以上大きくなる。ポインセチアは和名をショウジョウボクというように、葉は生長すると赤色となるが、ハワイではピンクや白色種も出回る。

トマトを少し甘くしたような味の果実をつける。和名の由来は、日本兵が故国のサクラを偲んでつけたと言われるが、定かではない。ハワイでは公園の植栽や庭木として用いられる。

サケバヤトロファ >>>P261

【学名】*Jatropha multifida, J. integerrima*
【ハワイ名】なし
【英名】Coral bush, Coral plant
【和名】サケバヤトロファ、モミジバアブラギリ
【原産地】熱帯アメリカ
【特徴】低木（3～5ｍ）、花冠0・8～1㎝
【備考】外来種

和名のごとく大きく裂けた葉が特徴。小さな緋色の花は一年を通じて咲く。まとまって咲くものの、あまり目立たない。黄色い果実の種子は有毒だが、薬用としても利用される。

ビンガビン >>>P261

【学名】*Macaranga mappa*
【ハワイ名】なし
【英名】Bingabing
【和名】なし
【原産地】フィリピン
【特徴】低木（1～10ｍ）、花序15～20㎝
【備考】外来種／有害植物

淡赤色の花をつける。葉は直径四〇～六〇㎝。アリと共生して中空の茎に巣を作り、内部の蜜を提供する。アリは草食性の昆虫を攻撃する。繁殖力が強いため、ハワイでは有害植物に指定されている。

タピオカ >>>P261

【学名】*Manihot esculenta, M. utilissima*
【ハワイ名】なし
【英名】Cassava, Tapioca, Sweet potato tree
【和名】タピオカ、キャッサバ、マニオク、イモノキ
【原産地】ブラジル
【特徴】低木（1～3ｍ）、花冠2～3㎝
【備考】外来種

ヤツデのような葉と、白地に紫斑点のある三角形の花をつける。長さ三〇～八〇㎝の地下茎は微量の青酸を含んで有毒だが、これを除去してタピオカと呼ばれるデンプンをつくる。二〇〇〇もの品種があるという。土地を選ばず栽培が簡単で繁殖力が強いこと、さらにはデンプンの含有量が多いことから、南米や太平洋諸島の広い範囲で栽培され、重要作物となっている。ポリネシアには十九世紀前半に伝わった。

トウゴマ >>>P261

【学名】*Ricinus communis*
【ハワイ名】なし
【英名】Castor bean
【和名】トウゴマ、ヒマ
【原産地】東アフリカ
【特徴】多年草（1～2ｍ）、花序15～20㎝
【備考】外来種

大きな葉の下に赤い小さな花をまとめてつける。花後の実は完熟すると赤くなる。葉は長さ二〇㎝ほど。種子から採れる油はヒマシ油として紀元前から利用されている。種子には猛毒成分がある。

トケイソウ科　Passifloraceae

中南米とアフリカを中心とする熱帯地方に約一〇属五〇〇種が分布する。ほとんどがつる性の木本か草本。トケイソウ属の約五〇種は食用となる。科名の passion とは「情熱」ではなく「受難」の意味。三裂した花柱をキリストの十字架に見立てたことにちなむ。和名は花柱を時計の針に見立てたことから。

ベニバナトケイソウ >>>P262

【学名】 *Passiflora coccinea*
【ハワイ名】 なし
【英名】 Red passion flower
【和名】 ベニバナトケイソウ
【原産地】 ベネズエラ～ボリビア
【特徴】 低木、つる性（10m）、花冠8～10㎝
【備考】 外来種

花弁が一〇枚あるように見えるが、半分は萼で、花弁より少し長い。花の中央に王冠のように立ち上がっているのはコロナ（副花冠）で、先端が赤く基部が白い。アカバナトケイソウとよく似ているが、コロナの色と、葉の形がタマゴ型である点が異なる。グズベリーを一回り大きくしたような実は生食できる。

クダモノトケイソウ >>>P262

【学名】 *Passiflora edulis*
【ハワイ名】 Liliko'i
【英名】 Passion fruit, Granadilla, Purple granadilla
【和名】 クダモノトケイソウ、パッションフルーツ、マルミクダモノトケイ
【原産地】 ブラジル
【特徴】 多年草、つる性（15m）、花冠6～10㎝
【備考】 外来種

多年草だが、茎は木質化する。果実（長径六～八㎝）には黒色の種子が入ったゼリー状の果肉が内包されている。ハワイではグァバと並んでジュースに加工したものに人気があり、栽培されている。

クサトケイソウ >>>P262

【学名】 *Passiflora foetida*
【ハワイ名】 Pohapoha
【英名】 Love-in-a-mist, Running pop, Red apple, Wild passion fruit
【和名】 クサトケイソウ
【原産地】 熱帯アメリカ
【特徴】 多年草、つる性（5m）、花冠3～5㎝
【備考】 外来種

写真では見えにくいが、白い五枚の花弁と薄いピンクの五枚の萼とがある。花や実はネット状の苞が包み込み、英名ではこれを「霧の中の愛」と呼ぶ。実は熟すと赤くなり、生食できる。つるは潰すと悪臭を放つ。

タマゴトケイ >>>P263

【学名】 *Passiflora laurifolia*
【ハワイ名】 なし
【英名】 Yellow water lemon, Bell apple
【和名】 タマゴトケイ、キミノトケイソウ、ミズレモン
【原産地】 熱帯アメリカ
【特徴】 低木、つる性、花冠5～7㎝
【備考】 外来種

紫の縁取りが美しい花は観賞用として人気がある。果実（七～八㎝）は熟すと黄色またはオレンジ色になり、食用となる。さわやかな甘みがあり、種子も食べられる。ハワイでは二十世紀初頭から小規模ながら生産されている。

バナナポカ >>>P263

【学名】 *Passiflora mollissima*
【ハワイ名】 Poka mai'a
【英名】 Banana poka, Banana passion flower, Banana passion fruit
【和名】 モリシマトケイソウ
【原産地】 南米アンデス山地
【特徴】 多年草、つる性、花冠7～9㎝
【備考】 外来種／有害植物

ピンクのプロペラ状の花を下向きに咲かせる。果実はラグビーボール型で、熟すとレモンイエローになり、生食できる。標高一二〇〇〜三〇〇〇mに自生する。カウアイ島のコケエ地区など、各地で急速に分布域を広げている。繁殖力が非常に強いため、ハワイでは有害植物に指定されている。

アカバナトケイソウ >>>P263

【学名】*Passiflora vitifolia*
【ハワイ名】なし
【英名】Vine leaf passion flower
【和名】アカバナトケイソウ
【原産地】ニカラグア、ベネズエラ、ペルー
【特徴】低木、つる性（10m）、花冠10〜14㎝
【備考】外来種

花は五枚の赤い花弁と五枚の赤い萼で構成されており、甘い芳香がある。果実は熟すとグリーンと黄色の斑模様となる。酸味はあるがバナナポカより口あたりがよい。葉が三裂している点がベニバナトケイソウとの相違点。

イエロー・アルダー >>>P263

【学名】*Turnera ulmifolia*
【ハワイ名】なし
【英名】Yellow alder
【和名】キバナツルネラ
【原産地】メキシコ〜西インド諸島
【特徴】低木（60〜90㎝）、花冠4〜5㎝
【備考】外来種

黄色の花は朝に咲いて午後に萎む一日花。花後につく果実の種子はアリによって散布される。光沢のある葉は長さ八〜一二㎝、幅四〜五㎝で臭気がある。葉には鋸歯があり、葉身の基部には蜜腺がある。繁殖は実生や苗木による。

トベラ科 Pittosporaceae

オーストラリアを中心に、熱帯から亜熱帯にかけて約九属三六〇種が分布する。トベラ属以外はすべてオーストラリアに自生する。pitta は「タール状」、sporsa は「種子」の意味。黒い種子が粘着性の物質で覆われていることに由来する。

ホーアヴァ（グラブルム） >>>P263

【学名】*Pittosporum glabrum*
【ハワイ名】Hōʻawa, Hāʻawa, Papahekili
【英名】Koolau range cheesewood
【和名】なし
【原産地】ニイハウ島、カホオラヴェ島、ハワイ島を除く主要ハワイ諸島
【特徴】低木（4・5〜9m）、花冠0・8〜2・1㎝
【備考】固有種

白またはクリーム色の小さな花がまとまって大きな塊を作るが、葉がそれを覆い隠していることが多い。葉は長さ六〜三〇㎝と変化が大きい。葉と実にはユーカリに甘みを加えたような芳香がある。伝統社会ではカヌーの側板（ガンネル）に使われた。

ホーアヴァ（ハロピルム） >>>P263

【学名】*Pittosporum halophilum*
【ハワイ名】Hōʻawa, Hāʻawa, ʻAʻawa hua kukui
【英名】Molokai cheesewood
【和名】なし
【原産地】モロカイ島
【特徴】低木（2〜9m）、花冠1・3〜2・3㎝
【備考】固有種

葉は長さ七〜三〇㎝、幅三〜一一㎝。実は痛み止めの薬として用いられた。本種は数あるホーアヴァのなかでもっとも広く分布する。

ホーアヴァ（ホスメリ） >>>P264

【学名】*Pittosporum hosmeri, P. confertilorum*
【ハワイ名】Hōʻawa, Hāʻawa
【英名】Kona cheesewood, Kona hoawa
【和名】なし
【原産地】ハワイ島
【特徴】低木（4・5〜9ｍ）、花冠1・3〜1・6㎝
【備考】固有種

葉は長さ六〜三〇㎝。葉と実にはトウガラシに似た刺激臭がある。グラブルムと異なり、夜に強い芳香を放つ。実は絶滅が危惧されているアララ（ハワイガラス）の餌となる。

ホーアヴァ（カウアイエンセ） >>>P264

【学名】*Pittosporum kauaiense*
【ハワイ名】Hōʻawa, Hāʻawa
【英名】Kauai cheesewood【和名】なし
【原産地】カウアイ島
【特徴】低木（4〜10ｍ）、花序4〜8㎝
【備考】固有種

チューブ状をしたクリーム色の集合花は強い芳香を放つ。クルミに似た小さな実が花茎の頂につく。標高二四〇〜一二二〇ｍの湿り気のある森林に自生する。

ナス科 Solanaceae

世界中に約九〇属二〇〇〇種が分布する。ジャガイモ、ナス、トマト、タバコなど、日常生活に不可欠な食用植物が多い。科名は一説によれば、チョウセンアサガオ類がもつ鎮静・鎮痛作用に基づくsollamen（安静）に由来するという。

エンゼルストランペット >>>P264

【学名】*Datura suaveolens*
【ハワイ名】なし
【英名】Angel's trumpet
【和名】キダチチョウセンアサガオ
【原産地】ブラジル東南部
【特徴】低木（3〜5ｍ）、筒長20〜30㎝
【備考】外来種

開花前の花冠は黄色を帯びているが、やがて白い大振りの花となる。周年開花するので、ハワイでは庭木として人気があり、植物園でもよく見かける。夜間にジャコウのような濃厚な香りを漂わせる。近縁のチョウセンアサガオの花は江戸期の医者・華岡青洲が麻酔の実験に使ったことでよく知られている。

ブルーポテトブッシュ >>>P266

【学名】*Lycianthes rantonnei, Solanum rantonnetii*
【ハワイ名】なし
【英名】Blue potato bush
【和名】なし
【原産地】パラグアイ、アルゼンチン
【特徴】低木、花冠2〜3㎝
【備考】外来種

ジャガイモに似た連なる花が英名の由来。花弁中央の黄色がアクセントとなっている。ハワイでは青紫色の花が多いが、紫色の花を咲かせる変種もある。よく生長するので、ハワイではグラウンドカバーとして使われることがある。

アエアエ >>>P264

【学名】*Lycium sandwicense*
【ハワイ名】ʻAeʻae, ʻĀkulikuli kai, ʻĀkulikuli ʻaeʻae,

'Ākulikuli 'ōhelo, 'Ōhelo kai
【英名】Hawaii desert thorn
【和名】アツバクコ
【原産地】日本、ハワイ諸島
【特徴】低木（0・6～1・8ｍ）、花冠0・5㎝
【備考】在来種
葉は多肉質で、長さ一・二～二㎝、幅約〇・四㎝。その頂に白または淡紫色の小さな花をつける。花後、直径一㎝ほどの実をつける。この実は生食できる。

ツリー・タバコ >>>P264

【学名】*Nicotiana glauca*
【ハワイ名】なし
【英名】Tree tobacco
【和名】キダチタバコ、カラシダネ
【原産地】ボリビア、アルゼンチン
【特徴】低木（5～7ｍ）、筒長3～4㎝
【備考】外来種
黄色の筒状の花をつける。花後、小さな種子が入った果実をつけ、風や雨によって拡散する。タバコ（*N. tabacum*）とは異なり、葉や茎に軟毛がない。

タバコ >>>P265

【学名】*Nicotiana tabacum*
【ハワイ名】Paka
【英名】Cultivated tobacco, Common tobacco
【和名】タバコ
【原産地】南アメリカの熱帯地域
【特徴】多年草（1～2・5ｍ）、花冠0・4～0・6㎝、筒長5～6㎝
【備考】外来種
花は濃ピンクの筒状で、花後につく実の中には三〇〇〇粒もの種が含まれる。葉は長さ二〇～三〇㎝で、一つの株に三〇～四〇枚つく。全草にニコチンを含んでいるため、口にしないこと。

アイエア >>>P265

【学名】*Nothocestrum breviflorum*
【ハワイ名】'Aiea, Halena
【英名】なし
【和名】なし
【原産地】ハワイ島
【特徴】中高木（10～12ｍ）、花冠4～5㎝
【備考】固有種／絶滅危惧種
小さな黄緑色の花はジャスミンに似た強い香りを漂わせる。幹は節くれ立ち、枝は葉をつけていない期間が長い。ハワイの植物学者J・ロックは本種を指して、「ハワイで知りうるもっとも醜い木」と評した。海抜五五〇～一八〇〇ｍの乾燥した土地か、まれに湿り気のある土地に自生する。

ポハ >>>P265

【学名】*Physalis peruviana*
【ハワイ名】Poha
【英名】Cape gooseberry, Poha berry, Ground cherries
【和名】ブドウホオズキ
【原産地】南アメリカ
【特徴】多年草（0・8～1・2ｍ）、花冠1・5～2㎝
【備考】外来種
花は黄褐色で、花後袋状になった萼の中にホオズキに似た実をつける。実は完熟すると黄色または朱色になる。実は生食できる。葉は長さ六～一五㎝。

カップ・オブ・ゴールド >>>P265

【学名】*Solandra guttata*

【ハワイ名】なし
【英名】Cup of gold, Gold cup
【和名】なし
【原産地】メキシコ、中米、コロンビア、ベネズエラ
【特徴】低木、つる性（3～7ｍ）、花冠15～20㎝
【備考】外来種
　巨大なカップ型の花は丼を思わせる。咲き始めは白または明るいクリーム色をしているが、しだいに黄みを帯び、数日後に萎むときは褐色となる。ココナッツに似た甘い香りを漂わせる。夕方、蕾が開くときに小さな音をたてる。非常に生長の速い植物で、一日に枝が三〇㎝も伸びることがある。ラッパバナやマクシマに近縁。属名は、クックの第一次世界周航に同行した植物学者Ｄ・ソランダーにちなむ。

ポーポロ（アメリカヌム） >>>P265

【学名】*Solanum americanum*
【ハワイ名】Pōpolo
【英名】Glossy nightshade, American black nightshade
【和名】テリミノイヌホオズキ、アメリカイヌホオズキ
【原産地】アメリカ、メラネシア、ニューギニア、オーストラリア
【特徴】多年草（30～80㎝）、花冠0・6～1・3㎝
【備考】外来種（あるいは在来種）
　花はナス科に特徴的な白い花弁と黄色の葯をもつ。花後につく実は完熟すると黒くなる、葉は長さ八～一一㎝、幅三～四㎝で、両面に繊毛が密生する。茎には棘がある。茎は直立するが匍匐することもある。全草が有毒なので実も食べることはできない。

フォックスフェイス >>>P265

【学名】*Solanum mammosum*
【ハワイ名】なし
【英名】Nipple fruit
【和名】フォックスフェイス、ツノナス、キツネナス
【原産地】熱帯アメリカ
【特徴】低木（1～1・5ｍ）、花冠2・5～3・5㎝
【備考】外来種
　原産地では多年草だが、ハワイでは低木となる。ナスによく似た紫色の花をつけるが、キツネの顔にそっくりの実（五～七㎝）に大きな特徴がある。緑色の実は熟すと黄色になる。英名と種小名は「乳頭状の突起をもつ」という意味がある。果実には毒があり、食べることはできない。

ポーポロ（ネルソニイ） >>>P266

【学名】*Solanum nelsonii*
【ハワイ名】Pōpolo, ʻĀkia
【英名】Nelson's horsenettle
【和名】なし
【原産地】ラナイ島とカホオラヴェ島を除く主要ハワイ諸島、北西ハワイ諸島
【特徴】多年草（0・2～1・8ｍ）、花冠1～1・5㎝
【備考】固有種／絶滅危惧種
　花は下を向いて咲く。花後につく実は完熟すると黒くなる。本種は全草が有毒なので食べることはできない。葉は長さ二・五～五㎝。全草に繊毛が密生する。

ルリイロツルナス >>>P266

【学名】*Solanum seaforthianum*
【ハワイ名】なし
【英名】Brazilian nightshade, Vining solanum
【和名】ルリイロツルナス、ルリイロソラナム
【原産地】熱帯アメリカ
【特徴】多年草、つる性、花冠3～4㎝
【備考】外来種
　花は蕾が開くと垂れ下がる。細長い五弁の花は薄紫色に近いが、まれに白色もある。同じく総状に垂れ下がる実（〇・八～一・二㎝）は熟

すと赤くなる。ハワイ島のワイピオ渓谷に小群落がある。

ナデシコ科　Caryophyllaceae

世界の温帯と寒帯に約七五属二〇〇〇種が分布する。カーネーションやナデシコ、セキチクなど、日本でも馴染みのものが多い。科名は「クローブ（チョウジ）の香りがする」という意味をもつ。

アラウ　>>>P266

【学名】*Schiedea remyi, S. globose*
【ハワイ名】Alau
【英名】Globe schiedea
【和名】なし
【原産地】オアフ島、モロカイ島、マウイ島、ハワイ島
【特徴】低木20〜60㎝　花序3〜4㎝
【備考】固有種

球状の花序で、白色または淡緑色の小さな花をつける。花に比べて長いしべを出す。花には芳香がある。葉は長さ二・五〜一五㎝。

ナンヨウスギ科　Araucariaceae

赤道付近と南半球を中心に、二属三五種が分布する。樹脂分の多い針葉樹で、木目の美しい高木が多く、建材や家具として用いられることが多い。科名は原産地の一つであるチリの部族名、あるいは地名にちなむ。

クックパイン　>>>P267

【学名】*Araucaria columnaris*
【ハワイ名】なし

南半球の松

クックパインとノーフォークパインは非常によく似た樹で、区別が難しいといわれる。特に若木ではほとんど区別がつかない。成木の比較的分かりやすい見分け方は、遠目に観察したとき、クックパインは樹の中心部の枝葉の密度がノーフォークパインよりも高く、枝のつき方にあまり規則性がない点だ。また、クックパインは比較的傾いて伸びる傾向がある点が異なる。細部について見ると、鱗状の葉の大きさは前者が六㎜前後、後者は一二㎜前後で、葉も前者より柔らかい。また、クックパインの松かさはノーフォークパインよりも細長い。

【英名】Cook pine, New caledonian pine, Coral reef araucaria
【和名】なし
【原産地】ニューカレドニア
【特徴】高木（50〜60ｍ）、球果10〜18㎝
【備考】外来種

枝は成木になると世代交代が行われるため、長さにばらつきが生じる。樹皮は紙のように剝離する。比較的海岸に近いところに見られる。種小名は、樹形が円柱状（column）になることから。英名は、第二回世界周航のときにこの木をニューカレドニアで発見したジェームズ・クックにちなむ。

ノーフォークパイン　>>>P267

【学名】*Araucaria heterophylla*
【ハワイ名】なし
【英名】Norfolk pine, Norfolk island pine
【和名】シマナンヨウスギ、コバノナンヨウスギ
【原産地】ノーフォーク島（オーストラリア）
【特徴】高木（50〜60ｍ）、球果10〜13㎝
【備考】外来種

実生のうちは明るい緑色で光沢があるが、成木は暗緑色となる。建築、造船、街路樹などにされる。幹は直立し、枝は均等に伸びるが、頂上部は少し傾く場合がある。ラナイ島のラナイ・シティとロッジ・アット・コエレ周辺には巨樹の並木道がある。

ニガキ科　Simaroubaceae

熱帯から亜熱帯、一部温帯にかけて約二四属一〇〇種が分布する。すべて木本。simarouba はこの植物を指すカリブ海の原住民の言葉から。ミカン科に近縁。

カッシア >>>P267

【学名】 *Quassia amara*
【ハワイ名】 なし
【英名】 Bitterwood, Amargo, Bitter ash
【和名】 アメリカニガキ、クワッシア
【原産地】 西インド諸島、熱帯アメリカ
【特徴】 低木（6～7ｍ）、筒長4～5㎝
【備考】 外来種

パイプに似た筒状の赤い花と、ひれのような翼をつける葉が特徴。熟すと赤くなる実はきわめて有用で、抗マラリア、殺虫、消化促進、強壮、肝炎治療、口腔洗浄、麻疹治療など、多くの薬用効果がある。良薬は口に苦しの例えではないが、英名（スペイン名）の Amargo は「苦み」を意味する。樹皮や果実には毒性があるので、苦みの確認は避けたほうがよい。

ニシキギ科　Celastraceae

世界の熱帯から亜熱帯にかけて約一〇〇属一二〇〇種が分布する。よく知られるものにニシキギやマサキ、マユミなどがある。科名は本科のツルウメモドキ属から。

カート >>>P268

【学名】 *Catha edulis*
【ハワイ名】 なし
【英名】 Khat
【和名】 アラビアチャノキ、カート
【原産地】 アラビア半島、北東アフリカ
【特徴】 低木（5～8ｍ）、花序4～8㎝
【備考】 外来種

白い小さな花を穂のようにつける。実は長楕円形。葉は長さ五～一〇㎝、幅一～四㎝。葉には興奮性の物質が含まれているので、東アフリカの一部のイスラム社会では酒の代用品として用いられるが、それ以外の地域では非イスラム社会を含めて非合法とされる。

ネギ科　Alliaceae

北半球を中心に約二〇属八〇〇種が分布する。葉は根生葉で花は散形花序（小さな花の集合体で球状であることが多い）となる。タマネギ、ニラ、ニンニクなど農作物が多い。科名は allium（ネギのような）に由来する。

ルリフタモジ >>>P268

【学名】 *Tulbaghia violacea*
【ハワイ名】 なし
【英名】 Society garlic, Pink agapanthus
【和名】 ルリフタモジ
【原産地】 南アメリカ

【特徴】多年草（30～40㎝）、花冠2～3㎝
【備考】外来種
花色は淡紫色と紫色とがある。葉や茎の樹液にはニンニク臭があるのが英名の由来。花、葉、茎は食用となる。

ノウゼンカズラ科 Bignoniaceae

南米を中心とする熱帯と亜熱帯に約一二〇属八〇〇種が分布する。美しい花をもつものが多い。科名はビグノニア属（ツリガネカズラ属）によるもので、フランス国王ルイ一四世の司書ビニョンにちなむ。ゴマノハグサ科に近縁。

オオホウカンボク >>>P268

【学名】*Brownea grandiceps*
【ハワイ名】なし
【英名】Rose of venezuela
【和名】オオホウカンボク
【原産地】ベネズエラ
【特徴】低木（3～5ｍ）、花序12～14㎝
【備考】外来種
いくつもの花が集まり、単一の花（総状花序）のように見える。小さな花は花序の外縁部から順に咲きはじめ、中心部へ向かう。一つの花序に最大で一〇〇輪ほどの小さな花がある。開花期間は数日だが、大きく派手な花序は周囲の花を圧倒する。

ヒョウタンノキ >>>P269

【学名】*Crescentia cujete*
【ハワイ名】La'amia
【英名】Calabash tree
【和名】ヒョウタンノキ、フクベノキ
【原産地】熱帯アメリカ
【特徴】低木～中高木（4～12ｍ）、花冠4～6㎝
【備考】外来種
淡黄色をしたカップ状の花を咲かせる。球形の実（三〇～四〇㎝）は薬用として重要。砂糖を加えて煮たものは喘息や気管支炎、下痢、腸炎などの治療に用いられた。また、葉を水に浸けたものはアルコール中毒の緩和に用いられた。南米の楽器として知られるマラカスはこの実からつくられる。

イエローポイ >>>P271

【学名】*Handroanthus serratifolius, Tabebuia serratifolia*
【ハワイ名】なし
【英名】Yellow poui, Gold tree, Trumpet tree
【和名】なし
【原産地】西インド諸島、南アメリカ北部
【特徴】低木～中高木（6～10ｍ）、筒長5～7㎝
【備考】外来種
鮮やかなチューブ状の黄色い花を一〇～二〇個総状につける。花の後、葉が出る。材は非常に硬く耐久性に優れるため、世界中に流通している。ハワイでは街路樹として用いられる。

ジャカランダ >>>P269

【学名】*Jacaranda mimosifolia*
【ハワイ名】なし
【英名】なし
【和名】キリモドキ、ジャカランダ、ハワイザクラ
【原産地】アルゼンチン、ボリビア
【特徴】高木（10～20ｍ）、筒長4～6㎝
【備考】外来種
薄紫色の花は間近で見ると比較的地味だが、葉が出る前に花をつけるので、満開の春にはサクラのように美しく、花見も行われる。和名

は花がキリに似ていることから。

ソーセージノキ >>>P269

【学名】 *Kigelia africana*
【ハワイ名】 なし
【英名】 Sausage tree
【和名】 ソーセージノキ
【原産地】 熱帯アフリカ
【特徴】 高木（10〜15ｍ）、筒長10〜15㎝
【備考】 外来種

干からびたように見える赤褐色のチューブ状の花をつける。枝からは長いつるが下がり、ソーセージに似た形の実（三〇〜五〇㎝）が連なる。実は生では有毒。しっかり火を通せば無毒化できる。木質化しているため食用にはあまり適さないが、原産地では薬用にされた。

キュウリノキ >>>P269

【学名】 *Parmentiera aculeata*
【ハワイ名】 なし
【英名】 Cucumber tree
【和名】 キュウリノキ
【原産地】 中央アメリカ
【特徴】 低木（4〜12ｍ）、花冠2〜2・5㎝、筒長5〜6・5㎝
【備考】 外来種

淡緑色、または緑色の筒状の花をつける。花後の果実（一一〜一七㎝、径約三㎝）がキュウリのように見えるのが英名と和名の由来。実は生食できる。葉は長さ四〜八㎝。原産地ではコウモリが受粉の媒介をする。

カエンカズラ >>>P270

【学名】 *Pyrostegia venusta*
【ハワイ名】 Huapala
【英名】 Flame flower, Flaming trumpet, Orange trumpet vine
【和名】 カエンカズラ
【原産地】 ブラジル、ウルグアイ、パラグアイ
【特徴】 低木、つる性（10ｍ）、花冠（筒長）7〜8㎝
【備考】 外来種

オレンジ色の花は先端が反り返り、密度濃く重なり合って咲くため、とても賑やかに見える。先端の葉は巻きひげ状になる。ハワイには一九一五年に導入された。ちなみにハワイ名には「愛人」という意味があり、玄関脇にこの木を植えると恋人との仲が不和になるという言い伝えがある。

アフリカンチューリップツリー >>>P270

【学名】 *Spathodea campanulata*
【ハワイ名】 なし
【英名】 African tulip tree, Flame of the forest
【和名】 カエンボク
【原産地】 熱帯アフリカ
【特徴】 高木（15〜20ｍ）、花冠7〜10㎝
【備考】 外来種／有害植物

和名（火焔木）の由来にもなっているように、真っ赤な花が樹冠を覆うように咲く光景が、燃え上がる火を思わせる。赤の他にオレンジ色や、まれに黄色の花もある。五〇㎝前後の大きな莢状の実をつける。原産地では蕾の中の水分を目薬として利用した。ハワイ島のヒロからパホアへ南下する国道沿いやマウイ島のクラに見事な並木がある。ガボン共和国の国花でもある。しかし非常に繁殖力が強いため、「世界の侵略的外来種ワースト一〇〇」の対象となっている。

ブラッドレッド・トランペットツリー >>>P270

【学名】 *Tabebuia haemantha, Bignonia haemantha*
【ハワイ名】 なし
【英名】 Blood-red trumpet tree, Roble cimarron
【和名】 なし

【原産地】プエルトリコ
【特徴】低木（4～8ｍ）、花冠（筒長）8～11㎝
【備考】外来種
深紅の花が英名の由来となっている。花後に細長い莢状の実をつける。葉は革質で、長さ三～一五㎝。比較的乾燥した土地に分布する。

イエローベル >>>P271

【学名】*Tecoma stans*
【ハワイ名】なし
【英名】Yellow bells, Yellow elder
【和名】キンレイジュ、タチノウゼン、キバナテコマ
【原産地】熱帯アメリカ、西インド諸島
【特徴】低木（6～7ｍ）、花冠2・5～5㎝
【備考】外来種
ジャカランダの花によく似たトランペット形の黄色い花をつける。花は数十個ずつまとまって咲き、甘い香りを漂わせる。種子は大型の莢（一五～二〇㎝）に入っており、熟すと裂けて飛び出す。アメリカ領ヴァージン諸島とバハマ国の花でもある。

ノウゼンハレン科　Tropaeolaceae

世界の熱帯から温帯にかけて二属約一〇〇種が分布する。つる性の多年草が多い。根茎はイモ状に肥大する。葉には長い葉柄のあるものが多く、サトイモ科の葉を連想させる。科名はナスタチウムに由来する。

ナスタチウム >>>P271

【学名】*Tropaeolum majus*
【ハワイ名】なし
【英名】Nasturtium
【和名】キンレンカ、ノウゼンハレン、ナスタチウム
【原産地】ペルー、コロンビア、ブラジル
【特徴】多年草（0・2～1ｍ）、花冠5～7㎝
【備考】外来種
黄色系の花が金色に輝くように見えることが和名の由来。他に朱色、オレンジ色、クリーム色などがある。花と葉、蕾、若い果実は食用となるため、観賞用以外にも食用として栽培されることもある。

ノボタン科　Melastomataceae

熱帯・亜熱帯地方を中心に約二四〇属四〇〇〇種がある。科名はギリシャ語のmelasとstomaの合成で「黒い口」を意味する。ノボタン属の果実を食べると口の中が黒っぽく染まることによる。いずれも非常に繁殖力が強いため、全種がハワイでの栽培を禁じられている。

ピンク・フリンジ >>>P272

【学名】*Arthrostemma ciliatum*
【ハワイ名】なし
【英名】Pinkfringe, Melastoma, Everblooming eavender
【和名】なし
【原産地】中央アメリカの熱帯地域
【特徴】低木、つる性、花序2・5～3・5㎝
【備考】外来種／有害植物
淡桃色の四弁花をつける。葉は長さ二～六㎝、幅一・五～三㎝。湿り気のある半日陰の土地に分布する。繁殖力が強いため、有害植物に指定されている。

アメリカクサノボタン >>>P272

【学名】*Clidemia hirta*

【ハワイ名】なし
【英名】Koster's curse
【和名】アメリカクサノボタン
【原産地】熱帯アメリカ
【特徴】低木（0・5～5ｍ）、花冠0・8～1・2㎝
【備考】外来種／有害植物
　白い小さな花は五弁で下向きに咲く。花後、紫色の実をつける。葉は全体に長い繊毛が密生する。日差しの良いところを好み、瞬く間に生長する。このように繁殖力が特に強いため、「世界の侵略的外来種ワースト一〇〇」に指定されている。

パール・フラワー >>P272

【学名】*Heterocentron subtriplinervium*
【ハワイ名】なし
【英名】Pearl flower, Melastoma
【和名】なし
【原産地】メキシコ、グアテマラ
【特徴】低木（0・9～1・8ｍ）、花冠1・2～2㎝
【備考】外来種／有害植物
　蕾は深紅で、花は光沢のあるピンク色の四弁花。葉は長さ三～四・五㎝、幅一・二～四㎝。生長すると茎は赤くなる。

サンゴノボタン >>P273

【学名】*Medinilla speciosa*
【ハワイ名】なし
【英名】Showy melastome
【和名】サンゴノボタン
【原産地】フィリピン
【特徴】低木（1～3ｍ）、花序10～40㎝
【備考】外来種／有害植物
　小さなコーラルピンクの花が円錐状につく。一年を通じて開花するので公園や植物園で目にすることが多い。属名はマリアナ諸島の統治者だったホセ・デ・メディニラに由来する。

オオバノボタン >>P273

【学名】*Miconia calvescens*
【ハワイ名】なし
【英名】Velvet tree, Miconia
【和名】オオバノボタン、ミコニア
【原産地】メキシコ
【特徴】低木～中高木（3～15ｍ）、花序50～70㎝
【備考】外来種／有害植物
　六〇～一〇〇㎝にもなる大きな紫色の葉と、葉の主脈と側脈が直角に交わるのが特徴。マンゴーに似た白い花が円錐状につく。一つの実に五〇〇〇粒ほどの種子が入っており、鳥に食べられることによって分布を広げる。非常に繁殖力が強く、「世界の侵略的外来種ワースト一〇〇」の一つとなっている。

売買禁止の植物

　オオバノボタンは一九三七年にタヒチの植物園に数本が導入された。しかし、果実を食べる鳥たちによってまたたく間に拡散してしまい、今日では島の三分の二が本種に覆われているほどだ。オオバノボタンは表層に根を張るため、山滑りを起こしやすいという問題もある。ハワイでは一九六〇年代に観賞用として導入され、今日では主要諸島すべてで野生化している。何度か大規模な駆除作業が行われたがあまり効果は上がらず、二〇〇四年の時点でオオバノボタンを枯らす害虫の導入が試みられている。その他のノボタンの仲間もきわめて速くハワイ諸島全域で分布を広げている。ノボタン科の植物はすべて売買禁止の法律があるが、残念ながら現在も一部の園芸店で販売されている。

フォルス・メドウ・ビューティー ＞＞P273

【学名】*Pterolepis glomerata*
【ハワイ名】なし
【英名】False meadow beauty
【和名】なし
【原産地】カリブ諸島、南アメリカ東部
【特徴】低木（30～50㎝）、花冠3～5㎝
【備考】外来種／有害植物

紫色の四弁の花をつける。湿り気のある土地に分布する。葉は長さ一・四～四・五㎝、幅〇・六～一・六㎝。繁殖力が強いため有害植物に指定されている。

シコンノボタン ＞＞P273

【学名】*Tibouchina urvilleana*
【ハワイ名】なし
【英名】Brazilian spider flower, Glory bush, Princess flower
【和名】シコンノボタン
【原産地】ブラジル
【特徴】低木（1～5m）、花冠6～8㎝
【備考】外来種／有害植物

深みのある濃紫の一日花をつける。全体に軟毛がある。英名の由来は、雄しべの花糸と葯の部分がクモの脚に見えるため。ハワイ島のカウ地区やカウアイ島のコケエ、さらにはマウイ島で大群落が広がりつつある。非常に繁殖力が強く、ハワイ火山国立公園の周辺ではわずか数年で本種に席巻された。

パイナップル科　Bromeliaceae

アナナス科ともいう。熱帯アメリカを中心に四六属約一七〇〇種が分布する。パイナップルがもっともよく知られるが、さまざまな色合いの苞が好まれ、観賞植物として人気のあるものも多い。科名はスウェーデンの植物学者オロフ・ブロメリウスにちなむ。

エクメア・ファスキアタ ＞＞P274

【学名】*Aechmea fasciata*
【ハワイ名】なし
【英名】Silver vase, Urn plant
【和名】シマサンゴアナナス
【原産地】ブラジル
【特徴】多年草（50～60㎝）、花冠0・2～0・4㎝
【備考】外来種

花のように見える部分は苞である。藤紫色の小さな花が苞の間から顔を出す。花は数日間の寿命だが、苞は数か月間楽しむことができる。幾何学模様のように見える苞は、ピンク系を中心に赤やオレンジ色などがある。木の股や岩に着生し、葉の基部に水や落葉をためて養分を吸収する。

パイナップル ＞＞P274

【学名】*Ananas comosus*
【ハワイ名】Haka kahiki, Hala 'ai, Hala kea, Hala 'ula
【英名】Pineapple
【和名】パイナップル
【原産地】ブラジル
【特徴】多年草（1～1・5m）、花冠3～6㎝
【備考】外来種／栽培種

チューブ状の藤紫色の花は、果実となる部分から二〇〇前後が咲く。葉（長さ〇・六～一m、幅六～八㎝）は基部が重なりあい、器のような構造をしている。ここに水や腐植した葉などを蓄え、水分と栄養の補給を行う。果実は花の咲いたあとにでき、全体として円筒形の集合果（二五～三五㎝）をつくる。食用となるのは、苞と萼、花弁などが融合して果肉のように変化した部分。果実の頂にある葉のように見える部分が芽である。子株か芽を切り取って砂地に挿し、新しい株をつくる。パイナップルを最初にヨーロッパに紹介したのは、コロンブスの第二次探検隊の一行で、一四九三年、西インド諸島グアダルーペ島で発見した。

ハナアナナス >>>P274

【学名】*Tillandsia cyanea, Phytarrhiza* sp.
【ハワイ名】なし
【英名】Air plant, Pink quill, Kamehameha's paddle
【和名】ハナアナナス、タチバナアナナス
【原産地】エクアドル、コロンビア
【特徴】多年草（20～30㎝）、花冠2～2・5㎝
【備考】外来種／栽培種

紫色の花で、雄しべは花の内部に隠れ、雌しべのみが突き出す。葉は根出葉で、長さ二〇～三五㎝、幅一〇～一五㎝、生長すると濃ピンク色になる。上部は長方形で先が尖るが、基部は葉に近い形で暗褐色の縞模様ができる。

サルオガセモドキ >>>P274

【学名】*Tillandsia usneoides*
【ハワイ名】なし
【英名】Spanish moss
【和名】サルオガセモドキ、チランジア
【原産地】熱帯アメリカ
【特徴】多年草、花冠0・4～0・8㎝
【備考】外来種

エアープラントの一種で、必要な水分や養分はすべて空中から取りこむ。灰白色の鱗片状の茎や葉（三～五㎝）は直径〇・一㎝以下で、木の枝などから糸のように垂れ下がる。全体の長さは環境によるが、数mに生長するものもある。黄緑色、あるいは青色の花をつける。

ハエモドルム科　Haemodoraceae

オーストラリア、南アフリカ、熱帯アメリカを中心に一六属七五種が分布する。球根性の多年草。科名は「血の贈り物」を意味する。オーストラリアでは赤い根茎を食用にしたことにちなむ。ユリ科に近縁。

カンガルーポウ >>>P274

【学名】*Anigozanthos flavidus*
【ハワイ名】なし
【英名】Tall kangaroo paw, Yellow kangaroo paw
【和名】なし
【原産地】オーストラリア南西部
【特徴】多年草（0・8～1・2m）、花冠1・5～2・5㎝
【備考】外来種

緑色、黄色、淡い赤色の花をつける。英名は花の形状がカンガルーの前足に似ていることに由来する。矮性のものはキャッツ・ポウと呼ばれる。

パイナップル産業

パイナップル属は世界に二〇〇〇種近くあり、その多くは着生植物だが、食用のパイナップルは地に生え、一〇〇前後の品種がある。パイナップルには鋭い棘があるため、大量で効率のよい栽培を困難にしていた。しかし一八一九年に棘のないカイエン種が発見され、栽培の効率は飛躍的に向上した。今日では全流通の九〇％近くをこの品種が占める。ハワイには十九世紀初頭に導入され、その後、カイエン種を使って一大産業に発展したが、やがてアジア諸国のパイナップルに押され、二〇一九年現在は一部に残るのみとなった。

バショウ科 *Musaceae*

熱帯を中心に約七属一四〇種が分布する。すべて草本だが、バナナをはじめ一部の種は偽茎（仮茎）といって、葉柄が重なり合って茎のようになり、一部は木質化する。Musa はローマ帝国初代皇帝アウグストゥスに仕えた外科医の名にちなむという。これまで本科に含まれていたヘリコニアはオウムバナナ科へ移動した。

ムサ・アクミナータ >>>P274

【学名】*Musa acuminate Colla*
【ハワイ名】なし
【英名】Banana
【和名】サンジャクバナナ
【原産地】インド～マレーシア
【特徴】多年草（3～6ｍ）、花序15～20㎝
【備考】外来種

世界で広く食用に栽培されるバナナの原種は、本種とバルビシアーナ種（*M. balbisiana*）で、大きく生食用の甘いバナナと調理用のバナナに分かれる。本種の栽培種は生食用として広まる。葉は長さ一・五～三ｍ、葉茎は三〇～九〇㎝。

ムサ・オルナータ >>>P274

【学名】*Musa ornate*
【ハワイ名】なし
【英名】Flowering banana
【和名】なし
【原産地】バングラデシュ、ミャンマー
【特徴】多年草（2～3ｍ）、花序8～16㎝
【備考】外来種

観賞用のバナナである。藤色の苞が特に美しい。花序は偽茎の先端につくが、真っ直ぐ立ち上る場合もあれば、蛇行したり下向きに伸びたりする場合もある。苞の内側にオレンジ色の花をつけ、花の後に黄色の果実（約六㎝）をつける。食用には適さない。鑑賞用として公園などで見られる。

食用バナナ

食用のバナナはポリネシア人の手によってタヒチからハワイに持ち込まれた。ハワイでは食用としたほかに、染色、酒、薬用、衣類、袋、網、家畜飼料、傘、屋根材などきわめて多くのことに用いられた。リホリホ（カメハメハ二世）がカプを廃止するまで、女性はバナナを食べることを許されなかった。

マイア >>>P275

【学名】*Musa × paradisiaca*
【ハワイ名】Mai'a
【英名】Banana, Edible banana
【和名】バナナ
【原産地】マレー半島
【特徴】多年草（3・5～7・5ｍ）、花序60～90㎝
【備考】外来種／伝統植物

花は大きな苞が一枚開いた基部に二列に並んでつく。ただし、種なしなので受粉のプロセスはない。果実全体を全房、一つの段を花段と呼ぶ。全房は五段から二〇段あり、一段あたり二本から二〇本の果実をつける。幹のように見える部分は偽茎で、葉鞘が重なり合ったもの。栽培には高温（摂氏二一度以上）多雨（年間二〇〇〇～二五〇〇㎜）の環境を必要とする。本種は料理バナナとして利用された。

マイア・マニニ >>>P275

【学名】*Musa × paradisiaca* 'Maia Manini'
【ハワイ名】Mai'a, Maia, Maia manini

【英名】Banana, Edible banana
【和名】なし
【原産地】マレー半島
【特徴】多年草（5～7ｍ）、花序60～80㎝
【備考】外来種／伝統植物
果実は完熟しても硬いため調理して用いられる。ハワイに来たポリネシア人が最初に持ち込んだバナナとされる。果実の皮は、初めのうちは白い斑の入った淡緑色だが、完熟すると黄色になる。ちなみにマニニの名は、体にストライプの入った魚マニニに由来する。葉にも横縞の斑が入る。

ムサ・ヴェルティナ >>>P275

【学名】*Musa velutina*
【ハワイ名】なし
【英名】Velvet pink banana, Self peeling banana
【和名】アケビバナナ、ピンクバナナ
【原産地】アッサム、インド北東部
【特徴】多年草（1・2～1・8ｍ）、花序35～50㎝
【備考】外来種
鮮やかな紅色の苞と花茎、果実（一〇㎝）をつけるのが特徴。黄と赤色の花は外側の苞が開いた根元につく。果実は黒く大きな種子が多数あり、食用には適さない。

パナマソウ科 Cyclanthaceae

世界の熱帯に約一二属一八〇種が分布する。木本と草本とがあるが、多くはヤシに似た葉をもつ。科名は「円形の花」を意味する。ヤシ科から移動した。

パナマソウ >>>P276

【学名】*Carludovica palmata*
【ハワイ名】なし
【英名】Panama hat plant
【和名】パナマソウ
【原産地】熱帯アメリカ、西インド諸島
【特徴】多年草（1～3ｍ）、花序30～40㎝
【備考】外来種／栽培種
葉はヤシに、花（花穂）はサトイモ科に似る。花穂は完熟するとトウモロコシのようなヒゲを出したあと、多数の赤色の果実が顔を出す。若葉を煮て漂白したものはパナマ帽の素材となる。

パパイア科 Caricaceae

熱帯アメリカとアフリカに四属三一種が分布する。caricaはイチジクのこと。葉がイチジクによく似ていることに由来する。

パパイア >>>P276

【学名】*Carica papaya*
【ハワイ名】Hēʻī, Papaia, Milikana
【英名】Papaya, Melon tree, Common papaw
【和名】チチウリ、モクカ、パパヤ

パパイア

パパイアは十九世紀初頭にマルケサス諸島からハワイに持ち込まれた。その後パパイア栽培は発展し、今日ではパイナップルと並ぶ大きな産業となっている。和名のチチウリ（乳瓜）は、パパイアに傷をつけると白い乳液を出すことに由来する。この液体にはタンパク質分解酵素パパインが含まれ、薬用として製品化されている。果実を生食すれば消化を助ける。

【原産地】メキシコ、西インド諸島、ブラジルなどの熱帯アメリカ
【特徴】多年草（7～9ｍ）、花冠5～10㎝
【備考】外来種／栽培種
　鱗状の幹（茎）が特徴。生長すると九ｍ近くになるが、幹は中空で非常にもろい。そのため、農園では強風を避けるために防風林で囲う。生長は速く、半年で実をつけ、九か月で収穫できる。果実のサイズは品種によって数百ｇから一〇㎏に近いものまでさまざま。株には雄、雌、両性の三タイプがある。雌株と両性株に果実ができ、市場では両性株からできる洋ナシ型が好まれる。しかし、生長して実をつけるまではどのタイプであるか判別はできない。果物としてだけでなく、若い果実や若葉は野菜としても食べられる。

ハマウツボ科　*Orobanchaceae*

ヨーロッパとアジアの温帯地域を中心に約九〇属二〇〇〇種が分布する。大半が寄生植物で、葉が衰退して鱗状となっているものが多い。よく知られるものにナンバンギセルやハマウツボがある。科名の orobanche はネナシカズラを指す。

インディアン・ペイントブラシ >>>P276

【学名】*Castilleja scorzonerifolia, C. arvensis*
【ハワイ名】なし
【英名】Indian paintbrush
【和名】なし
【原産地】メキシコ
【特徴】多年草（25～60㎝）、花冠1・7～2・3㎝
【備考】外来種
　赤い花を頂につける。花後、〇・七～〇・八㎝の球形の莢をつける。ハワイ諸島では野生化し、標高四〇〇ｍ以上の高地に分布する。ゴマノハグサ科から移動した。

ハマビシ科　*Zygophyllaceae*

世界の熱帯から温帯の乾燥地と砂漠に三〇属約二五〇種が分布する。有用な植物は少ないが、ユソウボクは多量の樹脂を含むため、世界でもっとも重い木材として知られる。科名は「くびき」と「葉」の合成による。

ノフ >>>P276

【学名】*Tribulus cistoides*
【ハワイ名】Nohu, Nohunohu
【英名】Puncture vine, Jamaican feverplant
【和名】オオバナハマビシ
【原産地】カホオラヴェ島
【特徴】多年草、匍匐性（1～3ｍ）、花冠3～4㎝
【備考】在来種
　黄色い五弁花をつけ、花後、棘のある実をつける。葉は長さ一五～二〇㎝。有毒な棘があり、ハワイ語でサソリを意味する「ノフ」が名の由来。数少ないカホオラヴェ島の固有植物。伝統社会では根と葉を叩き潰し、薬用として用いた。

ハマミズナ科　*Aizoaceae*

アフリカやオーストラリア、北アメリカ南部の亜熱帯を中心に、世界に約一三五属一八〇〇種が分布する。よく知られるものにツルナ、マツバギク、ハナヅルソウなどがある。本科には光沢のあるものが多いためか、科名は「つねに活き活きとしている」という意味がある。

マツバギク >>>P277

【学名】*Lampranthus spectabilis*
【ハワイ名】なし
【英名】Fig marigold, Trailing ice plant
【和名】マツバギク
【原産地】南アフリカ
【特徴】多年草（15～30㎝）、匍匐性、花冠4～5㎝
【備考】外来種

濃ピンク色や赤色、紫色の花をつける。葉は多肉質で光沢がある。匍匐性があり、地面を覆うようにして広がる。古いものは茎が木質化する。外見が似るスベリヒユ科のマツバボタンは別種。

アークリクリ >>P277

【学名】*Sesuvium portulacastrum, Portulaca portulacastrum*
【ハワイ名】ʻĀkulikuli
【英名】Pink purslane, Pigweed
【和名】ヒメマツバボタン、ケツメクサ
【原産地】熱帯アメリカ
【特徴】多年草（5～30㎝）、匍匐性、花冠0・5～1㎝
【備考】外来種

多汁質で肉厚の細長い葉（一～二・五㎝）とピンクの花をつける。ラナイ島とカホオラヴェ島を除くハワイ諸島の乾燥した砂浜などで野生化している。ケツメクサの和名は、葉の付け根に白い縮れ毛があることに由来する。

バラ科 Rosaceae

北極圏を除く世界のほぼすべての地域に約一〇〇属三〇〇〇種が分布する。バラやサクラなどの観賞用や、モモやリンゴ、ウメなどの食用の種が多い。科名はバラ属（rosa）に由来する。

ウーレイ >>P277

【学名】*Osteomeles anthyllidifolia*
【ハワイ名】ʻŪlei, Uʻulei, Eluehe
【英名】なし
【和名】テンノウメ、テンノウバイ
【原産地】クック諸島、トンガ、ハワイ島、カウアイ島、オアフ島
【特徴】低木（1～3ｍ）、花冠0・7～1・2㎝
【備考】在来種

サクラに似た白い花と小さな白い実をつける。実は甘いが食用とはならない。種子は乳児用の薬に、硬い材は農機具や銛、あるいはウーケーケーと呼ばれる楽器に用いられた。

ロケラニ >>P277

【学名】*Rosa damascena*
【ハワイ名】Lokelani
【英名】Damask rose, Maui rose, Summer damask
【和名】ダマスクバラ
【原産地】小アジア
【特徴】低木（1・2～2・4ｍ）、花冠8～10㎝
【備考】外来種／栽培種

数あるバラのなかでもっとも香りが良く、丈夫とされる。園芸バラの原種としても知られる。十六世紀頃に小アジアからヨーロッパに導

天国のバラ・ロケラニ

ロケラニ（ダマスクバラ）は外来種にもかかわらず、マウイ島の州花となっている。十八世紀初期に導入された後、その香りにハワイ人はみな魅せられてきたからだ。なかでもマウイ島ラハイナ周辺で人気が高く、やがて地元では「マウイのバラ」と呼ぶようになった。その後、詩や歌にうたわれ、いつしかピンク色のものが島の花となり、後に議会で正式に認定された。ロケラニとはハワイ語で「天国のバラ」を意味する。

入されたが、野生種は発見されていない。レモンを甘く濃厚にした芳香がある。ハワイでは、特に濃いピンク色の八重咲きを指してロケラニと呼んでいる。

ブラックベリー >>>P277

【学名】*Rubus argutus*
【ハワイ名】なし
【英名】Blackberry
【和名】オニクロイチゴ
【原産地】合衆国北部
【特徴】多年草（2～3m）、花冠2・5～3・5cm
【備考】外来種

キイチゴの仲間で白い小さな花をつける。実は生食するほか、ジャムなどに用いられる。カウアイ島のワイメア渓谷に小群落がある。

アーカラ >>>P277

【学名】*Rubus hawaiensis, R. macraei*
【ハワイ名】'Ākala, 'Ākalakala, Kala
【英名】Hawaii blackberry, Hawaiian raspberry
【和名】なし
【原産地】カウアイ島、モロカイ島、マウイ島、ハワイ島
【特徴】低木（1・8～3m）、花冠2・5～3・5cm
【備考】固有種

アーカラとはハワイ語でピンク色のことで、花汁がピンク色であることに由来する。カパ（不織布）の染料として用いられた。野生のイチゴとしては世界最大で、生長すると長径五cmほどになる。

バンレイシ科 *Annonaceae*

熱帯から亜熱帯の低地林を中心に約一三〇属二五〇〇種が分布する。果実は大型のものが多く、チェリモヤやバンレイシなどが農作物として栽培されている。Annon はハイチの地名に由来する。

チェリモヤ >>>P278

【学名】*Annona cherimola*
【ハワイ名】なし
【英名】Cherimoya, Custard apple
【和名】なし
【原産地】エクアドル、ペルー
【特徴】低木（4～8m）、花冠3～4cm
【備考】外来種

花は緑色をしていて下向きにつくため、あまり目立たない。果実は鱗で覆われたような外観で、中身はカスタードクリームに似て、冷やして食べるとアイスクリームのような味がする。海抜一五〇〇～一九〇〇mのアンデス高地に自生するが、有史以前から栽培されてきたという。ハワイに滞在した作家マーク・トウェインが、「甘美そのもの」と評したことで知られる。ハワイ島のコナとカウ地区に農園がある。

サワーサップ >>>P278

【学名】*Annona muricata*
【ハワイ名】なし
【英名】Soursop, Guanabana
【和名】トゲバンレイシ
【原産地】中米、西インド諸島
【特徴】低木（4～8m）、花冠2・5～4cm
【備考】外来種

花の外弁は緑、内弁は淡黄か淡赤色。花後、短く柔らかい棘のついた果実をつける。形が崩れやすく形状にはそれほど統一性はない。サワーサップの由来は、酸味のきいた甘い果汁による。生食したり、ジュースにしたりする。

スイートサップ >>>P278

【学名】*Annona squamosa*【ハワイ名】なし
【英名】Sweetsop, Sugar apple, Custard apple
【和名】バンレイシ、シャカトウ
【原産地】西インド諸島
【特徴】低木（5～6ｍ）、花冠2・5～4㎝
【備考】外来種

黄と緑色の花は小さく目立たない。葉には半透明の油点があり、揉むと独特の臭みが出る。サワーサップより甘く、果実としての人気は高い。生食するほか、冷やしてアイスクリームのように食べる。原産地では果実酒もつくられる。本種とチェリモヤの交雑種にアテモヤがあり、こちらも果実としての人気が高い。

ヒガンバナ科 Amaryllidaceae

世界に約七五属一〇〇〇種が分布する。園芸的にはアヤメ科と並び重要な科で、スイセンやアマリリス、ヒガンバナ、クンシランなど、よく知られるものが多い。すべてが草本で両性花。科名の amaryllis はギリシャやローマ神話に登場する女性の羊飼いの名に由来する。

スパイダーリリー >>>P278

【学名】*Crinum asiaticum*
【ハワイ名】なし
【英名】Spider lily, Grand crinum, Asiatic poisonbulb
【和名】なし
【原産地】日本～熱帯アジア
【特徴】多年草（1～2ｍ）、花冠16～24㎝
【備考】外来種

太くて少し扁平な花茎の先に二〇～三〇個の白い花をつける。深夜に開花し、強い芳香を放つ。白い大輪の花が鮮やかで、ハワイではホテルなどの植栽としてよく見かける。本種はアジアに自生する基準変種オオハマオモト（*var. asiaticum*）の園芸種で、日本のハマオモト、別名ハマユウ（*var. japonicum*）も同じ種の変種にあたる。

クイーンエマリリー >>>P279

【学名】*Crinum amabile, C. augustum*
【ハワイ名】なし
【英名】Queen emma lily
【和名】なし
【原産地】スマトラ
【特徴】多年草（0・7～1・4ｍ）、花冠10～12㎝
【備考】外来種

花は内面（陽の当たる面）に赤紫色の縦縞が入るのが特徴。花茎の先に二〇～三〇個の花をつけ、芳香を放つ。ハマユウの近縁だが別種。カメハメハ四世の妃であるクイーン・エマがこの花を愛したことが英名の由来。

ビーチ・スパイダーリリー >>>P279

【学名】*Hymenocallis littoralis*
【ハワイ名】なし
【英名】Beach spider lily
【和名】ササガニユリ
【原産地】南アメリカ北部
【特徴】多年草（60～70㎝）、花冠14～17㎝
【備考】外来種

白い花弁は細長く垂れ下がり、雄しべの下半が花弁と結合して水かきのような副花冠をつくる。花にはバニラに似た芳香がある。葉はユリの葉に似て、長さは四〇～六〇㎝、幅五～六㎝。

ヒノキ科　Cupressaceae

世界に広く約二〇属一四〇種が分布する。メタセコイア、ラクウショウ、スギ、ヒノキなどがよく知られる。科名はイトスギ属の「均整のとれた」という意味に由来する。スギ科はヒノキ科に統合された。

スギ >>>P279

【学名】*Cryptomeria japonica*
【ハワイ名】なし
【英名】Sugi pine
【和名】スギ
【原産地】日本
【特徴】高木（20～50ｍ）、花冠（雄花0・4～0・7㎝、雌花0・8～1㎝）
【備考】外来種

花は雄花と雌花がある。花後、二～二・五㎝の実をつける。種子は〇・四～〇・五㎝で、葉は長さ〇・五～一・五㎝で春先に多量の花粉を飛ばす。葉先は尖る。モロカイ島やマウイ島などにまとまった分布がある。

ヒメハギ科　Polygalaceae

世界に広く一八属約八〇〇種が分布する。その半分以上がヒメハギ属。科名は「豊かな乳」を意味する。ヒメハギが乳の出を促す薬草として用いられたことによる。

ミルクワート >>>P279

【学名】*Polygala paniculata*
【ハワイ名】なし
【英名】Milkwort, Root beer plant
【和名】コバナヒメハギ、カスミヒメハギ
【原産地】南アメリカ
【特徴】多年草（20～30ｍ）、花冠0・1～0・2㎝
【備考】外来種

白い小さな花をつけ周年で咲く。花後、〇・一㎝の小さな実をつける。葉は長さ一～一・五㎝、幅一～一・二㎝。全草に芳香がある。

サンダルウッドの島々

ビャクダンの芯材と根には強い芳香があり、インドや中国では宗教的儀式に用いられた。そこで、カメハメハ一世の時代に大規模な伐採が行われ、主に中国に輸出された。王朝は財政的に大いに潤い、その結果、当時の呼び名であるサンドウィッチ諸島をもじってサンダルウッド諸島と呼ばれたりしたが、乱獲で個体数は大幅に減少した。中国ではビャクダンを梅檀（せんだん）と呼ぶので、「梅檀は双葉より芳し」の諺は、センダンではなくこのビャクダンを指す。ちなみに「線香」は中国では「梅香（梅檀の香り）」という。ハワイでは現在も薬用効果のある香料として人気があり、ロミロミ用オイルなどに用いられる。

ビャクダン科　Santalaceae

世界の熱帯・温帯の主に乾燥地帯に約三五属四〇〇種が分布する。科名の santal はペルシャ語の shandal に由来し、サンスクリット語で「樹木」あるいは「芳香」を意味する。

イリアヒ（エリプティクム） >>>P279

【学名】*Santalum ellipticum*
【ハワイ名】'Iliahialo'e

【英名】 Coast sandalwood, Coastal sandalwood
【和名】 ビャクダン
【原産地】 主要ハワイ諸島
【特徴】 低木（1～5ｍ）、花冠0・4～0・7㎝
【備考】 固有種

ハワイのビャクダンはすべて花が暗赤色になるのが特徴。低木で、海抜〇～九五〇ｍの乾燥した土地に分布する。近年、ハワイ島で、これまでよりも高地での分布が確認されている。カホオラヴェ島を除く諸島各地に自生するが、その環境に適応した変種が多い。ハワイでは芯材や根を粉末にしたものを香料として用いた。

イリアヒ（ハレアカラエ） >>>P279

【学名】 *Santalum haleakalae*
【ハワイ名】 ʻIliahi
【英名】 Haleakala sandalwood
【和名】 ビャクダン
【原産地】 マウイ島
【特徴】 低木（2～4ｍ）、花冠0・8～1・7㎝
【備考】 固有種

マウイ島のハレアカラにだけ自生する固有種。花は外皮が暗褐色、内皮は薄緑色をしている。標高一九〇〇～二七〇〇ｍの乾燥した斜面に分布する。もう一つの固有種である *S. freycinetia-num*（四亜種がある）に近縁。

イリアヒ（パニクラトゥム） >>>P279

【学名】 *Santalum paniculatum*
【ハワイ名】 ʻIliahi
【英名】 Sandalwood
【和名】 ビャクダン
【原産地】 ハワイ島
【特徴】 低木～高木（3～20ｍ）、花冠0・4～0・8㎝
【備考】 固有種

ハワイ島にだけ生息する固有種。標高四〇〇～二五〇〇ｍの乾燥した土地や溶岩地帯などに分布する。キラウエアのオヒアの森林の中に群生がある。樹皮を粉末にしたものはシラミ退治に、芯材はカパの香り付けに用いられた。

ヒユ科 Amaranthaceae

温帯と亜熱帯に約六五属九〇〇種が分布する。いまではほとんど知られていないが、ヒユはかつては重要な食用植物だった。科名の amaranthos はギリシャ語で「しおれない」、「花期が長い」の意味。苞は乾燥するとその状態を長く保つことにちなむ。アカザ科に近縁。

エヴァヒナヒナ >>>P280

【学名】 *Achyranthes splendens, A. splendens var. rotundata*
【ハワイ名】 Ewa hinahina
【英名】 Round-leaf chaff flower
【和名】 なし
【原産地】 オアフ島、マウイ島、ラナイ島、モロカイ島
【特徴】 低木（0・6～1・8ｍ）、花序3～25㎝
【備考】 固有種／絶滅危惧種

遠目に灰白色に見える花穂が特徴。岩稜地帯や珊瑚質の乾燥した土地で、比較的低地に自生する。個体数が非常に少なく、絶滅危惧種に指定されている。

カーキウィード >>>P280

【学名】 *Alternanthera pungens*
【ハワイ名】 なし
【英名】 Khaki weed

【和名】マツバツルノゲイトウ
【原産地】南アメリカ
【特徴】多年草（0・3～1ｍ）、花冠0・7～1㎝
【備考】外来種／有害植物

　赤紫色の茎と大きめの葉はよく目立つが、地面に落ちたイガ（実）はあまり目立たない。イガは人や動物、ときには車のタイヤに付着して、広範囲に拡散する。ヒツジやブタに対して毒性があり、ウシも脚に炎症を起こす。ハワイを含む世界中で招かれざる客となっている。

アーヘアヘア（ウィリディス）>>>P280

【学名】*Amaranthus viridis*
【ハワイ名】ʻĀheahea, Pakapakai
【英名】Green amaranth, Slender amaranth, pigweed
【和名】ホナガイヌビユ
【原産地】南アメリカ
【特徴】低木（60～80㎝）、花序10～20㎝
【備考】外来種

　花は雄花と雌花とがある。初めは淡緑色だが生長すると褐色となる。葉は長さ三～六㎝、幅二～五㎝。世界に広く分布する。葉や種子は食用となる。

パーパラ >>>P280

【学名】*Charpentiera obovata, C. elliptica*
【ハワイ名】Pāpala
【英名】Koolau range papala
【和名】なし
【原産地】ニイハウ島とカホオラヴェ島を除く主要ハワイ諸島
【特徴】低木（0・4～1・5ｍ）、花序3～25㎝
【備考】固有種

　葉は三～一二㎝。茎から伸びる葉の主脈が濃ピンク色でネレアウに似る。材は乾燥すると非常に軽く、紙のように燃える。カウアイ島ではこの木に火を点け、強風が海に向かって吹く日にこれを投げて遠投を競った。

アーヘアヘア（オアフエンシス）>>>P280

【学名】*Chenopodium oahuense*
【ハワイ名】ʻĀheahea, ʻAhea, ʻĀhewahewa, ʻĀweoweo, Kāhaʻihaʻi, Alaweo
【英名】Hawaiian goosefoot
【和名】なし
【原産地】ハワイ諸島全島
【特徴】多年草または低木（0・2～3ｍ）、花序20～30㎝
【備考】固有種

　花は小さく、緑または淡緑色なので目立たない。材が強靭なことから、伝統社会ではこの木からサメを釣る釣針を作った。葉と茎は食用や薬用に用いられた。

クルイー（ディバリカツム）>>>P281

【学名】*Nototrichium divaricatum*
【ハワイ名】Kuluʻī
【英名】Na Pali rockwort
【和名】なし
【原産地】カウアイ島
【特徴】低木（0・6～1・8ｍ）、花序7～15㎝
【備考】固有種／絶滅危惧種

　生長すると花穂から白い小さな花を出す。葉は繊毛に覆われビロードのような感触がある。ナパリ・コーストにだけ生息し、個体数はきわめて少ない。

クルイー（サンドウィケンセ）>>>P281

【学名】*Nototrichium sandwicense*
【ハワイ名】Kuluʻī

【英名】Hawaii rockwort
【和名】なし
【原産地】ハワイ諸島
【特徴】低木（1・8～6ｍ）、花序1・2～5㎝
【備考】固有種

灰白色の花穂と葉（五～一三㎝）が特徴的。海抜〇～七五〇ｍの湿り気の少ない森に自生する。花穂はレイに用いられる。

ヒルガオ科 Convolvulaceae

熱帯、亜熱帯を中心に約五〇属一五〇〇種が分布する。アサガオやサツマイモなど日本でも馴染みの種が多い。科名のconvolvoにはラテン語で「絡みつく」という意味がある。

ハワイアン・ボナミア >>>P281

【学名】*Bonamia menziesii*
【ハワイ名】なし
【英名】Hawaiian bonamia, Hawaii lady's nightcap, Bonamia
【和名】なし
【原産地】ニイハウ島とカホオラヴェ島を除くハワイ諸島
【特徴】多年草、つる性（10～15ｍ）、花冠1～1・5㎝
【備考】固有種／絶滅危惧種

白または淡緑色の花は外側を白い軟毛で覆われている。革質の葉をつける。ブタなどの食害によって一時は個体数が数百にまで減り絶滅危惧種に指定されたが、現在は自生地を柵で囲うなどして千の単位まで回復しつつある。

カウナオア >>>P281

【学名】*Cuscuta sandwichiana*
【ハワイ名】Kaunaʻoa, Kaunaʻoa kahakai, Kaunaʻoa lei, Kaunoʻa, Pololo
【英名】Dodder
【和名】なし
【原産地】カウアイ島とカホオラヴェ島を除くハワイ諸島
【特徴】多年草、つる性、寄生植物、花冠0・3～0・5㎝
【備考】固有種

針金のような黄色の茎を伸ばして他の植物に絡みつき、そこに寄生して生長する。葉はほとんど退化して光合成を行わず、当初は存在する根もやがて消えてしまう。白い小さな花と黄色の茎はレイとして用いられる。ハワイでは、風邪をひいて痰が出るときや、体力を消耗した産婦に煎じて飲ませた。痰の治療には現在も一部で用いられている。ラナイ島の花でもある。

ブルー・デイズ >>>P282

【学名】*Evolvulus glomeratus*
【ハワイ名】なし
【英名】Blue daze
【和名】アメリカンブルー
【原産地】ブラジル、パラグアイ
【特徴】多年草（20～40㎝）、花冠1・5～2・5㎝
【備考】外来種

濃い青に白のワンポイントの花は目に鮮やか。葉と茎は軟毛に覆われている。つる性だが生長するにつれて木質化し直立する。ハワイでは庭の植栽として用いられる。同名のブルー・デイズ（*E. pilosus*）と混同されることが多い。

ウアラ >>>P282

【学名】*Ipomoea batatas*
【ハワイ名】ʻUala
【英名】Sweet potato
【和名】サツマイモ、イポメア、カライモ、カンショ

【原産地】熱帯アメリカ
【特徴】多年草、つる性、花冠3〜4㎝
【備考】外来種／伝統植物

ハート型の葉と、白とラベンダー色のラッパ型をした花が特徴。イモと若葉は食用になる。乾季になるとカロ（タロ）の栽培量が減るため、サツマイモが主食となる地域もあった。また、喘息や吐き気、下痢などの治療薬として用いられたほか、ウアラ・アヴァ・アヴァというイモ酒もつくられた。

コアリアイ >>>P282

【学名】*Ipomoea cairica*
【ハワイ名】Koali'ai, Koali
【英名】Ivy-leaved morning glory
【和名】モミジヒルガオ、タイワンアサガオ
【原産地】アジア・アフリカの熱帯地域
【特徴】多年草、つる性（3〜5ｍ）、花冠6〜8㎝
【備考】外来種

花はラベンダー色が多いが、まれに白色や紫色のものもある。葉は直径八〜一〇㎝ほどで五〜七枚に大きく裂ける。葉、茎、根茎は食用となる。

コアリアヴァ >>>P283

【学名】*Ipomoea indica, Pharbitis congesta*
【ハワイ名】Koaliawa
【英名】Evergreen morning glory, Blue dawn flower
【和名】ノアサガオ
【原産地】南アメリカ
【特徴】多年草、つる性、花冠7・5〜12・5㎝
【備考】外来種

薄紫やピンク色の花をつける。非常に生長が速く、放置しておくと見る間に繁殖地域を広げていく。ポーフエフエとの違いは、少し小振りで、葉が三裂である点にある。

ヒメノアサガオ >>>P283

【学名】*Ipomoea obscura*
【ハワイ名】なし
【英名】Obscure morning glory
【和名】ヒメノアサガオ
【原産地】世界の熱帯・亜熱帯地域
【特徴】多年草、つる性（1〜2ｍ）、花冠2〜2・5㎝
【備考】外来種

葉は長さ三〜五㎝ほどのハート型。その葉腋から白い花を出す。花後、花茎が垂れ、その先に球状の実をつけ、完熟すると二つに裂ける。

ポーフエフエ >>>P283

【学名】*Ipomoea pes-caprae* subsp. *brasilensis*
【ハワイ名】Pōhuehue
【英名】Beach morning glory
【和名】グンバイヒルガオ
【原産地】熱帯全域
【特徴】多年草、つる性、花冠5〜7㎝
【備考】在来種

アサガオの仲間で、ピンクの花をつける。ハワイのビーチでよく見かけるつる植物の一つ。和名の由来は、葉が相撲の軍配型をしているため。名前はヒルガオだが、英名のとおり、朝咲いて午前中には閉じる。ハワイでは根を煎じたものを血液の浄化や解熱剤として用いたほか、葉を捻挫の手当に用いた。

ホシアサガオ >>>P284

【学名】*Ipomoea triloba*
【ハワイ名】なし
【英名】Little bell

【和名】ホシアサガオ
【原産地】南アメリカ
【特徴】多年草、つる性、花冠1・2〜1・8㎝
【備考】外来種
ハート型の葉は長さ二・五〜七㎝、幅二〜六㎝。その葉腋から淡紫色の小さな花を出す。花後につける実は球形で、内部に硬い種子（〇・三〜〇・四㎝）が四つ含まれる。

パウ・オ・ヒイアカ >>>P284

【学名】*Jacquemontia ovalifolia* subsp. *sandwicensis*, *J. sandwicensis*
【ハワイ名】Pā'ū o hi'iaka, Kaupo'o, Kākuaohi'iaka
【英名】Coastal vine
【和名】なし
【原産地】メキシコ、西インド諸島、ハワイ、アフリカ
【特徴】多年草（3〜10ｍ）、花冠1・2〜2・4㎝
【備考】在来種
白や淡青色の花をつける。ポーフエフエの葉に似るが、切れ込みは浅い。ハワイ名は「ヒイアカの腰布」の意味。火の女神ペレが朝の魚獲りから戻ると、この植物が赤ん坊の妹ヒイアカを覆うように咲き、強い日差しから彼女を守ったという言い伝えによる。茎から出る樹液と葉は切り傷に用いられた。ハワイ名の表記は慣例にしたがったが、正しくは「パーウー・オ・ヒイアカ」。

ヘアリー・メレミア >>>P284

【学名】*Merremia aegyptia*
【ハワイ名】なし
【英名】Hairy merremia, Hairy morning glory
【和名】なし
【原産地】熱帯アメリカ
【特徴】多年草（15〜30㎝）、花冠1〜3㎝
【備考】外来種
花は白、黄、紫色がある。花後、球形の実（約一㎝）をつける。葉は大きく五裂する。萼片、花柄、茎は単独では自立するが、絡まるものがあると六ｍほどにつるを伸ばす。全体に繊毛が密生することが英名の由来。乾燥した土地を好む。オアフ島ダイヤモンドヘッドの山麓に小群生がある。

ウッドローズ >>>P284

【学名】*Merremia tuberosa*
【ハワイ名】Pilikai
【英名】Hawaiian wood rose, Yellow morning glory
【和名】バラアサガオ
【原産地】メキシコ〜熱帯アメリカ
【特徴】多年草、つる性、花冠5〜6㎝
【備考】外来種／有害植物
濃い黄色の花と大きなヤツデのような葉のコントラストが美しい。英名の由来はバラの実に似た果実（五〜七㎝）に由来する。繁殖力が強く、ハワイでは有害植物に指定されている。定期的に野焼きを行って駆除しているが、根が深いためすぐにまた出現する。

オオバハマアサガオ >>>P285

【学名】*Stictocardia tiliifolia*
【ハワイ名】なし
【英名】Batatilla
【和名】オオバハマアサガオ
【原産地】アジア、アフリカの熱帯と温帯地域
【特徴】多年草、つる性、花冠5〜6㎝
【備考】外来種
白色と赤紫色の花がある。萼が非常に大きく、花弁との対比でよく目立つ。葉は暗緑色で、長さ六〜一五㎝。丸みを帯びる。花は葉腋の先に一つずつつく。花後、直径三・五〜五㎝の大きな実をつける。

ビワモドキ科　Dilleniaceae

世界の熱帯から亜熱帯にかけて一一属約四〇〇種が分布する。よく知られるものにビワモドキがある。科名は、ドイツの植物学者 Dillenius にちなむ。

ビワモドキ >>>P285

【学名】*Dillenia indica*
【ハワイ名】なし
【英名】Elephant apple, Chulta
【和名】ビワモドキ
【原産地】インド、東南アジア
【特徴】低木（8〜15ｍ）、花冠15〜20㎝
【備考】外来種

葉は長さ一五〜三六㎝。シデの葉のように葉脈が目立つ。花はオートグラフツリーによく似て、大きく分厚い。花後にできる実（五〜一二㎝）は生食できるが、原産地ではカレーの原料やジャム、ゼリーなどに用いられる。

フウチョウソウ科　Cleomaceae

世界の熱帯・亜熱帯に約四〇属九〇〇種が分布する。草本と木本とがあるが、いずれも蒴果をつける。科名は本科のフウチョウソウの仲間による。

クレオメ >>>P285

【学名】*Cleome spinosa*
【ハワイ名】なし
【英名】Spider flower
【和名】セイヨウフウチョウソウ、クレオメソウ
【原産地】メキシコ、ペルー
【特徴】多年草（0・8〜1ｍ）、花序12〜18㎝
【備考】外来種

茎の頂にピンク色の花をドーム状（総状花序）につける。夕方に開花し、二日ほどで萎れる。花後、一〇㎝もの長さになる莢状の実をつける。葉（約一〇㎝）は花に比べてあまり目立たない。茎と葉柄には繊毛がある。

フウチョウボク科　Capparaceae

熱帯から温帯にかけて約四二属九〇〇種が分布する。cappar はギリシャ語でフウチョウボクを指す。

マイアピロ >>>P286

【学名】*Capparis sandwichiana*
【ハワイ名】Maiapilo, Pilo, Pua pilo
【英名】Caper bush, Hawaiian caper, Native caper
【和名】なし
【原産地】主要ハワイ諸島と北西ハワイ諸島の一部
【特徴】多年草（1〜5ｍ）、花冠5〜10㎝
【備考】固有種

しべがよく目立つ白い花は、日没後に咲き始め、芳香を放つ。夜明け近くに、花弁はピンク色に変わる。花後、オレンジ色の果実（三〜四㎝）をつける。海岸近くに多く、花と種子はレイに用いられる。

フクギ科　Clusiaceae

熱帯・亜熱帯を中心に、温帯まで、約四〇属一〇〇〇種が分布する。大木から草本にいたるまで変化に富み、木材や樹脂、

染料、薬などに使われ、有用な植物が多い。マンゴスチンなどの熱帯果実も含まれる。科名の学名は、もとはオトギリソウ科を指した。葉の表面に油点のあるものが多い。オトギリソウ科から独立した。

カマニ >>>P286

【学名】*Calophyllum inophyllum*
【ハワイ名】Kamani
【英名】Alexander laurel, Indian laurel, Laurelwood
【和名】テリハボク、ヒイタマナ
【原産地】東アフリカ、熱帯アジア～タヒチ
【特徴】高木（8～20ｍ）、花冠0・8～2・8㎝
【備考】伝統植物

ハワイでは街路樹としてよく見られる。和名のとおり葉には光沢がある。種子や樹皮は薬用となる。樹液（カマニ油、タマヌ油）からは香料や石けん、灯火用オイルがつくられる。ハワイ諸島に移住した人々はこの木でカヌーを作った。タヒチではこの樹液を傷薬に、ハワイではロミロミ・マッサージのオイルに用いる。

オートグラフツリー >>>P286

【学名】*Clusia rosea*
【ハワイ名】なし
【英名】Autograph tree, Balsam apple, Signature tree
【和名】なし
【原産地】西インド諸島、熱帯アメリカ
【特徴】低木～高木（7～20ｍ）、花冠7～10㎝
【備考】外来種／有害植物

湿地、乾燥地あるいは街中など、ハワイ諸島に広く分布している。非常に硬い木で生長が速い。他の木に着生して生長するが、気根を垂らして親木に巻きつくので、やがて親木を殺してしまう。そのため有害植物に指定されている。もっともよく知られる特徴は肉厚の葉で、観光客はこの葉に落書きをする。それが、オートグラフ（署名）という名前が付けられたゆえんだ。

マンゴスチン >>>P286

【学名】*Garcinia mangostana*
【ハワイ名】なし
【英名】Mangosteen
【和名】マンゴスチン
【原産地】マレー半島
【特徴】中高木（9～12ｍ）、花冠5㎝
【備考】外来種

つや消しの赤色の花は花粉をつくらず単為生殖で不定胚を形成する。栽培はこの実生によって行われるので、品種は一つしかない。果皮は鎮静剤や下痢止め、染料などに用いられた。「果物の女王」と呼ばれているマンゴスチンだが、栽培は非常に難しく、ハワイでは植物園などのごく限られた場所でしか見ることができない。

フトモモ科 Myrtaceae

熱帯から南半球の温帯にかけて約一〇〇属三〇〇〇種が分布する。なかでもユーカリ類がよく知られている。科名はギリシャ語で「ミルテの木」の意味。

キンポウジュ >>>P287

【学名】*Callistemon citrinus*
【ハワイ名】なし
【英名】Bottlebrush, Lemon bottlebrush, Crimson bottlebrush
【和名】キンポウジュ、カリステモン、ハナマキ、ブラシノキ
【原産地】オーストラリア東部

【特徴】低木（2～5m）、花序6～10㎝
【備考】外来種
　赤いブラシに似た花が特徴。花は穂状花序の下の部分から上へと咲いていき、花序の先端にできる芽から翌年の枝が伸びる。葉には柑橘系の芳香がある。園芸品種が数多くつくられている。

シダレハナマキ >>>P287

【学名】*Callistemon speciosus*
【ハワイ名】なし
【英名】Bottlebrush
【和名】シダレハナマキ、ブラシノキ
【原産地】オーストラリア東部
【特徴】低木（2～3m）、花序9～12㎝
【備考】外来種
　キンポウジュが上向きに花をつけるのに対し、本種は下向きに花をつける。オヒア（レフア）と同じく、赤い花のように見えるのはしべで、萼や花弁は開花後すぐに脱落する。花後につく実は、ときに五年以上も枝についており、発芽状態を維持している。葉は長さ五～七㎝、幅〇・三～〇・四㎝。

ユーカリノキ >>>P287

【学名】*Eucalyptus deglupta*
【ハワイ名】Palepiwa, 'Eukalikia, Nuhōlani
【英名】Rainbow eucalyptus, Painted gum, Rainbow gum
【和名】ユーカリノキ、レインボーユーカリ
【原産地】ニューブリテン島、ニューギニア島、スラウェシ島、ミンダナオ島
【特徴】高木（20～60m）、花冠2～3㎝
【備考】外来種
　花はクリーム色で、花弁はすぐに剝落し、しべだけが残る。しべが落ちた実は服のボタンのように見える。最大の特徴は樹皮の色で、毎年異なる時期に剝がれ落ちて内部から淡緑色の樹皮が現れる。これが時間の経過とともにさまざまな色に変化する。英名は色数の豊かさから名づけられた。

オオバユーカリ >>>P287

【学名】*Eucalyptus robusta*
【ハワイ名】なし
【英名】Swamp mahogany
【和名】オオバユーカリ
【原産地】オーストラリア東部
【特徴】高木（15～70m）、花冠2～3㎝
【備考】外来種
　白い球状の花には芳香があり、受粉すると黄色に変わる。葉は三日月のような形状で、長さ一〇～二〇㎝、幅四～七㎝。ミシン油のような独特の香りがある。ハワイでは二十世紀の半ばから積極的に植林が行われており、今日まで続いている。カウアイ島のコーロアへ向かう途中にあるツリートンネルがよく知られる。

ピタンガ >>>P287

【学名】*Eugenia uniflora*
【ハワイ名】なし
【英名】Pitanga, Surinam cherry, Pumpkin cherry
【和名】カボチャアデク、タチバナアデク、スリナム・チェリー
【原産地】ブラジル南部
【特徴】低木（4～6m）、花冠1～1・5㎝
【備考】外来種
　キンポウジュに似た淡褐色の集合花をつける。葉には刺激性の芳香がある。果実は二～三・五㎝で、熟すとルビー色となり甘さが増し、生食できる。ピタンガとは原産地の言葉で「香りを飲む」という意味。和名は果実の外観がカボチャによく似ていることから。アデクは同じフトモモ科アデク属の植物のこと。ハワイでは庭木として広く植えられている。

カユプテ >>>P287

【学名】*Melaleuca leucadendron*
【ハワイ名】なし
【英名】Paper bark tree
【和名】カユプテ
【原産地】熱帯アジア、オーストラリア北部
【特徴】高木（20～30ｍ）、花序6～8㎝
【備考】外来種
淡黄色の花を咲かせる。英名のとおり、白っぽい樹皮は紙のように薄く剝離する。和名はマレー語由来で、「白い木」を意味する。枝や葉を蒸留して採れる油は芳香剤に、葉は茶に利用する。ハワイ島のカロパにカユプテとオオバユーカリの群生がある。

オヒア（マクロパス） >>>P287

【学名】*Metrosideros macropus*
【ハワイ名】'Ōhi'a, Lehua, 'Ōhi'a lehua
【英名】なし
【和名】なし
【原産地】オアフ島
【特徴】低木（2～5ｍ）
【備考】固有種
花色は黄色が基本でときに赤色もある。乾燥した土地から湿り気のある土地まで分布するが、湿度の高いところは好まない。硬い材はカパを打つ棒（イエ・クク）として、あるいは楽器やカヌーの部材として用いられた。

オヒア（オヒア・レフア） >>>P288-289

【学名】*Metrosideros polymorpha*
【ハワイ名】'Ōhi'a, 'Ōhi'a lehua, Lehua
【英名】なし
【和名】ハワイフトモモ
【原産地】ニイハウ島とカホオラヴェ島を除くハワイ諸島
【特徴】低木～高木（0・3～30ｍ）、花序4～6㎝
【備考】固有種
ハワイ島の木で、火の女神ペレの化身（キノ・ラウ）として知られる。近縁に小笠原のムニンフトモモがある。赤い球状の花が特徴。アパパネやイイヴィなどのハワイミツスイはこの花の蜜に依存している。花色はまれに黄、クリーム、オレンジ色がある。種小名は「多形の」という意味で、樹形や枝振りが環境によって大きく異なることによる。標高三〇〇～三〇〇〇ｍの日差しの強い土地に自生する。ハワイ島のキラウエアやカウアイ島のコケエに広大な森林がある。ハワイではオヒアの樹液とハウの蕾を調合し、出産の痛みを緩和する薬として用いられた。花や葉はレイに用いられる。
ハワイの伝統文化では、オヒアは樹木、レフアは花を指すが、本来、オヒアとレフアはともに花を含んでこの樹木を指す言葉だった。白色について説くものもあるが存在しない。本種のうち、黄色の花をつけるものはレフア・マモとも呼ばれる。

オヒア・レフア

火の女神ペレの化身、ペレの妹ヒイアカの愛した木、あるいは戦いの神クーの地上での姿、というように、オヒア・レフアにはさまざまな言い伝えがある。その一つにこのような話がある。昔、オヒアという若者と、レフアという娘がいて、二人は深く愛し合っていた。しかし、ペレもこの若者に惚れ、求愛するが拒まれてしまう。激怒したペレは、オヒアを一本の醜い木に変えてしまう。悲嘆するレフアを不憫に思ったペレの弟カモホアリイは、彼女を赤い花に変えてオヒアの木に咲かせてやった。そのため、レフアの花を摘むと、二人が離ればなれになるのを哀しんで涙を流し、雨が降るという言い伝えがある。

オヒアの仲間（*Metrosideros* 属）には、*M. macropus, M. polymorpha, M. rugose, M. tremuloides, M. waialeale* の五種があり、さらに *M. polymorpha* には変種として、var. *dieteri*, var. *glaberrima*, var. *incana*, var. *macrophylla*, var. *newellii*, var. *polymorpha*, var. *pseudorugosa*, var. *pumila* の八つがある。

二〇一九年現在、オヒアはROD（Rapid Ohia Death）という真菌症によって枯死する現象が起き、ハワイ島を中心にその感染範囲が広がっている。オヒアの林を訪れるときは足の裏についた汚れを拭き取るなどの注意が呼びかけられている。オヒアは本来「オーヒア」と発音すべきだが、慣例にしたがった。

レファ・マカ・ノエ >>>P290

【学名】*Metrosideros polymorpha* var. *pumila*
【ハワイ名】Lehua maka noe, Lehua neʻeneʻe
【英名】なし
【和名】なし
【原産地】カウアイ島、モロカイ島、マウイ島
【特徴】低木（2～4m）、花冠5～7cm
【備考】固有種

オヒア・レファとは、花の球形が少し乱れ、色がオレンジに近いこと、葉は長楕円形で、少し大きい点などが異なる。樹皮は剝がれかけたような状態をしている。雨の多い土地に自生する。

ジャボチカバ >>>P290

【学名】*Myrciaria cauliflora*
【ハワイ名】なし
【英名】Jaboticaba, Brazilian grape tree
【和名】キブドウ
【原産地】ブラジル南部、パラグアイ
【特徴】低木（8～15m）、花冠3～4cm
【備考】外来種

白い花はグァバの花によく似ている。花も果実（三～四cm）も、幹または太い枝に沿って多数つく。ブドウに似た味の果実は美味だが、傷みが速いため、原産地では冷凍保存することが多い。熱帯から亜熱帯地域にかけて広く栽培されるが、ハワイでは庭木として植えられている。

オールスパイス >>>P290

【学名】*Pimenta dioica*
【ハワイ名】なし
【英名】Allspice, Pimento, Jamaica pepper
【和名】なし
【原産地】ジャマイカ
【特徴】中高木（4～12m）、花序10～15cm
【備考】外来種

灰白色の花は〇・五～〇・七cmで、ピラミッド状につける。葉には芳香がある。実は〇・五～〇・七cmで、香辛料として非常によく知られている。クローブ、ブラックペパー、ナツメグ、シナモンをミックスしたような香りで、さわやかさと甘み、苦みの三要素を備えていることが、英名の由来となっている。

ストロベリー・グァバ >>>P290

【学名】*Psidium cattleianum*
【ハワイ名】Waiawī, Waiawī ʻulaʻula
【英名】Strawberry guava, Red-fruited guava
【和名】テリハバンジロウ
【原産地】南アメリカ
【特徴】低木（3～8m）、花冠2～3cm
【備考】外来種／有害植物

白いボンボン状の花をつける。熟すと赤色になる果実（二・五～四cm）は水分が多く甘酸っぱい。生食するほか、ジャムなどにする。ハワイにも栽培地はあるが、ごく小規模。カウアイ島のノウノウ山に大群落がある。きわめて繁殖力が強く、数年で一つの山の植生を変えて

しまうほどの影響力がある。そのため、「世界の侵略的外来種ワースト一〇〇」の一つとなっている。

グァバ >>>P290

【学名】*Psidium guajava*
【ハワイ名】Kuawa
【英名】Guava, Common guava, Apple guava
【和名】グァバ、バンジロウ、バンザクロ
【原産地】熱帯アメリカ
【特徴】低木（3〜8m）、花冠2・5〜3・5㎝
【備考】外来種／有害植物

淡緑色と象牙色の斑状をした滑らかな樹皮が特徴。果皮は初め濃緑で、熟すと淡黄色となる。果肉は熟すとピンク色になり、生食することができる。強い芳香が長く持続するので、芳香剤としても使われる。ハワイの多くのトレイルで野生のグァバを見ることができるが、栽培も行われており、ジュースやジャムに人気がある。ハワイでは一八三〇年の栽培記録が残る。それによれば、当時はまだ野生化していなかったようだ。繁殖力が強く、ハワイでは有害植物に指定されている。

イエロー・ストロベリー・グァバ >>>P291

【学名】*Psidium littorale* var. *lucidum*
【ハワイ名】Waiawī
【英名】Yellow strawberry guava, Lemon guava
【和名】キミノバンジロウ
【原産地】ブラジル東部
【特徴】低木（3〜8m）、花冠2〜3㎝
【備考】外来種

ストロベリー・グァバの変種とされることもあるが、果実の色、形、味ともに異なる。酸味は強くなく、上品な味がする。ハワイでは比較的海抜の高い土地に生育する。

ジャワ・プラム >>>P291

【学名】*Syzygium cumini*
【ハワイ名】なし
【英名】Java plum, Jambolana
【和名】ムラサキフトモモ
【原産地】インド、東南アジア
【特徴】高木（15〜20m）、花冠2〜3㎝
【備考】外来種

ユーカリに似た球状の白い小さな花をつける。花後、直径一〜一・五㎝ほどの果実をつける。実は完熟すると黒くなり、生食できる。

フトモモ >>>P291

【学名】*Syzygium jambos*
【ハワイ名】ʻŌhiʻa loke
【英名】Rose apple, Malabar plum
【和名】フトモモ
【原産地】熱帯アジア
【特徴】低木〜高木（6〜15m）、花冠6〜8㎝
【備考】外来種

黄みを帯びた白色の花は甘い芳香を放ち、果実（三〜五㎝）はバラに似た芳香がある。生食できるが、果肉は硬めで水分も少ないため、加工してジャムなどにする。和名は沖縄でこの植物を指す言葉フトーに由来する。

オーヒアアイ >>>P291

【学名】*Syzygium malaccense, Eugenia malaccensis*
【ハワイ名】ʻŌhiʻa ʻai, ʻŌhiʻa ʻai keo keo, ʻŌhiʻa ʻai kea
【英名】Mountain apple, Malay apple
【和名】マレーフトモモ
【原産地】インド、マレーシア

【特徴】高木（9〜15m）、花冠2・5〜4㎝
【備考】外来種／伝統植物
白、赤、赤紫色の花をつける。果実（五〜七㎝）は白に近い淡緑色だが、熟すと赤くなる。果肉はリンゴのような味で生食できるが、食べすぎると消化不良を起こす。先住のハワイ人はドライフルーツにすることでこの問題を解決した。ポリネシア人が持ち込んだ有用植物の一つで、樹液に塩を混ぜたものは切り傷に、果汁は喉の痛みに用いられた。

レンブ >>>P291

【学名】*Syzygium samarangense*
【ハワイ名】なし
【英名】Java apple, Wax apple, Jambosa
【和名】レンブ、オオフトモモ、ジャワフトモモ
【原産地】マレー半島、マレー諸島
【特徴】中高木（10〜14m）、花冠2・5〜4㎝
【備考】外来種
西洋ナシを小型にしたような果実（三〜五㎝）は、酸味のきいたリンゴに似た味がする。一般的には赤色だが、緑やピンク、白色の品種もある。生食できるが、塩水か砂糖水に漬けてから食べると、より甘みが増す。サラダや果実酒にも用いられる。ローズアップルと呼ばれることもあるが、同名のフトモモ（オーヒア・ロケ）とは異なる。

オーヒアハ >>>P291

【学名】*Syzygium sandwicensis*
【ハワイ名】ʻŌhiʻa hā, Kauokahiki
【英名】なし
【和名】なし
【原産地】ニイハウ島、カホオラヴェ島、ハワイ島を除くハワイ諸島
【特徴】低木〜高木（3〜25m）、花序5〜8㎝
【備考】固有種
球形の花托に白または淡緑色の花が二〇個前後つく。葉はオヒアに似ているが、先端はオレンジ色になる。果実（〇・五〜一㎝）は熟すと濃いピンク色になり、生食できる。ハワイでは、材を建材や燃料に、樹皮はカパを染める黒色の染料に用いた。

ベニノキ科　Bixaceae

熱帯アメリカに約四属二〇種が分布する。葯が馬蹄形であるのが特徴。科名は原産地でこの植物を指す言葉 biche に由来する。

ベニノキ >>>P291

【学名】*Bixa orellana*
【ハワイ名】なし
【英名】Lipstick tree, Annatto
【和名】ベニノキ
【原産地】熱帯アメリカ、西インド諸島
【特徴】低木（5〜6m）、花冠5〜6㎝
【備考】外来種
目立つ赤い花とハート型の葉が特徴。花は太めの口紅のように見える。名の由来は、果実の中に詰まっている赤い種子を指でつぶすと赤色に染まることによる。原産地では実際に口紅として用いられた。現在は天然染料としての需要が復活している。

ベンケイソウ科　Crassulaceae

オーストラリアとポリネシアを除く世界の広い範囲に約三五属一五〇〇種が分布する。多肉質の根と葉をもち、砂漠や岩石地帯など不毛の土地に生育する。crassus はラテン語で「厚ぼったい」の意味。

セイロンベンケイ >>>P292

【学名】*Kalanchoe pinnata, Bryophyllum pinnatum*
【ハワイ名】なし
【英名】Air plant
【和名】セイロンベンケイ、トウロウソウ
【原産地】マダガスカル
【特徴】多年草（1～2ｍ）、花冠（筒長）3～5㎝
【備考】外来種／有害植物

オレンジ色またはクリーム色の筒状の花を下向きにつける。葉は長さ一〇～三〇㎝、幅三～五㎝で円鋸歯がある。葉を切り離すと鋸歯の先から芽が出るため、ハカラメと呼ばれることもある。

ホルトノキ科 Elaeocarpaceae

熱帯アジアと南米チリに約一二属三五〇種が分布する。科名は「オリーブのような実がなる」の意味。

ブルーマーブル >>>P292

【学名】*Elaeocarpus angustifolius, E. grandis*
【ハワイ名】なし
【英名】Blue marble tree, Blue fig, Blue quandong
【和名】なし
【原産地】オーストラリア
【特徴】高木（30～40ｍ）、花冠（筒長）1㎝
【備考】外来種

釣鐘状をした淡緑色あるいは白色の花をつける。板根を発達させるのが特徴。森林の中で樹冠を確認するのは難しいが、人工物を思わせる鮮やかな青色の果実（二～三㎝）は、地面に落ちるとよく目立ち、容易に見つけられる。生食できるが味は良くない。原産地ではネックレスの素材として使われた。ハワイではオアフ島のコオラウ山中などに小群落がある。

ホルトノキ >>>P292

【学名】*Elaeocarpus sylvestris var. ellipticus*
【ハワイ名】なし
【英名】Woodland elaeocarpus
【和名】ホルトノキ、モガシ
【原産地】日本、インドシナ
【特徴】高木（10～20ｍ）、花序1・5～2・5㎝
【備考】外来種

葉は長さ約一〇㎝。基部に白い両性花をつける。直径一・五～二㎝の暗紫色の実をつける。「ホルト」はポルトガルを指すともいい、オリーブ油（当時はポルトガル油ともいった）を採る実と思われたことから。

マチン科 Loganiaceae

熱帯を中心に温帯にかけて約二〇属五五〇種が分布する。和名は中国語名の「馬銭」に由来。ストリキニーネやツボクラリンなど有毒物質を含む植物が多い。アイルランド出身で植物学に造詣の深い作家ローガンの名にちなむ。フジウツギ科から移動。

プアケニケニ >>>P292

【学名】*Fagraea berteroana*
【ハワイ名】Pua keni keni
【英名】Perfume flower tree
【和名】なし
【原産地】南西太平洋諸島、オーストラリア北部
【特徴】低木（5～10ｍ）、花冠（筒長）7～8㎝
【備考】外来種

ろうと状の花は咲き始めは白いが、しだいに山吹色へと変化する。甘い香りに人気があり、レイやココナッツオイルの香り付けとして用いられるほか、庭木としてもよく見られる。鈴なりにつく果実は、熟すと濃いオレンジ色になる。ハワイ名は「一〇セントの花」という意味で、かつてこの花が一輪につき一〇セントという高価格で売られていたことに由来する。

マツ科　Pinaceae

北半球の温帯を中心に一一属約二五〇種が分布する。全針葉樹の半分が本科に含まれる。代表的なものにモミ、スギ、マツ、ツガ、トウヒなどがある。科名はラテン語でマツを表すpinusから。

パツラマツ >>>P292

【学名】*Pinus patula*
【ハワイ名】なし
【英名】Mexican weeping pine, Mexican pine
【和名】パツラマツ、メキシカンパイン
【原産地】メキシコ
【特徴】高木（10〜25m）、花序40〜90cm
【備考】外来種

葉は一五〜三五cmの針形。幹の下の方から順に枝を伸ばし、横に広がる。原産地では、材は建築用の木材のほか、燃料としても用いられる。

マメ科　Fabaceae

極地を除く世界中に約六五〇属一万八〇〇〇種が分布する。キク科、ラン科に次いで大きなグループ。豆果と呼ばれる莢をつけるのが特徴。科名はLeguminosaeとも言い、ラテン語のlagu-men（莢）に由来するという説と、legere（収穫する）に由来するという説がある。

コアとメネフネ

コアに関するこんな物語がある。ラカという、フラの女神と同名の若い男がいた。ラカがまだ少年だったときのこと、失踪した父親を捜すためのカヌーを必要としていた。彼の祖母は、「森へ行って三日月の形をした葉をつけた木を見つけなさい」と言った。彼はコアの木を見つけて切り倒したが、次の日に行ってみると木は元通りになっていた。そんなことが三度繰り返されたので、ラカは木の下で夜を明かし、見張りをすることにした。やがて彼は、メネフネという小人たちが鼻歌を歌いながらやってくるのに気づいた。彼らが木を元通りにしたのだった。メネフネが近くまで来たとき、ラカはそのうちの一人を捕まえて殺し、他の連中を睨みつけた。すると彼らは、「命を助けてくれるのなら、このコアの木でカヌーを作ります」と言った。ラカは作ってもらったカヌーで父親を捜しに出かけたが、父親はすでに亡くなっていた。だが、カヌーの性能は素晴らしく、彼はやがてすぐれた漁師となった。

コア >>>P293

【学名】*Acacia koa*
【ハワイ名】Koa, Koaiʻa, Koaiʻe koaʻoha
【英名】Hawaiian mahogany
【和名】なし
【原産地】ニイハウ島とカホオラヴェ島を除くハワイ諸島
【特徴】高木（15〜35m）、花冠0・7〜1cm
【備考】固有種

球状をした淡黄色の花をつける。若い枝には小さな葉と大きな三日月型の葉がつくが、小さな葉は本来の複葉で、三日月型の葉は葉身が退化し、葉柄部が扁平になったもの。豆果（八～三〇㎝）をつける。低地から海抜二二〇〇ｍまでの乾燥地と湿地の両方に自生する。材は美しい光沢があり、高級家具や楽器、食器、工芸品などに用いられる。ハワイではかつてカヌーやサーフボードに用いられたほか、コアの葉を灰にしたものは虚弱児用の薬などに、樹皮はタパの染色に用いられた。コアは過去の乱伐によって数を大きく減らしており、現在ではたとえ倒木であっても採取は禁じられている。環境に及ぼす影響が大きく、絶滅のカウントダウンがはじまったハワイカラス（アララー）もコアの森に生息していたが、現在はすべてを捕獲し人工飼育を続けている（二〇一九年より一般公開の予定）。

コアイア >>>P292

【学名】 *Acacia koaia*
【ハワイ名】 Koai'a
【英名】 なし
【和名】 なし
【原産地】 モロカイ島、ラナイ島、マウイ島、ハワイ島
【特徴】 高木（15～35ｍ）、花冠０・７～１㎝
【備考】 固有種

コアよりもやや乾燥した土地に自生し、幹と枝はいくぶん節が多く、湾曲が大きい。葉の三日月型の反りは少ない。そのほかには大きな差が見られないため、コアと同一種とする説もある。

モリシマアカシア >>>P294

【学名】 *Acacia mearnsii*
【ハワイ名】 なし
【英名】 Black wattle
【和名】 モリシマアカシア
【原産地】 オーストラリア
【特徴】 中高木（15～20ｍ）、花冠１・５～２・５㎝
【備考】 外来種／有害植物

花は淡いクリーム色で芳香があり、二〇～三八個がまとまってつく。葉は非常に密で小さい。豆果（三～一五㎝）は褐色。マウイ島のワイアコアに一大群落が出現するなど、ハワイでは分布域を拡大しており、「世界の侵略的外来種ワースト一〇〇」の一つとなっている。

ネムノキ >>>P294

【学名】 *Albizia julibrissin*
【ハワイ名】 Mimoka
【英名】 Silk flower, Mimosa tree
【和名】 ネムノキ、ネブノキ、コウカ、コウカギ
【原産地】 イラン～南アジア、日本
【特徴】 中高木（10～15ｍ）、花冠３・５～４・５㎝
【備考】 外来種

ピンクから白色に変わるグラデーションをもつ球状の花をつける。花は夕方に開き、芳香を漂わせる。小振りの豆果（一〇～一五㎝）をつける。和名は、夕方になると葉が閉じることから。骨折や打撲傷などの薬として用いられた。

ホンコンオーキッドツリー >>>P295

【学名】 *Bauhinia blakeana*
【ハワイ名】 なし
【英名】 Hong Kong orchid tree
【和名】 オオバナソシンカ、バウヒニア、アカバナハカマノキ
【原産地】 中国南部
【特徴】 低木（３～６ｍ）、花冠８～12㎝
【備考】 外来種／栽培種

赤紫に白いスジの入った大振りの花弁と、鮮やかなクリーム色の葯のコントラストが美しい。花には芳香がある。葉は軍配型で豆果はつかない。香港市の花で、市の旗にも描かれる。ハワイでは庭木や街路樹として用いられている。

セント・トーマスツリー >>>P295

【学名】*Bauhinia monandra*
【ハワイ名】なし
【英名】St. Thomas tree
【和名】ナツザキソシンカ、ピンク・バウヒニア
【原産地】熱帯アメリカ
【特徴】低木（2～3ｍ）、花冠6～9㎝
【備考】外来種
　斑が入った上部の花弁一枚が反り返っているため、花は蘭に似たイメージがある。薄紫、白、ピンクなど多くの花色がある。花の大きさのわりに、大型の豆果（一七～二三㎝）をつける。ホノルルのダウンタウンの街路樹が知られている。

ウヒウヒ >>>P294

【学名】*Caesalpinia kauaiensis, C. kavaiensis*
【ハワイ名】Uhiuhi, Kawa'u
【英名】なし
【和名】なし
【原産地】ニイハウ島、カホオラヴェ島、モロカイ島を除くハワイ諸島
【特徴】低木（4～10ｍ）、花序5～15㎝
【備考】固有種／絶滅危惧種
　ピンクまたは赤紫の花は、線香花火を逆さにしたような印象。豆果は九～一三㎝。材は非常に硬く耐久性があるため、ハワイでは銛や草原の斜面を滑るソリ（hōlua）をつくるのに用いられた。

オオゴチョウ >>>P294

【学名】*Caesalpinia pulcherrima*
【ハワイ名】'Ohai ali'i
【英名】Dwarf poinciana, Pride of barbados
【和名】オオゴチョウ、オオコチョウ
【原産地】西インド諸島
【特徴】低木（2～5ｍ）、花冠4～6㎝
【備考】外来種
　朱に黄色の縁取りがついた花をつける。花弁にフリルがあり、朱色の長い花糸が伸びる様子は優雅で華麗。種小名はスペイン語で「もっとも美しい」という意味がある。豆果（八～一二㎝）をつけ、枝には棘がある。バルバドスの国花。原産地では葉を煎じて解熱などに用いた。

レッドパウダーパフ >>>P295

【学名】*Calliandra haematocephala*
【ハワイ名】なし
【英名】Red powder puff, Pink powder puff
【和名】アカバナブラシマメ、オオベニゴウカン
【原産地】ボリビア、ペルー、ブラジル
【特徴】低木（1～4ｍ）、花冠5～6㎝
【備考】外来種
　赤またはピンク色をした球状の花と、先端がわずかに黄変する葉が特徴。豆果は七～一〇㎝。和名のゴウカンは「合歓」と書き、ネムノキの花に似ることから。白色種もあり、シロバナオオベニゴウカンと呼ばれる。

マウナロア >>>P295

【学名】*Canavalia cathartica*
【ハワイ名】Maunaloa
【英名】Poisonous sea bean, Horse bean, Silky sea bean
【和名】タカナタマメ
【原産地】日本、台湾、中国南部、インド、マレーシア、ポリネシア
【特徴】多年草、つる性、花冠4～5㎝
【備考】在来種
　花はピンク色で萼が持ち上がる。花後、豆果（長さ七～九㎝、幅三・五～四・五㎝）をつける。葉は長さ八～一五㎝で光沢がある。三出複葉。

アーウィキウィキ >>P295

【学名】*Canavalia hawaiiensis*
【ハワイ名】'Āwikiwiki, Puakauhi
【英名】なし
【和名】なし
【原産地】ニイハウ島、カウアイ島、ラナイ島、マウイ島
【特徴】多年草、つる性、花冠3~5㎝
【備考】固有種／絶滅危惧種

ピンク色の花はエンドウマメの花に似ているが、鳥のサイチョウのくちばしにも似ている。豆果は一二~一八㎝で、軟毛に覆われている。ハワイでは溶岩地帯や、キアヴェの林のような乾燥した土地に自生している。

ゴールデン・シャワーツリー >>P295

【学名】*Cassia fistula*
【ハワイ名】なし
【英名】Golden shower tree
【和名】ナンバンサイカチ
【原産地】不明（インド説あり）
【特徴】中高木（8~12ｍ）、花序15~40㎝
【備考】外来種

鮮やかな黄色の花を無数につける。円柱形の豆果（三〇~四〇㎝）の中の種子は、周囲に甘みのある繊維層をもつ。シャワーツリーの仲間はいずれも株全体を覆うほどの花をつけ、きわめて華やかな印象を与える。夏の花として、ホノルル市内をはじめハワイ各地で街路樹や庭木として親しまれている。

ピンク・シャワーツリー >>P296

【学名】*Cassia grandis*
【ハワイ名】なし
【英名】Pink shower tree, Coral shower, Horse shower
【和名】モモイロナンバンサイカチ、ウマセンナ
【原産地】メキシコ南部、ベネズエラ、エクアドル
【特徴】高木（10~30ｍ）、花冠3~5㎝
【備考】外来種

花色は濃ピンク色なので、遠目に他のシャワーツリーとの区別が容易。花後にできる豆果は、長さ三〇~五〇㎝と巨大になる。内部には種子が二〇~四〇個含まれている。葉は長さ三~五㎝。

ピンクアンドホワイト・シャワーツリー >>P296

【学名】*Cassia javanica*
【ハワイ名】なし
【英名】Pink and white shower tree
【和名】ジャワセンナ、コチョウセンナ
【原産地】ジャワ島、スマトラ島
【特徴】高木（20~25ｍ）、花序5~16㎝
【備考】外来種

花はピンクから濃赤となり、最後に白色へと変化する。若木は幹と枝に棘がある。巨大な豆果（二〇~六〇㎝）が特徴。バライロモクセンナによく似るが、棘の有無で区別できる。

ムーンライト・シャワー >>P296

【学名】*Cassia javanica* 'Moonlight shower'
【ハワイ名】なし
【英名】Moonlight shower
【和名】なし
【原産地】ハワイにおける園芸種または交雑種
【特徴】高木（20~25ｍ）、花序5~16㎝
【備考】外来種

ピンクアンドホワイト・シャワーツリーからつくられた園芸品種または自然交雑種。ゴールデン・シャワーツリーの黄色を少し脱色した

ような色合いで、カウアイ島コーロアの中心部にある巨樹がよく知られる。

レインボー・シャワーツリー >>>P296

【学名】*Cassia javanica × C. fistula*
【ハワイ名】なし
【英名】Rainbow shower tree
【和名】なし
【原産地】なし（交雑種）
【特徴】高木（10～15ｍ）、花序15～20㎝
【備考】外来種／栽培種

ゴールデン・シャワーツリーとピンクアンドホワイト・シャワーツリーの自然交雑種。花はピンク、赤、クリーム、アイボリー、黄色などが微妙に変化し、入り乱れてつく。ハイブリッド（交雑種）なので豆果はできない。二種の親木に少し遅れて開花する。ホノルル市の花に制定されており、カピオラニ公園の樹林が有名。カウアイ島のリフエ空港前にある並木もよく知られている。ハワイ諸島では街路樹としてよく目にする。

カワラケツメイ >>>P297

【学名】*Chamaecrista nomame*
【ハワイ名】なし
【英名】Nomame senna
【和名】カワラケツメイ、ネムチャ、ノマメ、マメチャ
【原産地】日本、朝鮮半島、中国
【特徴】多年草（30～60㎝）、花冠０・６～０・７㎝
【備考】外来種

葉は長さ約八㎝。一五～三〇対の羽状複葉となる。葉の基部に黄色の小さな花をつける。花後、三～四㎝の豆果をつける。茎と葉は薬用となる。

ラトル・ポッド >>>P297

【学名】*Crotalaria assamica*
【ハワイ名】なし
【英名】Rattle pod
【和名】コガネタヌキマメ
【原産地】熱帯アジア
【特徴】多年草（０・５～１・５ｍ）、花冠１・５～２・５㎝
【備考】外来種

茎は直立し、茶褐色の軟毛に覆われる。葉は先が丸い狭倒卵形～狭楕円形で、互生する。六～一〇月頃、茎頂に総状花序をつくり、蝶形で鮮黄色の花を咲かせる。豆果は無毛、ぷっくりと膨れた円筒形。熟すと乾燥して莢の中で豆がはずれ、カラカラと音がする。

オオミツバタヌキマメ >>>P296

【学名】*Crotalaria pallida*
【ハワイ名】なし
【英名】Smooth rattle pod, Striped crotalaria
【和名】オオミツバタヌキマメ、キバナハギ
【原産地】熱帯アジア
【特徴】低木または多年草（１～１・５ｍ）、花序15～45㎝
【備考】外来種

褐色の筋が入った黄色の筒状の花を連ねてつける。花後に三～五㎝の豆果をつける。葉は長さ二～八・五㎝、幅は二～五㎝。茎は繊毛に覆われている。

アフリカタヌキマメ >>>P296

【学名】*Crotalaria trichotoma*
【ハワイ名】なし
【英名】Curara pea
【和名】アフリカタヌキマメ

【原産地】アフリカ東部
【特徴】多年草（0・5～1・5ｍ）、花冠1㎝、花序15～25㎝
【備考】外来種

花茎ははじめのうち垂れ下がるが、花をつける頃になると直立する。花後につける豆果は長さ二～三㎝で、ラトル・ポッドに似るが、少し細長い。葉は長さ約七㎝、幅約二㎝。

キャトステギア・マテウシイ >>>P296

【学名】*Cyathostegia mathewsii*
【ハワイ名】なし
【英名】なし
【和名】なし
【原産地】エクアドル、ペルー
【特徴】低木（3～5ｍ）、花冠6～10㎝
【備考】外来種

マメ科の植物とは思えないような個性的な白い花をつける。葉は一つの葉柄に七枚つき、枝は垂れる。先端が尖った長楕円形で、光沢がある。

ホウオウボク >>>P297

【学名】*Delonix regia*
【ハワイ名】'Ohai 'ula
【英名】Royal poinciana, Flame tree, Peacock flower
【和名】ホウオウボク
【原産地】マダガスカル
【特徴】中高木（8～12ｍ）、花冠8～11㎝
【備考】外来種

風車のような赤い花が特徴。木が燃え上がっているように見える鮮やかな赤が株全体を覆う。大型の豆果（四〇～六〇㎝）をつける。ハワイでは街路樹や庭木として人気がある。受粉すると、花弁のうちの一枚が白色に変わる。

アメリカデイゴ >>>P297

【学名】*Erythrina crista-galli*
【ハワイ名】なし
【英名】Cockspur coral tree
【和名】アメリカデイゴ、カイコウズ
【原産地】南アメリカ
【特徴】低木（1～8ｍ）、花冠7～8㎝
【備考】外来種

デイゴの仲間は花を先につけるが、アメリカデイゴは深紅の花と葉を同時につける。花後、豆果をつける。葉は長さ一〇～一五㎝で三出複葉。原産地では花を食用にする。学名は「雄鶏のとさか」の意味で、花の形状による。

ウィリウィリ >>>P297

【学名】*Erythrina sandwicensis*
【ハワイ名】Wiliwili
【英名】Hawaiian coral tree, Tiger's claw
【和名】なし
【原産地】ハワイ諸島
【特徴】低木～中高木（3～15ｍ）、花序12～18㎝
【備考】固有種

オレンジ色が基本だが、まれに白、黄、朱色などの花をつける。豆果（七～一〇㎝）はやや木質化している。乾燥した土地を好み、溶岩地帯などにも見られる。幹に浮き出る縦筋と黒く鋭い棘があるのが特徴。材は軽く、カヌーや漁網の浮き、サーフボードなどに用いられた。また、レイの素材としても知られている。オアフ島のココ・クレーター植物園に巨樹がある。

デイゴ >>>P297

【学名】*Erythrina variegata* var. *orientalis*

【ハワイ名】Wiliwili haole
【英名】Tropic coral, Tall erythrina, Tall wilili
【和名】デイゴ
【原産地】ニューカレドニア
【特徴】中高木（9～15ｍ）、花冠2～3㎝
【備考】外来種／栽培種

朱色の花を枝先や木の頂につける。ハート型の葉（一二～一八㎝）をつけ、枝と幹には棘がある。豆果（七～一三㎝）の豆はこすると艶のある黒色となり、レイに用いられる。生長は速く、三年で九ｍほどの高さになる。マウイ島のプウネネからキヘイにいたるサトウキビ畑の防風林がよく知られている。ウィリウィリに近縁。

コア・ハオレ >>>P297

【学名】*Leucaena leucocephala*
【ハワイ名】Koa haole, Haole koa
【英名】White popinac
【和名】ギンネム、ギンゴウカン、タマザキセンナ
【原産地】熱帯アメリカ
【特徴】中高木（2～12ｍ）、花序2～5㎝
【備考】外来種

白に近いクリーム色の花はコアの花によく似ている。西インド諸島では豆果（一二～一八㎝）の種子を食用とした。きわめて乾燥に強く、ハワイでは広い範囲で野生化している。

ケミヤコグサ >>>P298

【学名】*Lotus subbiflorus*
【ハワイ名】なし
【英名】Hairy bird's foot trefoil
【和名】ケミヤコグサ
【原産地】地中海沿岸～北アフリカ
【特徴】多年草（20～40㎝）、花冠0・5～1㎝
【備考】外来種

黄色の小さな花を周年でつける。花後、豆果（約一㎝）をつける。葉は長さ〇・五～二㎝、幅〇・三～〇・八㎝。全草に繊毛のあることが和名や英名の由来。乾燥した土地に分布する。

ネビキミヤコグサ >>>P298

【学名】*Lotus uliginosus*
【ハワイ名】なし
【英名】Greater bird's foot trefoil
【和名】ネビキミヤコグサ
【原産地】ユーラシア西部～北アメリカ
【特徴】多年草、つる性（1ｍ）、花冠1～2㎝
【備考】外来種

地を匍匐しながら伸び、次々と分枝する。黄色の小さな花をつけ、花後に四㎝ほどの豆果をつける。葉は三裂するが、托葉が大きいため、五つに見える。

オジギソウ >>>P298

【学名】*Mimosa pudica*
【ハワイ名】Pua hiwa hiwa
【英名】Sleepy glass, Sensitive plant, Touchmenot
【和名】オジギソウ、ネムリグサ
【原産地】ブラジル
【特徴】多年草（30～50㎝）、花冠1・2～1・8㎝
【備考】外来種

球状をした薄紫色の花をつける。葉に触れるとすぐに閉じるのが特徴。大きな刺激に対しては茎が折れるような動きをするが、半時ほどで復元する。葉は夜に垂れ、朝に起きる。扁平な豆果（一・二～二・四㎝）をつける。山間や渓谷で野生化している。

レッド・ジェイドバイン >>>P298

【学名】*Mucuna bennettii, M. novo-guineensis*
【ハワイ名】なし
【英名】Red jade vine, New Guinea creeper
【和名】なし
【原産地】パプアニューギニア
【特徴】低木、つる性（10～20ｍ）、花冠6～9㎝、花序40～90㎝
【備考】外来種
　花が咲くまで時間がかかる。つる性で、フジのように茎は太くなる。葉は長さ一一～二〇㎝、幅七～一二㎝で光沢がある。花の外観は似るが、実際はジェイドバインの仲間ではない。

マドラスソーン >>>P298

【学名】*Pithecellobium dulce*
【ハワイ名】なし
【英名】Madras thorn
【和名】キンキジュ
【原産地】熱帯アメリカ
【特徴】高木（10～25ｍ）、花冠0・8～1・2㎝
【備考】外来種
　一〇個前後の白い小さな花を枝先につける。枝には長く鋭い棘がある。鮮やかな赤と白の豆果（一〇～一五㎝）が特徴。種子を包む白い部分はさわやかな甘みがあり生食できる。水と混ぜて飲むとレモネードに似た味がする。原産地では耐水性のある材は建材に、樹皮は染料や皮をなめすのに用いられる。

キアヴェ >>>P298

【学名】*Prosopis pallida*
【ハワイ名】Kiawe
【英名】Algaroba tree
【和名】なし
【原産地】ペルー、コロンビア、エクアドル
【特徴】中高木（8～20ｍ）、花序7～10㎝
【備考】外来種
　ブラシ状をした淡黄色の花をつける。葉の根元には鋭い棘がある。豆果（一六～三〇㎝）はまとまって枝先にぶら下がる。花には豊富な蜜があり、この花のハチミツは商品化されている。乾燥に強いため、一八二八年に緑化の目的でハワイに導入された。カホオラヴェ島に最大の群落があり、ニイハウ島では「キアヴェ炭」がつくられている。

モンキーポッド >>>P298

【学名】*Samanea saman, Albizia saman*
【ハワイ名】'Ohai
【英名】Monkey pod, Rain tree
【和名】アメリカネムノキ、アメフリノキ
【原産地】熱帯アメリカ
【特徴】高木（15～25ｍ）、花冠2～4㎝
【備考】外来種
　淡いピンクの花をつける。暗緑色の豆果（一五～三〇㎝）は甘く、粘り気のある褐色の繊維質で包まれている。原産地ではウシの飼料とされる。英名は果実が壺のような形をしていることから。巨樹として知られ、非常に長い枝を水平に広げる。ホノルル市のモアナルア公園には樹齢一二〇年、枝の広がり四〇ｍという巨樹があり、テレビＣＭで使われた「この木なんの木」のモデルとして日本人観光客にはよく知られる。

ゴールデン・キャンドル >>>P299

【学名】*Senna alata*
【ハワイ名】なし
【英名】Golden candle, Candle bush
【和名】ハネセンナ
【原産地】西インド諸島、熱帯アメリカ
【特徴】低木（2・5～6ｍ）、花冠2・5～4㎝、花序20～30㎝

【備考】外来種
花は鮮やかな黄色で、全体にひとかたまりのようにつく。その外観をロウソクに見立てたのが英名の由来。葉は長さ約一五cm、幅約八cmで、薬用になる。ハナセンナに近縁。

コロモナ >>>P298

【学名】*Senna gaudichaudii*
【ハワイ名】Kolomona, Heuhiuhi, Kalamona, Uhiuhi
【英名】Gaudichaud's senna
【和名】なし
【原産地】オーストラリア、太平洋諸島（ニイハウ島を除く主要ハワイ諸島を含む）
【特徴】低木（0・6～3m）、花冠1・5～2・5cm
【備考】在来種
花は淡緑色または淡黄色で一年を通じて咲く。葉や花は食用や薬用になる。一般的な花色ではないため、レイやフラワーアレンジメントのアクセントとして用いられることがある。

モクセンナ >>>P299

【学名】*Senna surattensis*
【ハワイ名】なし
【英名】Scrambled egg plant
【和名】モクセンナ
【原産地】マレー半島、ジャワ、スマトラ島
【特徴】低木（3～5m）、花冠2・5～3cm
【備考】外来種
黄色の花は光沢があり、一年を通じて咲く。花後、長さ一〇～一五cmの豆果をつける。樹高は低いが枝は大きく横に張り出す。葉は長さ一・五～二・五cmで、葉裏に繊毛が密生するため白く見える。

オハイ >>>P299

【学名】*Sesbania tomentosa*
【ハワイ名】ʻOhai
【英名】なし
【和名】なし
【原産地】ハワイ諸島と北西ハワイ諸島の一部
【特徴】低木（2・5～6m）、花冠2・5～4cm
【備考】固有種／絶滅危惧種
葉柄の根元に複数の朱色の花をつける。直立性のものもあるが、匍匐性のものが多く、その場合は一〇～一五mの長さに伸びる。豆果（七～二三cm）は硬く、なかなか裂けない。低地から海抜八〇〇mほどに分布するが、低地での自生種はカウアイ島を除いて姿を消し、絶滅危惧種に指定されている。

マーマネ >>>P300

【学名】*Sophora chrysophylla*
【ハワイ名】Māmane, Mamani
【英名】なし
【和名】なし
【原産地】ニイハウ島とカホオラヴェ島を除く主要ハワイ諸島
【特徴】低木（1～1・5m）、花冠2～3cm
【備考】固有種
花は赤みがかった黄色で、まとまって垂れ下がる。莢は豆の入っている部分だけが膨らむ外観をしている。マーマネの花蜜はイイヴィの、豆果はパリラの、いずれもハワイ固有の鳥の餌となる。葉は長さ二・五～五cm。繊毛に覆われ灰色がかって見える。

ブルー・ジェイドバイン >>>P301

【学名】*Strongylodon macrobotrys*
【ハワイ名】なし
【英名】(Blue) Jade vine
【和名】ヒスイカズラ

【原産地】ルソン島（フィリピン）
【特徴】多年草、つる植物（20ｍ）、花冠9～11㎝、花序60～90㎝
【備考】外来種

英名や和名の由来となっているヒスイ色の花が特徴。花の先は反り返り、先が角状となる。豆果は四～六㎝で、円柱状をしている。ハワイでは、庭の植栽として用いられるほか、レイの素材としても人気がある。

タマリンド >>>P301

【学名】*Tamarindus indica*
【ハワイ名】'Opiuma
【英名】Indian date, Tamarind
【和名】チョウセンモダマ
【原産地】南アジア
【特徴】高木（15～25ｍ）、花冠1～2㎝、花序30～40㎝
【備考】外来種

クリーム色の丸い小さな花が七～一六個まとまってつく。豆果は長さ一五～二〇㎝で、その中の種子を包む甘酸っぱい果肉は生食できる。種子を粉末にしたものはチャパティの素材となる。花と葉は食用となり、タンニンを含む樹皮からは黄色の染料を採る。ハワイでは、十九世紀にホノルルに導入され、イオラニ宮殿にタマリンドの並木道がつくられた。だが、カラカウア王はこの木を好まず、撤去させたといわれる。

アウフフ >>>P301

【学名】*Tephrosia purpurea*
【ハワイ名】'Auhuhu, 'Auhola, hola
【英名】Fish poison, Wild indigo
【和名】ナンバンクサフジ
【原産地】インド、スリランカ
【特徴】多年草（0・4～1ｍ）、花冠0・6～0・8㎝
【備考】外来種（あるいは伝統植物）

花は淡桃色で、一年を通じて花をつける。花後、長さ二・五～四㎝の豆果をつける。葉は長さ一～二・八㎝、幅〇・三～一㎝で絨毛に覆われる。ハワイの伝統社会では葉と種子から抽出した液を魚毒として用いた。原産地では種子をコーヒーの代用としたり、全草を薬用として利用する。

シロツメクサ >>>P302

【学名】*Trifolium repens*
【ハワイ名】なし
【英名】White clover
【和名】シロツメクサ
【原産地】ヨーロッパ
【特徴】多年草（10～20㎝）、花冠0・1～0・3㎝
【備考】外来種

葉は一・五～二㎝で、通常三葉だが、まれに四葉かそれ以上になる。三葉を巡るように白い斑がつく。匍匐性があり地面を覆うことからグラウンドカーペットとして利用される。

ハリエニシダ >>>P302

【学名】*Ulex europaeus*
【ハワイ名】なし
【英名】Gorse
【和名】ハリエニシダ、ゴース
【原産地】西ヨーロッパ、イタリア
【特徴】低木（1～2・5ｍ）、花冠2～2・5㎝
【備考】外来種／有害植物

和名の由来は近縁のエニシダに対し、鋭い棘をもつことによる。「世界の侵略的外来種ワースト一〇〇」の一つに指定されている。ハワイでもマウナ・ケア山麓で拡散しており、さまざまな方法で駆除を行っているものの、繁殖力が強く、成果をあげていない。

ナネア >>>P302

【学名】*Vigna marina*
【ハワイ名】Nanea, Mōhihihi
【英名】Beach pea, Notched cowpea
【和名】ハマアズキ、ハマササゲ
【原産地】世界の熱帯・亜熱帯地域（日本を含む）
【特徴】多年草、つる性（2～5ｍ）、花冠1・5～2㎝
【備考】在来種

黄色の小さな花を葉の基部につける。花後、長さ二～三㎝の豆果をつける。葉は長さ三～六㎝。茎は比較的太く地表を匍匐する。主に海岸地帯に分布する。

ミカン科　Rutaceae

熱帯と亜熱帯を中心に温帯まで約一五〇属一五〇〇種が分布する。花や葉に芳香のあるものが多い。ミカンやオレンジなど多くの果樹がある。科名の ruta はギリシャ語で「ヘンルーダの花」のこと。

モキハナ >>>P302

【学名】*Melicope aniasta, Pelea anisata*
【ハワイ名】Mokihana, Mokehana, Alani, Alani kuahiwi
【英名】なし
【和名】なし
【原産地】カウアイ島
【特徴】低木（2～8ｍ）、花冠0・2㎝
【備考】固有種

花は半透明の淡緑色で葉柄の基部につくが、半ば苞に隠れている。葉には強いアニスの香りがある。最初は明るい緑色をしているが、しだいに紫色に変化する。果実は淡緑色で、内部に黒光りする種子がある。レイの素材となるが、新鮮なものは肌に強い刺激がある。カウアイ島のシンボルでもある。

ウアヒアペレ >>>P302

【学名】*Melicope barbigera, Pelea barbigera*
【ハワイ名】Uahiapele, Alani, Alani kuahiwi
【英名】なし
【和名】なし
【原産地】カウアイ島
【特徴】低木（3～12ｍ）、花冠0・6～0・8㎝
【備考】固有種

球状の萼に包まれた花は、十字の切れ目が開くと、その内側に極小の白い花を覗かせる。二～四㎝の実をつける。葉は長さ二〇～三〇㎝、幅五～九㎝。標高八五〇～一二二〇ｍのコケエの森に分布する。

クーカエモア >>>P302

【学名】*Melicope clusiifolia, Pelea clusiifolia*
【ハワイ名】Kūkaemoa, Kolokolo mokihana
【英名】なし
【和名】なし
【原産地】カウアイ島
【特徴】低木（2～12ｍ）、花冠0・4～0・8㎝
【備考】固有種

〇・八～一・八㎝の実をつける。葉は長さ五～三〇㎝、幅二・五～七・五㎝。自然交雑の結果、多くの亜種や変種があると思われる。標高一〇〇〇～一五二〇ｍのワイアレアレ付近に分布する。

カレーノキ >>>P302

【学名】*Murraya koenigii*
【ハワイ名】なし

【英名】Curry tree
【和名】オオバゲッキツ、カレーノキ
【原産地】インド
【特徴】低木（4〜6ｍ）、花冠2〜3㎝
【備考】外来種

しべの長い白い小さな花を株の頂につける。実は淡緑色から赤に変わり、完熟すると黒くなる。種子には毒がある。葉は長さ二〜四㎝、幅一〜二㎝で、カレーと柑橘類を足したようなスパイシーな芳香があり、食用となる。

モック・オレンジ >>>P302

【学名】*Murraya paniculata*
【ハワイ名】なし
【英名】Mock orange, Orange jessamine, Jasmine orange, Silk jasmin
【和名】ゲッキツ
【原産地】東南アジア、中国
【特徴】低木（1〜10ｍ）、花冠1・2〜1・8㎝
【備考】外来種

白い花はジャスミンに似た芳香を放つ。果実は直径一㎝。完熟して赤くなると生食できる。葉は長さ三〜四㎝。材はきわめて硬く、農具の柄や櫛などに利用された。和名は月夜に強く香ることから。

ミズアオイ科　Pontederiaceae

世界の熱帯と温帯の一部に九属約四〇種が分布する。すべて多年草で水生植物。よく知られるものにホテイアオイがある。科名は本科のポンテデリア属の名に由来する。

ホテイアオイ >>>P303

【学名】*Eichhornia crassipes*
【ハワイ名】なし
【英名】Water hyacinth, Common water hyacinth
【和名】ホテイアオイ、ホテイソウ、ウォーターヒヤシンス
【原産地】南アメリカ
【特徴】多年草（0・1〜1・5ｍ）、花序3〜4㎝
【備考】外来種／有害植物

淡紫色の花は両性花。花茎は最大一・五ｍほどになり、蕾は一日で開花し、翌日には水没する。原産地のアマゾン流域だけでなく、世界中の熱帯〜温帯で大繁殖して環境問題となっているが、ハワイでは今のところ大きな広がりを見せていない。カウアイ島のポイプ・ビーチに大きな群生がある。

ミソハギ科　Lythraceae

世界の熱帯から亜寒帯にかけて二九属約六〇〇種が広く分布する。木本と草本とがあり、草本は湿地に生育するものが多い。科名はギリシャ語で「黒い血」を意味し、ミソハギ属に濃赤色の花をつけるものがあることによる。

ターウィード >>>P303

【学名】*Cuphea carthagenensis*
【ハワイ名】なし
【英名】Tarweed, Colombian cuphea, Colombian waxweed
【和名】ネバリミソハギ
【原産地】熱帯アメリカ
【特徴】多年草（50〜60㎝）、花序0・2〜0・3㎝、筒長0・5〜0・6㎝
【備考】外来種／有害植物

紫色の小さな花を葉の基部につける。葉は長さ二〜五㎝。葉と茎には硬い繊毛がまばらにつく。種子から油が採れ、葉は薬用になるなど有益だが、きわめて繁殖力が強いため有害植物に指定されている。

シガー・フラワー >>P303

【学名】*Cuphea ignea*
【ハワイ名】なし
【英名】Cigar flower, Fire cracker plant
【和名】タバコソウ、ベニチョウジ
【原産地】メキシコ、グアテマラ
【特徴】多年草（30〜50㎝）、筒長2・5〜3㎝
【備考】外来種

円柱形の細長い筒状花をつける。濃赤色の花弁と先端が白い様子が、火の点いたタバコのように見えるのが英名や和名の由来。葉は長さ三㎝ほど。

バナバ >>P303

【学名】*Lagerstroemia speciosa*
【ハワイ名】なし
【英名】Giant crape myrtle
【和名】バナバ、オオバナサルスベリ
【原産地】インド、東南アジア、北オーストラリアの熱帯地域
【特徴】高木（5〜20ｍ）、花冠4〜5㎝
【備考】外来種

赤紫色の花は全体にクレープのようなしわが寄る。球状の実を多数つける。葉は長さ一五〜三〇㎝。葉を煮出したものは健康茶として飲まれるほか、薬用としても利用される。サルスベリと同様、なめらかな樹皮をもつ。

ムクロジ科 Sapindaceae

熱帯、亜熱帯を中心に約一五〇属二〇〇〇種が分布する。科名はラテン語のsapo（石けん）と、Indus（インドの）の合成による。ムクロジの果皮にはサポニンが含まれ、インドでは古くから石けんとして使われたことにちなむ。

ロンガン >>P303

【学名】*Dimocarpus longan, Euphoria longan*
【ハワイ名】なし
【英名】Longan
【和名】ロンガン、リュウガン
【原産地】東南アジア、中国南部
【特徴】低木（5〜10ｍ）、花序0・6〜0・8㎝
【備考】外来種

白い小さな花がまとまってつく。花後の果実（直径約二・五㎝）はゼリー状で甘い。ブドウやライチに似るが、種子が大きく可食部分は少ない。乾燥させたものは薬用となる。

アアリイ >>P304

【学名】*Dodonaea viscosa*
【ハワイ名】ʻAʻaliʻi, ʻAʻaliʻi kū makani, ʻAʻaliʻi kū ma kua, Kūmakani
【英名】Hop bush
【和名】ハウチワノキ、シマアワブキ
【原産地】東南アジア、インド、オーストラリア、太平洋諸島
【特徴】低木（2〜8ｍ）、花冠0・6㎝、花序1〜5㎝、
【備考】在来種

淡黄色の花を円錐状にちりばめる。和名の由来ともなったピンク色をしたウチワ状の果実をつける。ハワイではカホオラヴェ島を除くハワイ諸島の溶岩地帯や、山の尾根筋に生育する。果実でレイがつくられた。

ライチ >>P304

【学名】*Litchi chinensis*
【ハワイ名】なし

【英名】Leechee, Litchi, Lychee
【和名】ライチ、レイシ
【原産地】中国南部
【特徴】中高木（7〜12m）、花冠0・8〜1㎝
【備考】外来種／栽培種

淡緑色の非常に小さな花が五〇〇〜一〇〇〇個かたまってつく。原産地では蜜源となり、ハチミツが採れる。樹皮は初めは灰緑色だが、成木になると粉を吹いたような白色となる。果実（三〜四㎝）の表面は鱗状で、熟すと暗褐色になる。半透明の果肉は生食できる。ハワイには一八七三年に導入された。オアフ島のセネター・フォングズ植物園に小群落がある。

ランブータン >>>P304

【学名】*Nephelium lappaceum*
【ハワイ名】なし
【英名】Rambutan
【和名】なし
【原産地】西マレーシア、インドネシア
【特徴】高木（10〜25m）、花序10〜15㎝
【備考】外来種

淡緑色の小さな花には芳香がある。熟すと赤くなる果実（三〜六㎝）には軟毛があることから、ランブータンはマレー語で「髪の毛」を意味する。果実は一〇〜一二個がまとまって枝先につき、種子の周囲の半透明の甘酸っぱい果肉を生食する。原産地では根を煎じて解熱剤に、葉は湿布に用いられた。ハワイでも小規模ながら栽培されている。

アーウル >>>P304

【学名】*Sapindus oahuensis*
【ハワイ名】Aulu, Lonomea, Kaulu
【英名】Soapberry
【和名】なし
【原産地】カウアイ島、オアフ島
【特徴】低木（6〜15m）、花序5〜35㎝
【備考】固有種

綿毛のついた厚い苞の中に、淡緑色の小さな花があり、枝先に数百の単位でつく。果実（二〜三㎝）は生食に向かない。カウアイ島北西部とオアフ島のワイアナエ山系、コオラウ山系にのみ自生している。レイや薬用に用いられた。

マーネレ >>>P304

【学名】*Sapindus saponaria* var. *saponaria*
【ハワイ名】Mānele, Aʻe
【英名】Wingleaf soapberry, Hawaiian soapberry
【和名】なし
【原産地】熱帯アメリカ〜太平洋諸島、アフリカ
【特徴】高木（15〜25m）、花序10〜20㎝
【備考】在来種

白く小さな花には芳香がある。果実（一・七〜二・二㎝）ははじめ黄緑だが、熟すと黄色になり、やがて暗褐色となる。果実の中の黒い種子はレイに用いられる。ハワイ諸島ではハワイ島の海抜九〇〇〜一三〇〇mの高地に生育する。ムクロジに近縁。

ムラサキ科 Boraginaceae

温帯を中心に、熱帯、亜熱帯に約一〇〇属二〇〇〇種が広く分布する。花序の先端が渦巻き状になるのが特徴。科名の bora はラテン語の「剛毛」の意。ハナシノブ科、クマツヅラ科は近縁。

アメリカチシャノキ >>>P305

【学名】*Cordia sebestena*
【ハワイ名】Kou haole

【英名】Geiger tree, Scarlet cordia

【和名】アメリカチシャノキ、アカバナチシャノキ

【原産地】西インド諸島〜ベネズエラ

【特徴】低木（5〜10ｍ）、花冠2・5〜3・5㎝

【備考】外来種

　朱色の花をつける。果実は二・五〜四㎝で、熟すと白くなり、生食できる。軟毛のある葉を密生させるので、広場などに緑陰樹として植えられる。英名はJ・オーデュボンの友人だったJ・ガイガーの名にちなむ。

コウ >>>P305

【学名】*Cordia subcordata*

【ハワイ名】Kou

【英名】Sea trumpet

【和名】キバナイヌジシャ

【原産地】東南アジア、大洋州、アフリカ、マダガスカル

【特徴】低木（4〜15ｍ）、花冠2・5〜5㎝

【備考】外来種／伝統植物

　朱色の花をつけ、種子（二㎝）は生食できる。アメリカチシャノキに似るが、葉に軟毛がない。他の在来種の木よりも加工しやすく臭いがないので、食器や台所用品が作られた。コウがないときにはコアを用いた。花はレイに、葉は漁網の染色に使われた。

ヒナヒナ >>>P305

【学名】*Heliotropium anomalum* var. *argenteum*

【ハワイ名】Hinahina, Hinahina kū kahakai, Nohonohopuʻuone, Pōhinahina

【英名】Beach heliotrope, Polynesian heliotrope

【和名】なし

【原産地】太平洋諸島

【特徴】多年草（10㎝）、匍匐性、花冠1・5〜2・5㎝

【備考】在来種

　小さな白い花が集まったチューブ状の花序には甘い芳香がある。葉には毛が密生しており、光の加減で銀色に見える。花と葉は呼吸器の治療や鎮痛剤として用いられた。海岸の砂地に生育する。カホオラヴェ島の花としてレイに用いられる。

シーサイド・ヘリオトロープ >>>P305

【学名】*Heliotropium curassavicum*

【ハワイ名】Nena, Kīpūkai, Lau poʻopoʻohina, Poʻopoʻohina

【英名】Seaside heliotrope, Salt heliotrope

【和名】アレチムラサキ

【原産地】北アメリカ

【特徴】多年草（30〜50㎝）、花冠0・5〜0・7㎝

【備考】外来種

　白色の花を頂にまとまってつける。花弁の中心は黄色、オレンジ色、赤紫色などに変化する。花の下に小さな球状の果実をつける。葉は長さ二〜六㎝。ハワイでは広く帰化している。

モンパノキ >>>P305

【学名】*Messerschmidia argentea, Tournefortia argentea*

【ハワイ名】Tahinu

【英名】Tree heliotrope

【和名】モンパノキ、ハマムラサキノキ

【原産地】アフリカ東部、太平洋全域

【特徴】低木（1〜5ｍ）、花冠0・3〜0・5㎝、花序10〜20㎝

【備考】在来種

　枝先に淡緑色の小さな花がかたまってつく。縦に深い裂け目のある樹皮が特徴。和名の由来は、軟毛のある葉がモンパ（ビロード）のように見えることから。海岸の砂地や岩場に生育する。葉の汁はクラゲなどに刺されたときの解毒や腹痛に効果がある。

ムラサキクンシラン科　Agapanthaceae

南アフリカを中心に一属約一〇種が分布する。すべて葉が根出葉（葉茎が地下にあり、葉が地上から直接生えているように見える）であり、根は多肉状となる。代表的なものにムラサキクンシランがあり、科名はアガパンサス属に由来する。ユリ科から移動。

アガパンサス >>>P305

【学名】*Agapanthus africanus, A. umbellatus*
【ハワイ名】なし
【英名】Snowball, African lily, Lily of the nile
【和名】アガパンサス、ムラサキクンシラン
【原産地】南アフリカ
【特徴】多年草（30〜60㎝）、花冠2・5〜3・5㎝
【備考】外来種

花色は淡紫色が多いが、濃紫色や白色もある。花茎の頂に二〇〜三〇個の花をつける。葉は長さ一〇〜三五cm、幅一〜二cm。根茎はサトイモに似て肥大化する。

モクセイ科　Oleaceae

熱帯から温帯にかけて約二九属六〇〇種が広く分布する。オリーブがもっともよく知られている。olea はギリシャ語でオリーブを指す。

スター・ジャスミン >>>P305

【学名】*Jasminum multiflorum*
【ハワイ名】なし
【英名】Star jasmine Downy jasmine
【和名】ケソケイ、ボルネオソケイ
【原産地】ボルネオ
【特徴】低木（1〜2ｍ）、つる性、花冠2〜3㎝
【備考】外来種

白い花には芳香がある。花後に袋果をつけ、完熟すると爆ぜる。葉は長さ約五cmで枝に対生し、光沢がある。インドネシアの国花。

ピカケ >>>P306

【学名】*Jasminum sambac*
【ハワイ名】Pikake
【英名】Arabian jasmine
【和名】マツリカ
【原産地】インド
【特徴】低木（1〜3ｍ）あるいはつる性、花冠2〜3㎝
【備考】外来種

白い花は五弁のものが基本だが、半八重咲きや八重咲き品種もある。甘い芳香があり、ハワイでは人気の高いレイの素材の一つとなっている。香水や香油もつくられる。インドネシア、フィリピンの国花。ハワイ名は、中国から導入されたマツリカの香りを愛したカイウラニ王女が、飼っていたピカケ（ハワイ語で「クジャク」の意味）の名を、この花に冠したことから。

オロプア >>>P306

【学名】*Nestegis sandwicensis*
【ハワイ名】Olopua, Ulupua
【英名】Hawaiian olive, Hawaii olive
【和名】なし
【原産地】ニイハウ島とカホオラヴェ島を除く主要ハワイ諸島
【特徴】中高木（8〜20ｍ）、花冠2〜4㎝
【備考】固有種

白色または黄色の小さな花をまとめてつける。花には芳香がある。

緑色の果実をつけ、完熟すると黒くなる。オヒア・レフアのように、花にはノノヒナという固有の呼び名がある。葉は長さ七〜二五㎝、幅二〜七㎝。革質で葉表に光沢がある。材は硬いため、槍（ihe）や斧の柄（'auko'i）、短剣（pāhoa）、釣り針などを作ったほか、家の支柱に用いられた。

マダガスカル・オリーブ >>>P306

【学名】*Noronhia emarginata*
【ハワイ名】なし
【英名】Madagascar olive
【和名】なし
【原産地】マダガスカル
【特徴】低木（3〜15ｍ）、花冠0・5〜0・7㎝
【備考】外来種

淡黄色の小さな花には芳香がある。直径二〜三㎝の果実をつけ、完熟すると暗紫色となる。材は硬く、樹皮はグァバの木のようになめらかで明るい色をしている。

モクセイ >>>P306

【学名】*Osmanthus fragrans*
【ハワイ名】なし
【英名】Sweet osmanthus, Sweet olive, Tea olive, Fragrant olive
【和名】モクセイ、ギンモクセイ
【原産地】中国、ヒマラヤ、日本
【特徴】低木（3〜6ｍ）、花冠0・4〜0・5㎝
【備考】外来種

花にはわずかながら芳香がある。直径一〜一・五㎝の楕円形をした黒い果実をつける。葉は長さ八〜一五㎝、幅三〜五㎝。広義ではギンモクセイだけでなく、キンモクセイなどを加えた総称だが、単にモクセイという場合は本種を指す。

モクマオウ科　Casuarinaceae

モクマオウ属だけの二五種ほどの小さな科。オーストラリアを中心にインドから南太平洋の島々に分布する。常緑の低木または高木で、温室で観賞用に栽培されることがある。科名は「ヒクイドリ」の意味で、枝垂れた枝の形がヒクイドリの羽根に似ていることによる。

モクマオウ >>>P307

【学名】*Casuarina* sp.
【ハワイ名】Paina
【英名】Common ironwood, Australian pine
【和名】モクマオウ、トキワギョリュウ
【原産地】オーストラリア
【特徴】高木（20〜30ｍ）、花序1・5〜2・5㎝
【備考】外来種

根に共生する根菌の働きで、痩せ地でもよく育つ。塩害にも強く海岸近くに植えられることが多い。ハワイ諸島に広く分布する。ミッドウェー島にも植林されたが、風や日差しを遮る役割はあまり期待できず、海鳥たちの役には立っていない。

モクレン科　Magnoliaceae

世界の温帯を中心に二属約三〇〇種が分布する。よく知られるものにコブシ、ホオノキ、ハクモクレン、タイサンボクなどがある。科名は「大きい」を意味する magnus に由来する。

タイサンボク >>>P307

【学名】*Magnolia grandiflora*

【ハワイ名】なし
【英名】Southern magnolia
【和名】タイサンボク
【原産地】北アメリカ中南部
【特徴】高木（20〜30ｍ）、花冠15〜25㎝
【備考】外来種

大型の白い花には芳香がある。葉は長さ一五〜二〇㎝。葉裏に繊毛が密生している。ハワイでは街路樹として見られる。高木だが、適正な剪定を行うと樹高二ｍほどでも花をつける。近縁種に落葉小高木のヒメタイサンボクがある。

モチノキ科 Aquifoliaceae

世界各地に二属約六〇〇種が分布する。代表的なものにツゲの仲間やモチノキ、ソヨゴなどがある。科名はaqua「水」とfolia「葉」に由来する。

カーワウ >>>P307

【学名】*Ilex anomala*
【ハワイ名】Kāwa‘u, ‘Aiea
【英名】Hawaiian holly, Hawaii holly
【和名】なし
【原産地】タヒチ（ソサエティ諸島）、ニイハウ島とカホオラヴェ島を除く主要ハワイ諸島
【特徴】低木（4〜12ｍ）、花冠1〜1・5㎝
【備考】在来種

光沢のある淡緑色または白色の花をつける。葉は長さ五〜一五㎝で、葉表は暗緑色で光沢があり、葉裏は淡緑色で光沢はない。樹皮はカパ（不織布）の素材となった。標高六〇〇〜一四〇〇ｍの湿り気のある森に分布する。

ヤナギ科 Salicaceae

北半球の温帯から寒帯にかけて五四属約一二〇〇種が分布する。基本的に雌雄異株で枝垂れる花序をつける。科名 salix はラテン語で柳を表す。

マウア >>>P307

【学名】*Xylosma hawaiiense*
【ハワイ名】Maua, A‘e
【英名】Hawaii brushholly
【和名】なし
【原産地】ニイハウ島とカホオラヴェ島を除く主要ハワイ諸島
【特徴】低木（5〜15ｍ）、花冠0・4〜0・6㎝
【備考】固有種

淡緑色または白色のきわめて小さな花をつける。赤紫色の果実をつける。葉の色は生育環境で異なり、濃赤、濃ピンク、オレンジ、黄色、黄緑色など、さまざまに変化する。本種は、マウイ島ではアエとも呼ばれる。硬い材はポイを潰すときの調理具（Pōhaku ku‘i ‘ai）に用いられた。

ヤブコウジ科 Myrsinaceae

熱帯から温帯にかけて約三三属一〇〇〇種が広く分布する。日本では園芸品種もあるヤブコウジや、マンリョウが知られている。科名はギリシャ語で「ミルテの木」を指す。サクラソウ科に近縁。

コーレアラウヌイ >>>P308

【学名】*Myrsine lessertiana*
【ハワイ名】Kōlea lau nui, Kōlea

【英名】なし
【和名】なし
【原産地】ニイハウ島とカホオラヴェ島を除くハワイ諸島
【特徴】低木（2〜8m）、花冠0・4〜0・6㎝
【備考】固有種

半透明の緑色をした萼の内側に、オレンジ色の花弁が貼りつくのが特徴。材は、家の支柱や梁などの建材として、あるいはカパを叩く棒として用いられた。また、赤い樹液はカパの染料として、炭は黒色の染料として用いられた。

コーレアラウリイ >>>P308

【学名】*Myrsine sandwicensis, Planchonella sandwicensis*
【ハワイ名】Kōlea lau li'i, Kaulu, Āulu, 'Āla'a, 'Ēla'a
【英名】なし
【和名】なし
【原産地】ニイハウ島とカホオラヴェ島を除くハワイ諸島
【特徴】低木（0・3〜1・5m）、花冠0・2〜0・4㎝
【備考】固有種

花は淡緑色。果実は葉の上に落ちたあと、数日を経て生食できるようになる。蒸したイモのような味がする。葉は若葉は赤みを帯びるが、しだいに暗緑色か黄褐色となる。材は硬いため、建材や農具、カヌーの部材などに用いられた。

ヤマノイモ科 Dioscoreaceae

熱帯を中心に約一〇属二〇〇種が分布する。大半が地下茎か担根体（葉をつけない特殊な茎で、地表に接したところで根が生ずる）をもつのが特徴。ヤマノイモ（ヤムイモ）がよく知られる。科名は一世紀頃のギリシャの医者ディオスコリデスの名にちなむ。

ウヒ >>>P308

【学名】*Dioscorea alata*
【ハワイ名】Uhi
【英名】Greater yam, White yam, Water yam
【和名】ダイショ、ダイジョ、ヤムイモ
【原産地】インド東部〜インドシナ
【特徴】多年草、つる性、花序30㎝
【備考】伝統植物

ハート型をした淡緑色の葉をつける。地下茎にできるイモは通常重さ二〜三kgだが、五〇kgという記録もある。ポリネシア人が持ち込んだ有用植物の一つで、食用として世界に広く分布しており、多くの品種がある。ハワイではイム（土の中で蒸す料理法）にして食べたほか、咳止めとして用いられた。

バット・フラワー >>>P308

【学名】*Tacca chantrieri*
【ハワイ名】なし
【英名】Bat flower, Black bat flower, Devil flower
【和名】クロバナタシロイモ
【原産地】東南アジア
【特徴】多年草（0・5〜1m）、花冠3〜5㎝
【備考】外来種

黒に近い濃紫色の花をつける。長い花糸が目立つ。葉は〇・七〜一mで、全葉にひだがある。原産地ではピアと同じく、根茎のデンプンを救荒作物として用いた。英名はコウモリに似た外観から。

ピア >>>P309

【学名】*Tacca leontopetaloides, T. pinnatifida*
【ハワイ名】Pia
【英名】Polynesian arrowroot

【和名】タシロイモ
【原産地】アフリカ、インド、ミャンマー、マレーシア
【特徴】多年草（1～2ｍ）、花冠1・5～2・5㎝
【備考】外来種／伝統植物

花の下に伸びるのは茎ではなく花茎。深く切れ込んだ葉と、糸状に垂れた長い苞葉が特徴。ハワイではデンプン質の根茎を採取した。根茎は水に浸けて苦みを取ったあと食用にする。乾燥させたデンプンは下痢止めや止血剤として利用した。太平洋の島々で食用とされる。

ヤマモガシ科 Proteaceae

南半球と熱帯アジアの乾燥地域を中心に約六〇属一〇〇〇種が分布する。観賞用や食用となる種が多い。科名はギリシャ神話に登場する海神プロテウスの名にちなむ。グミ科に近縁。

ヒル・バンクシア >>>P309

【学名】*Banksia collina*
【ハワイ名】なし
【英名】Hill banksia
【和名】なし
【原産地】オーストラリア東部
【特徴】低木（1～3ｍ）、花序6～15㎝
【備考】外来種

花穂は金茶色のしべに覆われ、遠目にはトウモロコシの実のように見える。葉は長さ三～一〇㎝、幅〇・一～一㎝。間隔を空けて鋸歯がある。遠目にマツの針葉に似ている。

ゴールデン・バンクシア >>>P309

【学名】*Banksia prionotes*
【ハワイ名】なし
【英名】Golden banksia, Acorn banksia
【和名】なし
【原産地】オーストラリア西部
【特徴】低木（3～4ｍ）、花序8～10㎝
【備考】外来種

細くノコギリ状をした葉が特徴。種小名はギリシャ語で「ノコギリの歯」を意味する。真珠色をした円柱状の花序は、下から順にオレンジか黄色、あるいは濃いピンクの花をつける。ハワイでは切り花として人気があり、各地で栽培されている。

ウーリー・バンクシア >>>P309

【学名】*Banksia spinulosa* var. *collina*, *B. baueri*
【ハワイ名】なし
【英名】Woolly banksia
【和名】なし
【原産地】オーストラリア
【特徴】低木（0・5～2ｍ）、花序12～20㎝
【備考】外来種

花穂は淡褐色の羽毛のような外観に覆われている。葉は長さ一〇～一五㎝で細長い。明瞭な鋸歯があり、ノコギリのように見える。

シルキーオークツリー >>>P309

【学名】*Grevillea robusta*
【ハワイ名】なし
【英名】Silky oak tree, Silk oak, Silver oak tree
【和名】ハゴロモノキ、キヌガシワ
【原産地】オーストラリア
【特徴】高木（20～30ｍ）、花序10～16㎝
【備考】外来種／有害植物

春に花が一斉に開花し、樹全体が山吹色に染められたようになる。葉は表面が暗緑色で裏面は淡緑色だが、銀灰色の絹毛が密生している

ため、遠目には銀色の絹のように見える。それが英名の由来ともなっている。葉は深く切れ込み、シダの葉のように見える。ハワイでは開花時期がジャカランダと重なる。

キャサリン・ピンホイール >>>P309

【学名】*Leucospermum catherinae*
【ハワイ名】なし
【英名】Catherine's pinwheel, Catherine wheel pincushion
【和名】なし
【原産地】南アフリカ
【特徴】低木（1〜4m）、花序12〜15㎝
【備考】外来種

花序は初めのうちは淡いオレンジ色だが、しだいに濃オレンジ色が現れる。葉は長さ九〜一三㎝、幅一〜二・五㎝。葉先は尖り、全体に細長い。

ピンクッション >>>P310

【学名】*Leucospermum cordifolium*
【ハワイ名】なし
【英名】Pincushion
【和名】なし
【原産地】南アフリカ
【特徴】低木（1・2〜1・8m）、花冠8〜10㎝
【備考】外来種

葉はハート型やノコギリ状、タマゴ型など変異が大きい。花色もオレンジ、黄、ピンク、赤色などさまざまな色合いがある。ハワイ大学では本種の高い人気を受けて今も品種改良をつづけており、園芸種はさらに増える傾向にある。英名は針刺しのような花の形状から。

マカダミア >>>P310

【学名】*Macadamia integrifolia*
【ハワイ名】なし
【英名】Macadamia, Queensland nut
【和名】マカダミア、クイーンズランドナットノキ
【原産地】オーストラリア東部
【特徴】低木（6〜10m）、花序12〜15㎝
【備考】外来種

淡黄色の小さな花を総状につける。細長い波状の葉を密生させるのが特徴。枝先に短いつるを垂らし、その先に緑色の殻に覆われた実をつける。しかし、足下に散らばる二・五㎝程度の丸い殻を確認するほうが速い。硬い殻の中に白色の仁があり、これを食用とする。

マカダミア栽培

ハワイでは十九世紀末からマカダミアナッツの品種改良の研究が行われてきた。その背景には、コーヒー栽培の収益が思うように上がらなかった当時の事情がある。一九一九年、ハワイ政府は栽培奨励のため、マカダミアナッツ農園の従事者に免税の措置をとった。その結果、作付け面積は大きく伸び、今日の隆盛にいたった。ハワイ島のコナとマウカ、マウイ島のハレアカラ山麓、カウアイ島南岸などに大農園がある。一九八四年には世界の生産量の八割をハワイが占めた。ハワイで栽培される代表的品種にケアウホウ、イカイカ、カケア、カウ、ケアアウなどがある。

キングプロテア >>>P310

【学名】*Protea cynaroides*
【ハワイ名】なし
【英名】King protea, Giant protea
【和名】なし
【原産地】南アフリカ
【特徴】低木（0・5〜2m）、花序25〜35㎝
【備考】外来種

見た目には一輪の花のようだが、実際は花が寄り集まったもので、萼のように見えるのは苞葉。大輪なのでキングの名にふさわしい。乾燥した土地でも生育するが、湿潤を好む。南アフリカ共和国の国花。

プロテア（ロンギフローラ）>>>P311

【学名】*Protea longiflora, P. aurea*
【ハワイ名】なし
【英名】Long bud protea
【和名】なし
【原産地】南アフリカ
【特徴】低木（2〜5m）、花序8〜12㎝
【備考】外来種

花は一般に白色だがピンク色もある。葉は長さ七〜一〇㎝、幅二〜三㎝で、繊毛に覆われる。英名は蕾の長さに由来する。

プロテア（ルペンス）>>>P310

【学名】*Protea repens*
【ハワイ名】なし
【英名】Sugar bush
【和名】なし
【原産地】南アフリカ
【特徴】低木（2〜4m）、花序13〜20㎝
【備考】外来種

白、ピンク、朱、濃赤と、さまざまな色合いの花（苞）をつける。細長い葉が花を包みこむように伸びる。花には蜜が豊富に含まれていることが英名の由来。環境が整うと通年で花をつける。

ヤマモモ科　Myricaceae

熱帯を中心に約三属五〇種が世界の広い範囲に分布する。科名はギリシャ語でギョリュウを指す言葉から。

ファイア・ツリー >>>P311

【学名】*Morella faya, Myrica faya*
【ハワイ名】なし
【英名】Fire tree
【和名】なし
【原産地】アゾレス諸島、カナリア諸島
【特徴】低木（3・5〜4・5m）、花序10〜15㎝
【備考】外来種／有害植物

葉は暗緑色だが、枝先の若い葉は淡緑色である。開花の季節には深紅の花を樹冠にちりばめるため、遠目には木に火が点いたように見える。それが英名の由来となっている。葉には芳香があり、葉の付け根に小さな花を総状につける。果実は熟すと赤や紫色になり、生食できる。通常は低木だが、まれに一五mほどの高木となる。オーストラリアなどでは街路樹として知られている。窒素の固定能力があり、繁殖力が非常に強くて在来種を駆逐するため、「世界の侵略的外来種ワースト一〇〇」の一つとなっている。

ラン科　Orchidaceae

熱帯を中心に世界のほぼすべての地域に約七五〇属二万種が分布する。単子葉植物としてはもっとも進化した植物群で、観賞用が多い。科名のorchidは「精巣」の意味。

バンブー・オーキッド >>>P311

【学名】*Arundina graminifolia*
【ハワイ名】'Okika
【英名】Chinese bamboo orchid, Ginger root shoots
【和名】ナリヤラン
【原産地】熱帯アジア

【特徴】多年草（1～2・5m）、花冠3～5㎝
【備考】外来種
　白に近いピンクの花に紫色の唇弁がある。一株に一輪が咲くように見えるが、五から一〇輪ほどが順に花をつける。一九四五年にオアフ島で野生種が確認され、それ以降、比較的低地から海抜一〇〇〇m前後までの湿り気の多い土地に野生化している。キラウエア火山周辺に群生がある。

ヘッカラン >>>P311

【学名】*Cymbidium dayanum*
【ハワイ名】なし
【英名】Day's cymbidium, Phoenix orchid, Tree orchid
【和名】ヘッカラン
【原産地】インド東北部、東南アジア（日本の鹿児島以南を含む）
【特徴】多年草（30～40㎝）、花冠2～3㎝
【備考】外来種
　花茎の頂に白い小さな花を一〇～一五個つける。花弁を縦に二分するように赤紫色のストライプが入る。葉は長さ三〇～五〇㎝、幅一～一・三㎝。

デンファレ >>>P311

【学名】*Dendrobium phalaenopsis*
【ハワイ名】なし
【英名】Cooktown orchid, Dendrobium orchid, Cocktown orchid
【和名】デンファレ
【原産地】ティモール、オーストラリア
【特徴】多年草（0・2～1m）、花冠5～10㎝
【備考】外来種
　花色は紫、白、赤など数多い。生長が進むにつれ、花数が増える。葉は長さ七～一五㎝。セッコクに近縁。ハワイではバンダランとともにレイの素材としてよく利用される。

バンダラン >>>P311

【学名】*Vanda* sp.
【ハワイ名】なし
【英名】Vanda orchid
【和名】なし
【原産地】インド、東南アジア、中国雲南、フィリピン
【特徴】多年草（45～60㎝）、花冠6～12㎝
【備考】外来種
　ラベンダー色の花と、多肉質で茎のような形状の葉が特徴。ほかにも黄色、紫色、赤紫色、山吹色など、さまざまな色合いの花をつける園芸品種がハワイを中心につくられている。レイや庭木としても人気が高い。

ヤシ類 Palms

ヤシ科 Arecaceae

世界の熱帯と亜熱帯とを中心に約二〇〇属二六八〇種が分布する。大半の種は、幹が分枝せず、上端から放射状に葉を出す。樹皮は非常に変化が大きい。科名はアレカ属の名に由来する。Palmae とも呼ばれるが、これはヤシ属に由来し、「手のひら」を意味する。

エバーグレード・パーム >>>P312

【学名】*Acoelorrhaphe wrightii*
【ハワイ名】なし
【英名】Everglade palm, Silver saw palm
【和名】なし

【原産地】フロリダ～中米
【特徴】低木（3～8m）、花序1m
【備考】外来種
樹皮は赤褐色または灰褐色。葉柄（一m）はくすんだオレンジ色となる。葉身は〇・七～一mで、明るい緑色。小葉は四〇枚がウチワ状につく。果実は〇・七～〇・八㎝で、オレンジ色。生長は遅く、一年に約一〇㎝。海岸近くの湿った土地を好む。

ラッフル・パーム >>>P312

【学名】*Aiphanes acanthophylla, A. minima*
【ハワイ名】なし
【英名】Ruffle palm
【和名】なし
【原産地】プエルトリコ
【特徴】低木（6～15m）、花序0・9～1・8m
【備考】外来種
羽状の葉（一・八～二・四m）につく小葉は先端がノコギリ状にちぎれたような形状となる。葉の表面は緑色で、裏面は淡緑色。白い小さな花をつける。熟すと赤くなる果実には小さな窪みがある。幹と葉柄には棘がある。

アレクザンダー・パーム >>>P312

【学名】*Archontophoenix alexandrae*
【ハワイ名】なし
【英名】Alexander palm
【和名】ゴウシュウヤシ、ユスラヤシ
【原産地】オーストラリア
【特徴】高木（10～25m）、花序60～80㎝
【備考】外来種
葉は長さ一～二m。果実は直径一～一・五㎝で、完熟すると赤色になる。幹は生長すると灰白色になり、基部が太くなる。英名はイギリスのアレクサンドラ王妃に由来する。ヒメヤハズヤシも同じ英名をもつが、一般には本種を指す。

オーストラリアンシュガー・パーム >>>P312

【学名】*Areca australasica*
【ハワイ名】なし
【英名】Australian sugar palm, Australian arenga palm
【和名】なし
【原産地】オーストラリア北東部
【特徴】低木（3～9m）、花序60～90㎝
【備考】外来種
幹には黒い繊維状の葉鞘が一定間隔でつく。葉は二～三mで長大。小葉は細長いものが多数つくが、先端は不規則なノコギリ状である場合と、浅く裂ける場合がある。葉の上面は明るい緑色で、下面は灰緑色。黄色の花と果実は垂れ下がってつく。花は幹の頂部近くからつきはじめ、翌年以降、順番に下へ移動する。その数年後に幹は枯死する。

ビンロウジュ >>>P312

【学名】*Areca catechu*
【ハワイ名】なし
【英名】Betel palm
【和名】ビンロウジュ、アレカヤシ
【原産地】マレーシア
【特徴】高木（10～20m）、花序50～60㎝
【備考】外来種
白い花には芳香がある。幹は太さが均一で、表面に環状の葉痕（葉の落ちた痕）を残すためタケのように見える。濃緑色をした羽状の葉（一・二～一・八m）につく小葉（五〇～六〇㎝）は滑らかで、先端がノコギリ状。果実は四～五㎝で、成熟するとオレンジ色となる。アジア・太平洋諸島ではビンロウジュの種子に石灰を付け、キンマという刺激臭のある若葉に包んで噛む習慣がある。果皮は利尿や整腸など薬用として用いられた。本種はアレカヤシとも呼ばれるが、アレカヤシは一般には *Chrysalidocarpus lutescens* を指す。

ピーチ・パーム >>>P312

【学名】*Bactris gasipaes*
【ハワイ名】なし
【英名】Peach palm, Pejibaye, Chonta
【和名】モモヤシ
【原産地】中央アメリカ、ペルー
【特徴】高木（15〜20m）、花序30〜60㎝
【備考】外来種

羽状の葉（三〜四m）につく小葉（五〜一〇㎝）は比較的短い。花序は大型。幹につく環状の葉痕には黒い棘が密生する。英名と和名は、黄桃に似た果実（四〜六㎝）に由来する。果実は原産地において重要な食料だった。幹からは丈夫で柔らかな繊維が採れる。ハワイでは低地の湿潤な場所に生育する。

ビスマルク・パーム >>>P312

【学名】*Bismarckia nobilis*
【ハワイ名】なし
【英名】Bismarck palm　【和名】なし
【原産地】マダガスカル
【特徴】中高木〜高木（7〜15m）、花序1〜1・5m
【備考】外来種

ウチワ状の葉は三mで、青みを帯びた銀色。非常に均整の取れたフォルムで、観賞用として人気がある。セイヨウスモモに似た光沢のある果実（三〜四㎝）は熟すと褐色になり、原産地では食用となる。

アレカヤシ >>>P314

【学名】*Chrysalidocarpus lutescens, Dypsis lutescens*
【ハワイ名】なし
【英名】Areca palm, Golden feather palm, Golden butterfly palm
【和名】アレカヤシ、ヤマドリヤシ
【原産地】マダガスカル
【特徴】低木（6〜8m）、花序0・6〜1m
【備考】外来種

羽状の葉（一・八〜二・四m）は光沢があり、細長い小葉（三〇〜五〇㎝）がV字状につく。小葉の先端は下に垂れ、白色の花が穂状に多数つく。幹には環状の葉痕が薄く残り、タケのように見える。若木のときは黄緑色だが、生長するにつれて灰白色となる。

ココヤシ／ニウ >>>P313

【学名】*Cocos nucifera*
【ハワイ名】Niu
【英名】Coconut palm
【和名】ココヤシ
【原産地】メラネシア
【特徴】高木（12〜30m）、花序1・2〜1・8m
【備考】外来種／伝統植物

羽状の葉（一・八〜四・五m）につく小葉（六〇〜九〇㎝）は黄色みを帯びた緑色で光沢がある。果実は楕円形で、内果皮の基部付近に三つの孔がある。この模様がサルの顔に似ていることから、ポルトガル語でココス（サル）と呼ばれたのが名の由来。海中に落ちても発芽能力が失われないので、他の島へ流れついて根づく能力をもつ。ただし漂着後の生育可能性は低い。ワイキキなどの街路樹や、海岸の植栽としてよく見られる。

タリポット・パーム >>>P314

【学名】*Corypha umbraculifera*
【ハワイ名】なし
【英名】Talipot palm
【和名】コウリバヤシ

【原産地】スリランカ、インド南部
【特徴】高木（24〜30m）、花序3〜6m
【備考】外来種
ウチワ状の葉（二・四〜四・八m）は途中で裂けはじめ、先端でもう一度裂ける。花序は六mに達し、これは植物のうちで最大級。果実は約三・五cmで非常に硬く、原産地では数珠玉やボタンに加工する。ハワイでは標高六〇〇m以下の湿潤な土地で生長する。

パナマハリネヤシ >>P314

【学名】*Cryosophila warscewiczii*
【ハワイ名】なし
【英名】Guaguara palm, Tropical silver fan
【和名】パナマハリネヤシ
【原産地】パナマ
【特徴】低木（6〜12m）、花序50〜60cm
【備考】外来種
ウチワ状の小葉（六〇〜九〇cm）は淡緑色で光沢がある。基部には長い繊維がつき、先端は下に垂れる。クリーム色の花は独特の芳香がある。果実は一・五〜二・五cmで褐色。幹の基部に棘がある。

アサイー・パーム >>P314

【学名】*Euterpe oleracea*
【ハワイ名】なし
【英名】Assai palm
【和名】アサイー、ニボンモドキ、ワカバキャベツヤシ
【原産地】ブラジル
【特徴】高木（25〜30m）、花序45〜65cm
【備考】外来種
紫色の花はきわめて小さく、〇・四〜〇・五cmほど。葉は長さ一・五〜二m。幹は細めで、少し彎曲する。花後につける黒い果実（直径約一cm）はきわめて栄養価が高く、たとえばポリフェノールはブルーベリーの一八倍、鉄分はレバーの三倍もある。アサイーボウルとして朝食やデザートなどに食べられる。

ボトル・パーム >>P314

【学名】*Hyophorbe lagenicaulis*
【ハワイ名】なし
【英名】Bottle palm
【和名】トックリヤシ
【原産地】レユニオン島、モーリシャス
【特徴】低木（3〜4m）、花序40〜60cm
【備考】外来種
羽状の葉（六〇〜九〇cm）につく小葉（三〇〜四〇cm）は硬く光沢を帯びる。幹には薄い環状の葉痕がある。幹の基部が徳利のように膨らむ

究極の有用植物

ココヤシは数ある有用植物のなかでも際立って利用度の高いものとして、ハワイの文化に深く関わってきた。幹は建材やカヌー材、楽器、食器などに、葉は屋根葺き、籠などの編み細工に、葉の中肋は箒や灯火の支柱に用いられた。果実に含まれるジュースは飲用になり、胚乳（ココナッツミルク）は各種の食材に用いたほか、ココナッツオイルは船乗りが髪や体に塗り、体温低下を防ぐのに利用した。殻は食器や調理具に使い、内部（中果皮）の繊維は焚きつけにしたり、ロープを編んだり、束ねてタワシにして使った。開花前の花軸を切ったときに出る樹液を発酵させてヤシ酒がつくられた。

ポリネシア人によってハワイに持ち込まれたココヤシには二種類ある。*Niu Hiwa* は内果皮が黒く、果実は暗緑色で、儀式や薬用、食用に用いられた。*Niu Lelo* は内果皮が黄色で、果実は赤みを帯びた褐色。こちらは建材や燃料、食用など、儀式や薬用以外の一般的な目的に用いられた。

のが特徴。ハワイではココヤシに次いでよく見られる。花（〇・三〜〇・四cm）は淡緑色で、オレンジまたは褐色の扁平な果実（二〜三cm）をつける。

スピンドル・パーム >>>P315

【学名】 *Hyophorbe verschaffeltii*
【ハワイ名】 なし
【英名】 Spindle palm
【和名】 トックリヤシモドキ
【原産地】 ロドリゲス島
【特徴】 低木（9〜10m）、花序40〜70cm
【備考】 外来種

羽状の葉（一・五〜二m）の小葉（五〇〜七五cm）は黄みを帯びた緑色で柔らかく、先端は下に垂れる。幹には環状の葉痕がある。花（〇・四〜〇・五cm）はオレンジ色で、果実は一・五〜二cmで黒く、楕円形。トックリヤシに似て幹の基部あるいは中央部分が膨らんでいるのが和名の由来。

レッドラタン・パーム >>>P315

【学名】 *Latania lontaroides*
【ハワイ名】 なし
【英名】 Red latan palm
【和名】 ベニラタンヤシ
【原産地】 レユニオン島
【特徴】 中高木（12〜15m）、花序1〜1・5m
【備考】 外来種

ウチワ状の葉（五〇〜六〇cm）はいくぶん青みを帯び、縁がノコギリ状になっている。果実は四〜四・五cmで、葉の基部を覆うようにつく。幹の基部が膨らんでいる。観賞用として人気が高い。英名と和名は、幼樹のときには葉や葉柄が赤いことから。

イエローラタン・パーム >>>P315

【学名】 *Latania verschaffeltii*
【ハワイ名】 なし
【英名】 Yellow latan palm, Yellow latan, Latania tree
【和名】 キラタンヤシ、ラタニアヤシ、キベニオウギヤシ
【原産地】 モーリシャス（レユニオン島）
【特徴】 高木（12〜15m）、花序45〜60cm
【備考】 外来種

褐色の果実は直径五cmと大きい。葉は長さ〇・九〜一・八m。若葉の黄色いことが英名の由来。生長すると褐色になる。形はハワイ固有種のロウルに近い。

オーストラリア・ビロウ >>>P315

【学名】 *Livistona australis*
【ハワイ名】 なし
【英名】 Australian fan palm
【和名】 オーストラリア・ビロウ
【原産地】 オーストラリア北東部
【特徴】 高木（18〜23m）、花序1〜1・3m
【備考】 外来種

ウチワ状の葉（一〜一・三m）は先端から深く裂け、その先でさらに裂ける。葉柄には黒く鋭い棘が密生する。花（〇・二〜〇・三cm）は無毛で、果実は一・六〜二cmで球形。

リボン・パーム >>>P315

【学名】 *Livistona decipiens*
【ハワイ名】 なし
【英名】 Ribbon palm, Weeping cabbage palm
【和名】 ビロウモドキ
【原産地】 オーストラリア北部

【特徴】高木(18〜20m)、花序2・2〜2・7m
【備考】外来種
細い小葉をもつ羽状の葉(二〜二・七m)が密生する。葉柄の基部には長く鋭い棘がある。花(〇・三〜〇・四㎝)は鮮やかな黄色で、球形の実は一〜一・三㎝で暗褐色。

オオミヤシ >>>P316

【学名】*Lodoicea maldivica*
【ハワイ名】なし
【英名】Double coconut palm
【和名】オオミヤシ、フタゴヤシ、ウミヤシ
【原産地】セイシェル諸島
【特徴】高木(18〜30m)、花序0・9〜2m
【備考】外来種
ウチワ状の葉は長さ一・四〜二・四m。黄みを帯びた緑色で光沢がある。まれに巨大化し、六mを超えることがある。白い花は微香がある。果実は巨大化し、最大四五㎝、重さ三〇kg、植物で最大の種子である。幹には環状の葉痕があり、基部は大きく膨らむ。

ナツメヤシ >>>P316

【学名】*Phoenix dactylifera*
【ハワイ名】なし
【英名】Date palm
【和名】ナツメヤシ
【原産地】北アフリカ、ペルシャ湾岸
【特徴】高木(25〜30m)、花序1・5〜2m
【備考】外来種
羽状の葉(四〜五m)の小葉(三〇〜五〇㎝)は先端が槍状に尖る。花は黄色またはオレンジ色。果実は三〜七㎝で、オレンジ色から濃紫となる。果皮は肉質で甘く、生食するほか、ジャムや砂糖漬菓子にする。西アジア、アフリカでは重要な栽培種となっている。

ロウル(アレキナ) >>>P316

【学名】*Pritchardia arecina*
【ハワイ名】Loulu, Hāwane, Noulu, Wāhane
【英名】East maui loulu, Maui pritchardia
【和名】なし
【原産地】マウイ島
【特徴】低木(9〜15m)、花序15〜25㎝
【備考】固有種
ロウルとはハワイ語で「傘」のこと。葉が扇状に広がるため、伝統社会において傘の役割を果たした。ハワイ固有のヤシでロウルと呼ばれるものはすべて*Pritchardia*属。同属には二七種あり、そのうちの二四種がハワイ固有種。写真の葉の下にある白い藁状のものは落葉せずに残った枯葉。

ロウル(グラブラタ) >>>P316

【学名】*Pritchardia glabrata*
【ハワイ名】Loulu, Hāwane
【英名】Smooth loulu
【和名】なし
【原産地】マウイ島
【特徴】低木(1〜2m)、花序10〜15㎝
【備考】固有種
ウチワ状の葉(六〇〜六五㎝)は光沢のある黄緑色で、小葉片の中央付近でくっきりと垂れ下がる。濃緑色で楕円形の実は二・一〜二・四㎝。葉は屋根を葺くのに用いた。また、材は硬く、槍がつくられた。マウイ島のイアオ渓谷とワイヘエ渓谷に生育する。

ロウル(マルティ) >>>P316

【学名】*Pritchardia martii*
【ハワイ名】Loulu hiwa

【英名】なし
【和名】なし
【原産地】オアフ島
【特徴】低木（7〜9ｍ）、花序10〜15㎝
【備考】固有種
　葉は長径〇・九〜一・二ｍ。葉の表は濃緑だが、葉裏は灰色に近い緑色をしている。葉は屋根を葺くのに用いられた。ハーヴァネと呼ばれる実は、完熟するとココナッツに似た味となり生食できる。幹は他のロウルに比べて黒いため hiwa（暗い）と呼ばれる。

ヒメヤハズヤシ >>>P317

【学名】*Ptychosperma elegans*
【ハワイ名】なし
【英名】Salitaire palm, Alexander palm
【和名】ヒメヤハズヤシ、ユスラヤシ
【原産地】オーストラリア北部
【特徴】低木（7〜8ｍ）、花序30〜45㎝
【備考】外来種
　羽状の葉（一・八〜二ｍ）は小葉（三〇〜四〇㎝）を二八対つける。白色の花は〇・六〜〇・八㎝で、芳香がある。目の覚めるような朱色の果実（一・六〜一・九㎝）が特徴。環状の葉痕があり、幹はタケのように見える。

ヤハズアメリカチャボヤシ >>>P317

【学名】*Reinhardtia gracilis*
【ハワイ名】なし
【英名】Window pane palm
【和名】ヤハズアメリカチャボヤシ
【原産地】中央アメリカ
【特徴】低木（1・2〜2・5ｍ）、花序25〜60㎝
【備考】外来種
　チョウのような翼状の葉（一五〜三〇㎝）をつけるのが特徴。花（三〜六㎝）は赤紫色の長い雄しべを垂らす。果実は一・二〜二・四㎝で、熟すと黒くなる。シダのように湿り気のある日陰を好む。

フィンガー・パーム >>>P317

【学名】*Rhapis multifida*
【ハワイ名】なし
【英名】Finger palm
【和名】ウンナンシュロチク
【原産地】中国
【特徴】低木（1・5〜2・5ｍ）、花序15〜20㎝を複数つける（花軸全体は約60㎝）
【備考】外来種
　ハワイではもっとも小型なヤシに属する。花は雄花と雌花（〇・三〜〇・五㎝）とがある。果実（直径約〇・八㎝）は完熟すると黄色になる。葉は長径六〇㎝ほど。

ロイヤル・パーム >>>P317

【学名】*Roystonea regia*
【ハワイ名】なし
【英名】Royal palm, Cuban royal palm
【和名】ダイオウヤシ
【原産地】キューバ
【特徴】高木（20〜30ｍ）、花序0・6〜1ｍ
【備考】外来種
　羽状の葉（二〜四ｍ）は細長い小葉（〇・六〜一・二ｍ）をつける。幹にくっきりと浮き出る白い環状の葉痕が特徴。小さな白い花は樹冠に垂れ下がり、赤紫色の実は一二〜一四㎝で、熟すと黒くなる。ホノルル市庁舎前のカメハメハ大王像の傍らにあるものがよく知られている。街路樹として数多く用いられる。

シダ類 Ferns

イノモトソウ科 Pteridaceae

熱帯を中心に約七〇属一八〇〇種が分布する。日本ではイヴァイヴァの近縁であるアジアンタムなどが知られている。科名のpterisはイノモトソウを意味する。

イヴァイヴァ >>>P318

【学名】*Adiantum capillus*
【ハワイ名】ʻIwaʻiwa, ʻIwaʻiwa hāwai, ʻIwaʻiwa kahakaha
【英名】Maidenhair fern, Venus hair fern, Black maidenhair
【和名】ホウライシダ、アジアンタム
【原産地】カホオラヴェ島を除く主要ハワイ諸島、北アメリカ
【特徴】シダ、葉身30～90㎝
【備考】在来種
カウアイ島とモロカイ島では海食洞の周辺に分布していたが、今日では個体数を減らし、オアフ島以外ではほとんど見ることができない。ハワイ名には「水を浄める」という意味がある。伝統社会ではラウハラ編みのマットに織り込んでデザインのアクセントとした。

イワデンダ科 Woodsiaceae

世界の温帯地域と熱帯の山岳地域に一属三五種が分布する。イワデンダ属以外の属はメシダ科へ移動した。科名はイワデンダ属の名に由来する。

アーコーレア >>>P318

【学名】*Athyrium microphyllum*
【ハワイ名】ʻĀkōlea
【英名】なし
【和名】なし
【原産地】主要ハワイ諸島
【特徴】シダ、葉身25～90㎝
【備考】固有種
葉は細かく分岐する。葉身の形やサイズは変化に富み、基準はないとされる。標高五〇〇～二三二〇mの湿り気のある森を中心に分布する。葉はハワイ固有の陸産貝の餌となる。レイにも用いられた。

ホーイオ（アルノッティ） >>>P318

【学名】*Diplazium arnottii*, *D. sandwichianum*
【ハワイ名】Hōʻiʻo, Pahole
【英名】なし
【和名】なし
【原産地】主要ハワイ諸島
【特徴】シダ、葉身０・６～１・２m
【備考】固有種
ハワイではポイにしたカロ（タロイモ）を包んで食べたり、オパエと呼ばれる淡水エビを巻いて食べた。マウイ島ではパホレと呼ばれた。

ホーイオ（エスクレントゥム） >>>P318

【学名】*Diplazium esculentum*
【ハワイ名】Hōʻiʻo, Paca
【英名】Vegetable fern, Edible fern
【和名】クワレシダ
【原産地】インド～南ポリネシア
【特徴】シダ、葉身０・７～１・５m
【備考】外来種
英名にベジタブルとあるように、若葉は生食できる。馬の好物でもある。家庭菜園用として一九一〇年にカウアイ島に移植された。広く

南太平洋や南アジアでパカと呼ばれ、今日ではハワイでも野生化している。羽片の根元が合着している点が、アルノッティと異なる。ハワイでは本種のことをホーイオと呼ぶことが多い。

イワヒバ科　Selaginellaceae

熱帯を中心に、世界に一属約八〇〇種が分布する。地上生から着生まであり、形態も変化が大きい。ただし、いずれも茎が細かく分岐しながら生長する点は共通する。科名はイワヒバ属の名による。

レペレペ・ア・モア >>>P319

【学名】 *Selaginella arbuscula*
【ハワイ名】 Lepelepe a moa
【英名】 Branched spikemoss, Dwarf spikemoss
【和名】 なし
【原産地】 ニイハウ島、ラナイ島、カホオラヴェ島を除く主要ハワイ諸島、ソサエティ諸島、マルケサス諸島
【特徴】 シダ、葉身6～60㎝
【備考】 在来種

サイズ、葉の色、形状のすべてがきわめて変化に富む。標高一〇〇～一二〇〇mの湿地や岩場、崖などに生育する。その外観から、ハワイ名は「ニワトリのとさか」の意味。

ウラジロ科　Gleicheniaceae

シダ類のなかでもっとも原始的な科の一つ。三属約一三〇種が全世界の熱帯・亜熱帯に分布する。和名のとおり、葉裏が白い。科名はドイツの植物学者グライヘン（Gleichen）にちなむ。

ウルヘ >>>P319

【学名】 *Dicranopteris linearis*
【ハワイ名】 Uluhe, Unuhe
【英名】 False staghorn
【和名】 コシダ
【原産地】 世界の亜熱帯と温帯地域
【特徴】 シダ、葉身15～40㎝
【備考】 在来種

紫色の茎をまっすぐに一mほど伸ばしたあと、次々に二股に分かれながら広がる。学名には「直線的に二股に分かれる」という意味がある。ウルヘは他の植物に寄りかかり、ときに数mの高さまで伸びることがある。枯葉は分解するのに長い時間がかかるため、他の植物の種子の生長を阻害する。ハワイでは、葉は便秘薬に、枯葉はマットに用いられた。カウアイ島のピヘア・トレイルに群生がある。

ウルヘ・ラウ・ヌイ >>>P319

【学名】 *Diplopterygium pinnatum*
【ハワイ名】 Uluhe lau nui
【英名】 Scrambling fern
【和名】 なし
【原産地】 主要ハワイ諸島
【特徴】 シダ、葉身0・5～1・2m
【備考】 固有種

標高三五〇～一五〇〇mの湿地に生育する。尾根や川辺で多く見かける。ウルヘを大きくしたような外観をもつ。カウアイ島のコケエに大きな群生がある。

ウラボシ科　Polypodiaceae

熱帯を中心に広く分布する。樹幹や岩の表面に着生するものが

多い。かつてはシダ類の半分以上を占めたが分類上分割され、現在は約五〇属一〇〇〇種からなる。polypodia は「多足」の意味。

ラウアエ >>>P319

【学名】*Phymatosorus grossus*
【ハワイ名】Laua‘e, Laua‘e haole
【英名】Lauae fern, Wart fern, Maile-scented fern
【和名】オキナワウラボシ
【原産地】沖縄～東南アジア～アフリカの熱帯地域
【特徴】シダ、葉身50～90㎝
【備考】外来種
　胞子嚢が目立つが、若い葉にはつかない。葉はすりつぶして肝臓病や胃痛などの治療薬として、またカパの間にはさんで香り付けにした。強い芳香があるため、レイや庭植えの素材として人気がある。ハワイ名には「可愛らしい」という意味がある。

ビカクシダ >>>P319

【学名】*Platycerium bifurcatum*
【ハワイ名】なし
【英名】Staghorn fern, Elkhorn fern
【和名】ビカクシダ、コウモリラン、プラティケリウム
【原産地】オーストラリア、パプアニューギニア
【特徴】シダ、葉身0・7～1m
【備考】外来種／有害植物
　樹幹に着生し、木の股から葉を垂らすシダの一種。英名は形状がシカの角に似ていることによる。観賞用としても栽培されているが、非常に繁殖力が強く、ハワイでは有害植物に指定されている。

アエ >>>P319

【学名】*Polypodium pellucidum*
【ハワイ名】‘Ae, ‘Ae lau nui
【英名】Ae fern
【和名】なし
【原産地】主要ハワイ諸島
【特徴】シダ、葉身10～55㎝
【備考】固有種
　クプクプを小型化したような外観で、風通しのよい溶岩地帯などの半日陰に生育する。胞子嚢は目立たない。標高一五〇～二一三五mに分布する。

オシダ科 Dryopteridaceae

世界の熱帯を中心に約二〇属一〇〇〇種が分布する。比較的大型で鱗片が多く、よく知られるものにイノデやオシダ、リョウメンシダなどがある。科名はギリシャ語のdry（カシ）と、pteris（シダ）を合わせたもので、「カシの木に着生するシダ」の意味。

エーカハ >>>P319

【学名】*Elaphoglossum aemulum*
【ハワイ名】‘Ēkaha, Laukahi nunui, ‘Opeha
【英名】Stag tongue fern, Creeping tonguefern
【和名】なし
【原産地】ニイハウ島とカホオラヴェ島を除く主要ハワイ諸島
【特徴】シダ、葉身30～90㎝
【備考】固有種
　倒木などを利用して生長する。標高三〇〇～一三八〇mの湿度の高い土地に分布する。カウアイ島のコケエの森やオアフ島のワイアナエなどに群生が見られる。シマオオタニワタリと同じハワイ名（エーカハ）をもつが、これには「鳥の巣に似た」という意味がある。

コバノイシカグマ科 Dennstaedtiaceae

熱帯を中心に約九属二〇〇種が分布する。ワラビがもっともよく知られている。タカワラビ科に非常に近いが、より小型で、根茎が長く這うという特性がある。科名は、十九世紀のドイツ人植物学者で、ワイマールの植物相の研究をしたA. Dennstadt にちなむ。

パライ／パラパライ >>P319

【学名】*Microlepia strigosa*
【ハワイ名】Palai, Palapalai
【英名】Lace fern
【和名】イシカグマ
【原産地】ヒマラヤ、スリランカ、東南アジア、ポリネシア、日本
【特徴】シダ、葉身０・６～１・３ｍ
【備考】在来種

パライ・ウラとも呼ばれるが、これはハワイ語で「赤い茎」を意味する。芳香があるため、フラを踊る舞台の装飾やレイ、手足に着けるレイ・アーイーなどに用いられる。標高二〇〇～二〇〇〇ｍ近くまでの冷涼な土地に分布する。和名のカグマはシダの古称。

シシガシラ科 Blechnaceae

ウラボシ科から分離した新しい科。約八属二三〇種が世界に広く分布する。株のように見える枝部分から分岐せずに葉柄を立ち上げる。葉の中央を走る太い葉脈に沿って胞子嚢がある。科名は、ギリシャ語でシダの一種を指す言葉から。

アマウ >>P320

カマプアア

アマウにはカマプアアという半神にまつわる神話がある。豚の化身であるカマプアアはよくもめごとを起こしたが、紛争が起きるとアマウを振り回して逃れたという。この丈夫なシダは、カマプアアが根城とする山に生育するとされている。カマプアアはペレが住むキラウエアのハレマウマウ・クレーターへ出かけて彼女に求婚するが、ハレマウマウには、「ama'uma'u（小さなアマウ）の家」という意味がある。

【学名】*Sadleria cyatheoides*
【ハワイ名】'Ama'u
【英名】Rasp fern
【和名】ヘゴモドキ
【原産地】ニイハウ島とカホオラヴェ島を除くハワイ諸島
【特徴】シダ、葉身３～４ｍ
【備考】固有種

比較的高地に見られる木生シダで、葉がV字状に開く。若い葉はアマウマウと呼ばれ、赤みを帯びる。葉はパラホロと呼ばれ、カパの素材となったほか、木生の部分から赤い染料を採ってカパを染色した。木生のデンプン質は救荒食物となった。

タカワラビ科 Dicksoniaceae

熱帯を中心に約五属が世界に分布する。根茎が大きく、直上または斜上する。茎が巨大化して木化するので木生シダとも呼ばれ、デンプンなどが採取された。科名は英国の植物学者で園芸家のJ・ディクソンにちなむ。ヘゴ科に近縁。

ハープウ（チャミッソイ） >>P320

【学名】*Cibotium chamissoi*
【ハワイ名】Hāpuʻu, Hāpuʻu meu, Hāpuʻupuʻu, Pepeʻe
【英名】Chamisso's tree fern, Hawaiian tree fern
【和名】なし
【原産地】ニイハウ島、カウアイ島、カホオラヴェ島を除く主要ハワイ諸島
【特徴】シダ、葉身1〜4・5m
【備考】固有種

標高一五〇〜一一七〇mの湿地に生育する。グラウクムに比べて小型であり、生長が遅い。オアフ島のコオラウ山系やハワイ島のキラウエア周辺に群生が見られる。

ハープウ（グラウクム） >>P320

【学名】*Cibotium glaucum*
【ハワイ名】Hāpuʻu, Hāpuʻu pulu
【英名】Hawaiian tree fern, Male tree fern
【和名】なし
【原産地】主要ハワイ諸島
【特徴】シダ（1〜6m）、葉身1〜7m
【備考】固有種

ハワイに自生する木生シダの一種。標高三〇〇〜一七〇〇mの乾燥した土地と湿り気のある森林に生育する。キラウエア火山にある群落がもっともよく知られる。オヒアと共存することが多い。根茎（木化した部分）はデンプン質に富むため、味は劣るが救荒作物とした。

チャセンシダ科 Aspleniaceae

ウラボシ科から分離してできた新しい科で、そのほとんどがチャセンシダ属。熱帯と亜熱帯を中心に、九属約七〇〇種が分布する。科名はspleen（脾臓）に由来する。癇癪や不機嫌さは脾臓が弱ったせいだとされ、チャセンシダ科の仲間が薬草として用いられたため。

シマオオタニワタリ >>P321

【学名】*Asplenium nidus*
【ハワイ名】ʻĀkaha, ʻĒkaha
【英名】Bird's nest fern
【和名】シマオオタニワタリ
【原産地】世界の熱帯地域
【特徴】シダ、葉身1〜1・5m

救荒作物・ハープウ

ハワイの伝統文化における主食はカロ（タロイモ）だが、天候や火山活動などの影響で期待した収穫ができない場合があった。このようなときに代替品となるのが救荒作物で、大きくイモ類とシダ類とに分かれる。イモ類では、陸生のカロ、ウアラ（サツマイモ）、ピア（タシロイモ）、ウヒ（ヤムイモ）などがある。このほかに、ポリネシアの他の地域では主食となることもある果実のウル（パンノキの実）も利用された。

シダ類のうちハープウ、アマウなどの木生シダは基部にデンプン質が含まれるため、これを利用した。ハープウを食料とするのは最後の手段といわれる。飢饉になると、人々は炭水化物をハープウに頼るようになるが、実際に食べるまでには多くの工程が必要だった。木化した太い茎を切り出し、イムの準備を行い、最低三日はかけてこれらを蒸す。ようやく口にすることができても、あまり満腹感を得られないばかりか、食べるための下準備が遅れると餓死が待ち受けていた。

ポリネシア人が持ち込んだ野ブタは、ハープウの根茎を掘り起こして食べるため、そのあとの穴に雨水がたまり、蚊の大量発生を招くことになった。その結果、一九七〇年代には鳥マラリアが広がり、ハワイミツスイをはじめとする野鳥たちに重大な脅威を与えた。

【備考】在来種
　葉に光沢がある。英名の由来は、放射状に伸びた葉身の中央が鳥の巣のように見えるため。お椀状になった基部に水や枯れ草などを集めて、スポンジ状の根茎で保水したり栄養を蓄えたりする。近縁のオオタニワタリより大型で、葉は細長い。若い葉は生食でき、新芽も食用となる。

ツルキジノオ科 Lomariopsidaceae

世界の熱帯地域に四属約一八〇種が分布する。岩や崖に着生するものが多い。代表的なものにヘッカシダやツルキジノオなどがある。科名は本科のロマリア属による。シノブ科から移動した。

クプクプ >>>P321

【学名】*Nephrolepis cordifolia*
【ハワイ名】Kupukupu, ʻŌkupukupu
【英名】Sword fern
【和名】タマシダ
【原産地】日本〜太平洋の熱帯地域〜ニュージーランド
【特徴】シダ、葉身50〜80㎝
【備考】在来種
　標高四五〇〜一五〇〇mに分布する単葉のシダで、葉が末広がりにならないのが特徴。溶岩が流れ固まったあとに、オヒアやオヘロなどとともに最初に芽吹く植物の一つ。英名は刀剣のように細く背が高い形状に由来する。クプはハワイ語で「芽」を意味する。フラの舞台装飾に用いられることもある。同じくクプクプと呼ばれるセイヨウタマシダ（*N. exaltata*）は別種である。カウアイ島の「シダの洞窟」にあるシダもクプクプと呼ばれることがあるが、これはセイヨウタマシダのこと。

ヒカゲノカズラ科 Lycopodiaceae

世界の熱帯を中心に一六属約四〇〇種が分布する。シダの仲間ではあるが、茎が細長く葉が極小のため、コケのような形状のものが多い。科名はギリシャ語で、lyco（オオカミ）とpodo（足）の合成による。

ミズスギ >>>P321

【学名】*Lycopodiella cernua*
【ハワイ名】Wāwaeʻiole
【英名】Staghorn clubmoss
【和名】ミズスギ
【原産地】世界の熱帯地域
【特徴】シダ、葉身30〜50㎝
【備考】在来種
　直立と匍匐の二つの茎がある。直立型は生長すると針状の葉をつけるため、遠目に樹木のように見える。匍匐型は地表を這いながら不規則に分枝し、ときおり地面に根を下ろす。

ホングウシダ科 Lindsaeaceae

世界の熱帯から温帯にかけて七属約三〇〇種が分布する。よく知られるものにパラアー、ホングウシダなどがある。科名は本科のホングウシダ属による。イノモトソウ科から移動した。

パラアー >>>P321

【学名】*Sphenomeris chinensis*
【ハワイ名】Palaʻā, Palae, Palapalaʻā
【英名】Lace fern

【和名】ホラシノブ
【原産地】ポリネシア、東アジア
【特徴】シダ、葉身0・6～1・5m
【備考】在来種

ハワイの山中ではよく見られるシダ。葉の一つ一つが赤ん坊の手のように開いている。ハワイでは、枯れて乾燥した葉に水を混ぜて赤茶色の染料をつくり、カパを染めるのに用いた。

マツバラン科 Psilotaceae

熱帯と亜熱帯を中心に二属二種が分布する。岩や樹木の幹に着生する。psilos はギリシャ語で「裸の」という意味で、地上茎には突起があるのみで葉や鱗片がないことに由来する。シダの仲間では原始的な系統に属する。

モア >>>P321

【学名】*Psilotum nudum*
【ハワイ名】Moa, Moa nahele, Pipi, ʻOʻō moa
【英名】Whisk fern
【和名】マツバラン、ホウキラン
【原産地】世界の熱帯、亜熱帯
【特徴】シダ、葉身10～50㎝
【備考】在来種

茎に葉はなく、次々と二股に分枝してほうき状となるのが特徴。茎の節につく黄色のこぶは胞子嚢。樹木や岩に着生する。ハワイでは海岸に近い岩場や、木生シダに着生するケースが多い。

リュウビンタイ科 Marattiaceae

シダの仲間で、アジア、アフリカの熱帯、亜熱帯に七属約二〇〇種が分布する。科名はイタリアの植物学者 Maratti にちなむ。

ナンヨウリュウビンタイ >>>P321

【学名】*Angiopteris evecta*
【ハワイ名】なし
【英名】Mule's foot fern, Oriental vessel fern, Giant fern
【和名】ナンヨウリュウビンタイ
【原産地】マダガスカル～熱帯アジア～太平洋熱帯地域
【特徴】シダ、葉身3～8m
【備考】外来種／有害植物

シダの仲間では最大で、八mにもなる長い葉身を広げる。湿り気の多い場所を好み、オアフ島のマノア・バレーなどに群生がある。繁殖力が強いため、ハワイでは有害植物に指定されている。

シダの王国

ホノルルのマノア滝トレイルは地元だけでなく観光客にも人気があり、いつも多くの人が訪れる。歩きはじめに頭上を覆う巨大なシダの下を通り抜けるが、これは世界最大級といわれるナンヨウリュウビンタイだ。葉身は八mを超える。ハワイには在来の種子植物が約一〇〇〇種あるというが、シダ類も多く、二〇〇種ほどが知られている。ハープウやアマウのような救荒作物は生活に密着していたので集落周辺に植えられたし、神話にも登場する。しかし、今日見られるシダの多くは外来種で、ナンヨウリュウビンタイを含むいくつかは有害植物でもある。一方でラウアエのように、外来種でありながら暮らしに深く取りこまれているシダもある。葉に香りがあり、ラウアエの群生を歩くと甘い香りが体を包み込む。今ではは伝統的なフラの儀式にさえ使われるほどだ。ハワイにはさまざまなシダを利用する文化が根づいている。

P26｜ヘアリー・アブチロン🄾

P26｜アブチロン・エレミトペタルム

P26｜ホーリー・アブチロン🅂

P26｜アブチロン・ピクツム

P26｜コオロア・ウラ🄾

P27｜マオ

P27｜コオルア・オーマオ

P27｜ハウ・クアヒヴィ（ギファルディアヌス）

P27｜ハウ・クアヒヴィ（ディスタンス）Ⓞ

P28｜パープルリーフ・ハイビスカスⓈ

02

01

P28｜コキオ・ケオ・ケオ（アーノッティアヌス）

P28｜コキオ・ケオ・ケオ（イマクラトゥス）

01

02

P28｜マオ・ハウ・ヘレ

P29｜ヒビスクス・クライー

P28｜ヒビスクス・カリフィラス

P29｜ヒビスクス・コキオ（コキオ）

P29｜アキオハラ

P29｜ヒビスクス・コキオ（セイントジョニアヌス）

P30｜ブッソウゲ

P29｜アメリカフヨウⓈ

P30｜ローゼル

P30｜ハイビスカス・クーペリ

P31｜ハワイアン・ハイビスカス

01

02

P30｜フウリンブッソウゲⓄ

P31｜コキオ・ケオ・ケオ（ワイメアエ）

P31｜ハウ

01

03

02

P32｜ハウ・ヘレ・ウラ（カウアイエンシス）

P32｜フォルス・マロー

P32｜パキラⓈ

P32｜ハウ・ヘレ・ウラ（ドリナリオイデス）

P32｜ウナヅキヒメフヨウ

P33 | イリマ

02 | イリマ・パパ

01

P33 | スカンクツリー

P33 | カカオ

01

P33 | ミロ

02

P34 | サポジラO

P34 | ウハロアS

P34 | ケアヒS

P35 | ファイアクラッカー・ブッシュS

P34 | マメイ・サポテ

02

03

01

P35｜コーヒーノキ

P36｜ピロ（モンタナ）S

P36｜ピロ（エリプティカ）

P36｜ピロ（オクラケア）S

P36｜クーカエネーネー

P37 | クチナシ

P37 | タヒチアンガーデニア

P36 | ナーヌ

P37 | ゴールデンガーデニア

P37 | サンタンカ

P37 | ジャイアントイクソラ〇

02

01

P38 | マノノ

P38 | ノニ

P38 | ベニバナサンタンカ

P38 | ファイアクラッカー

P39｜ムッサエンダ（ライアテエンシス）

P39｜ムッサエンダ（フロンドーサ）

P38｜ヒゴロモコンロンカ

P39｜ペンタスⓈ

P39｜マイレ・ピラウ

P39｜マコレ

P40｜アラヘエ

P40｜コーピコⓈ

P40｜フォルス・ボタンウィード

P40｜パナマ・ローズ

P41｜フクシア

P40｜ワイルド・ポインセチア

P41｜マツヨイグサ

01

P41｜カナヴァオⓈ

P42｜アフリカンアイリス

02

P42｜パイニウ

P42｜タイガーフラワー

P42｜クロコスミア

P43｜イリエエ

P43｜ルリマツリⓈ

P43｜グロリオサⓈ

P44｜ゴールデン・バンブー（ストリアタ）Ⓞ

P44｜メリケンカルカヤ

P44｜ジュズダマ

P45｜リンポ・グラス

P45｜エモロア

P44｜パンパス・グラス[S]

P45｜トウミツソウ

P45｜ピリ

P46｜ホテイチク

P46｜スズメノコビエⓄ

P45｜バスケットグラス

P46｜オヘ

01

P46｜サトウキビ

02

P47 | マーマキⓄ

P47 | イリヒア

P47 | ハイヴァレ

P49 | オクトパスツリー

02　01

オーラパ（プラティフィルム）P48｜ラパラパ

P48｜オヘ・マウカS

P49｜ヤドリフカノキS

P48｜ポーカラカラ

P48｜オーラパ（トリギヌム）

P49｜オヘ・マカイS

P50 | アイビー・ゴード

P49 | サルオガセ

P50 | テッポウウリ

P50 | ツルレイシO

01

02

P51 | マンゴーO

P51 | カシューナッツO

P52｜ヘリコニア・コリンシアナ

P51｜ネレアウⓄ
01

02

P52｜ヘリコニア・リングラータⓈ

P52｜ヘリコニア・マリアエⓄ

P52｜ヘリコニア・カリバエⓄ

P51｜クリスマスベリー

P53｜ヘリコニア・キサントウィロサ

P53｜ヘリコニア・スティレシーO

P53｜ヘリコニア・プシッタコルムO

P53｜ヘリコニア・ワグネリアナ

P53｜ヘリコニア・ロストラタO

P54｜オオバコ

P54｜バコパ

P54｜ファイアクラッカー・プラント

P54｜ヘラオオバコ

P55｜スパイラル・ジンジャー（コモスス）

P55｜スパイラル・ジンジャー（バルバツス）

P55｜スパイラル・ジンジャー（マロルティエアヌス）

P55｜アフリカン・コストゥス

P56｜レッドボタン・ジンジャー

P56｜クレープ・ジンジャー

P56｜ワックス・ジンジャー

01

P57｜ブーゲンビレア

P56｜ミッキーマウスノキ

02

P57｜アレナ

P57｜パーパラ・ケーパウ

02

01

0

0

P57 | ラマ

01○

P58 | スターフルーツ

02

P58 | キューカンバー・ツリー

P58 | ウキ

01

02

P58 | ヒゲスゲ

P59 | フラット・セージ

P59 | メリケンガヤツリ

P59 | パピルス

P59 | アフアヴァ

P59 | プウカア

P61 | カンナ

01

02

P60 | ペレ・グラス

P60 | マウウアキアキ

P60 | アカアカイ

P60 | ユキボウズ

P62｜ハーハー（フィッサ）

P61｜カナリヤノキ

P61｜アールラ

P62｜オーハー・ケーパウ

P62｜オハ・ヴァイ・ヌイ

P63｜ハーハー（シップマニ）

P62｜ハーハー・ルア

P62｜ハーハー（ハルディ）

P63｜ホシアザミ

P64｜コリイ

P63｜オーハー

02

01

P63｜ロベリアⓈ

P64｜グリーンソード©

P64｜ハマクア・パマカニ

P64｜カッコウアザミ

01©

02

P64｜ギンケンソウ

P65｜アーヒナヒナ（マウイエンシス）

P65｜アーヒナヒナ（アウストラリス）

P65｜コオコオラウ（ハワイエンシス）

P66｜リトル・アイアンウィード

P65｜コオコオラウ（マウイエンシス）

01

P66｜クーパオア（メンジエシー）

02

P66｜クーパオア（ラクサ）

P66｜プアレレ

P66｜クーパオア（スカブラ）

P67｜ガザニアⓈ

P67 | ナタネタビラコ

P67 | ブタナ

P67 | ネヘ（ラヴァルム）

P67 | ネヘ（コナタ）

P68 | ネヘ（ロッキー）

P68 | ネヘ（ロバタ）Ⓢ

P68 ヒイラギギク

P68 マーシュ・フリーベイン

P69 ウェデリア

P68 プーヘウ

P69 ヘアリー・スパージ

01

02

P69 ツリー・マリゴールド

P69｜パーマカニ

P70｜ヒャクニチソウ

P69｜ゴールデン・クラウンベアード

P69｜イリアウ

02 01

P70｜ホワイトシュリンプⓈ

P70｜ジャコビニア

P70｜チャイニーズ・バイオレット

P71｜サンゴバナ

P71｜コエビソウ

P71｜ブラジリアン・レッド・クローク

P72｜ルリハナガサモドキ

P72｜サンケジア・スペキオサ

P71｜パキスタキス・ルテア

P71｜オドントネマ

P72｜アメジスト・スター

P73｜カオリカズラⓈ

P72｜ヤハズカズラⓈ

P72｜コダチヤハズカズラⓈ

P73｜ブルー・トランペット・バイン

P73｜ベンガルヤハズカズラ

01

P74 | アリアケカズラ

P73 | デザートローズ

02

P74 | ヒメアリアケカズラ

P74 | ムラサキアリアケカズラ

02

P74 | マイレ

01

P75｜ニチニチソウ

01 02

P74｜クラウン・フラワー〇

P75｜オキナワキョウチクトウ

01 02

P75｜カリッサ

P76｜ツリー・コプシア

P76｜フウセントウワタ

P76｜セイヨウキョウチクトウ

01

P76｜ホーレイ

02

P76｜プルメリア（オブツサ）Ⓞ

P77｜プルメリア（プディカ）Ⓢ

01

P77｜プルメリア（ルブラ）Ⓞ

02

P77｜ハオ

01

02

P77｜プルメリア(ステノペタラ)O

P78｜オウサイカク

P78｜パカラナS

P78｜ピンホイール・ガーデニア

P78｜サンユウカ

P78｜マダガスカル・ジャスミンO

01

02

P79｜キントラノオ

P79｜キバナキョウチクトウⓄ

P79｜アセロラⓄ

P80｜シュウメイギク

01 02

P80 | スギノハカズラ

P80 | アスパラガス

P80 | エレファント・ノーズ

01

03

P81 | ティ（キー）

04

02

P82｜チューベローズ

P81｜ドラセナⓈ

P81｜センチュリー・プラント

P81｜トックリラン

P82｜ユッカ

P82｜ハラペペ

P83｜ナウパカ・クアヒヴィ（シャミッソニア）

P82｜ナウパカ・パパ

P83｜ナウパカ・クアヒヴィ（キラウエア）

P83 ナウパカ・カハカイ

P83 オヘ・ナウパカ

P84 カラテア（クロタリフェラ）

P84 カラテア（アイス・ブルー）

P84 | カウナオア・ペフ

P85 | アボカド

P85 | セイロンニッケイ

P85 | ショア・ローレル

P86｜ラッツ・テイル

P86｜デュランタ

P85｜ジュニパーベリー

P86｜ランタナ

P86｜バーベナ

P87｜アーナパナパ

01
02
P87｜パンノキ

01
02
P87｜カウイラ

P88｜バニヤン・ツリー

01

P88｜インドゴムノキ◎

02

P88｜ワウケ

P87｜パラミツ

P88｜チャイニーズ・バニヤン◎

P89 | タビビトノキ[O]

P89 | プア・カラ

P89 | ゴクラクチョウカ

P90｜アラアラワイヌイ（ヘスペロマニイ）

P90｜アラアラワイヌイ（レミイ）

P90｜サキュレント・セサミ

P91｜バタフライ・ブッシュ

P90｜カヴァ（アヴァ）

P91｜ビロードモウズイカ

P91｜ナイオ

P91｜アレチモウズイカ

P92｜ヨウシュコバンノキ🅂

P92｜ハメ

P93 | コロコロ・カハカイ

P92 | ホウガンボク🄾
01

02

P93 | アンスリウム

P93 | アペ🄾

P93 | カロ

01

02

03

04

P94 | モンステラ

02

01

P95｜キンシャチ
01

02

P94｜キメンカクⓈ

P95｜ピタヤ

P95｜ウチワサボテン

P95 | ホイ・クアヒヴィ

01

02

P96 | モモタマナ[O]

P96｜イボタクサギS

P96｜ホロック

P97｜ベルベットリーフ

P96｜ピカケ・ホホノ

P97｜クラリンドウ

P97｜ブルーエルフィン

97｜ゲンペイカズラ

P97｜パゴダ・フラワー

P98｜ライオンズ・イアー

P98｜コンゲア

P98｜テングバナ

P98｜アラアラワイヌイ・ワヒネ

P98｜ネコノヒゲ

P99｜パープルフルーツ

P99｜マーオヒオヒ

P99｜ウツボグサ

P100｜ベゴニア

P99｜ポーヒナヒナ

P100｜ジュズサンゴ

P100｜レッド・ジンジャー / ピンク・ジンジャー[O]

01

02

P101｜シェルジンジャー

P100｜タヒチアン・ジンジャー

P101｜ケープヨーク・リリー

P101｜オーレナ

P101｜シャムローズ

02

01

P102｜ホワイト・ジンジャー○

P102｜ビーハイブジンジャー

P101｜トーチジンジャー

P102｜カヒリジンジャー

P102｜イエロー・ジンジャー

P102｜ホーンビル・ジンジャー

P103｜アヴァプヒ・クアヒヴィ

P103｜アーキア

02

01

P104｜スイレン

P103｜スイカズラ

01◎

P104 ウキウキ

P104 アロエ

02

P105｜イヒ(ルテア)

P105｜マンシュウキスゲ

P105｜デイ・リリー

P105｜イヒ(モロキニエンシス)

P105｜アカイカタケ

P107｜ヒメオニソテツ

P106｜パーマカニ

P106 | センダンS

P106 | イヒ(ウィロサ)

P107 | イエイエ

P107 | アダン

P107｜キフタコノキ🄾

01
P110｜オヘロ(カウ・ラーアウ)
02

P108｜シマタコノキ
01
02

P109 | パーヴァレ

P108 | ハマベブドウ

P108 | アサヒカズラ[O]

P108 | ヒメツルソバ[O]

P109 | ロードデンドロン・ヤスミニフロルム

P109 | プキアヴェ

P110 | オヘロ(アイ)

P109 | ビレイア

P111｜チャノキ

P110｜フエフエ

P112｜インパチェンス・ソデニー

P111｜ムラサキオオツユクサ

P111｜ブルー・ジンジャー

P112｜アフリカホウセンカ

01

03

02

P113｜ククイ（モルッカヌス）

P112｜ベニヒモノキ

P112｜コパーリーフ

P113｜ククイ（レミイ）

P113｜クロトンO

114 | アココ(ハエレエレアナ)

P114 | アココ(ケラストロイデス)

01 02

P114 | ブロンズ・ユーフォルビアS

P115 | ポインセチア

P114 | ユーフォルビア(レウコケパラ)

P114 | ショウジョウソウ

P115 | ユーフォルビア・プニケア

P115 | ハナキリン

P116 | ビンガビン

P115 | テイキンザクラⓈ

P116 | サケバヤトロファ

02 01
P116 | トウゴマ

P113 | スリッパー・プラント

P116 | タピオカⓈ

P117｜ベニバナトケイソウ

P117｜クダモノトケイソウS

01

P117｜クサトケイソウ

2S

P118 | イエロー・アルダー

P118 | アカバナトケイソウ

P117 | タマゴトケイ◎

P118 | ホーアヴァ(グラブルム)
01 02

P117 | バナナポカ
02 01

P118 | ホーアヴァ(ハロピルム)
01 02

P120｜ツリー・タバコ

P119｜ホーアヴァ（ホスメリ）

P119｜アエアエ

P119｜ホーアヴァ（カウアイエンセ）

P119｜エンゼルズトランペット

P120｜タバコ(

P120｜カップ・オブ・ゴールド

01

02

P120｜ポハ

P120｜アイエ

P121｜フォックスフェイス

01

02

P121｜ポーポロ
（アメリカヌム）

P119｜ブルーポテトブッシュS

02S　01

P121｜ポーポロ（ネルソニイ）S

P122｜アラウ

P121｜ルリイロツルナス

P122 | ノーフォークパインS

01

P122 | クックパイン

01

02

02

02

P123 | カッシアO

01

03

P123｜ルリフタモジ

P123｜カート

P124｜オオホウカンボク🄾

01

P124 | ジャカランダ

02◎

P125 | キュウリノキ◎

P125 | ソーセージノキ

P124 | ヒョウタンノキ◎

P125｜ブラッドレッド・トランペットツリー

P125｜カエンカズラ

01

02

P125｜アフリカンチューリップツリー

P126 | イエローベル

P124 | イエローポイ

P126 | ナスタチウム

P127｜パール・フラワー

P126｜ピンク・フリンジ

P126｜アメリカクサノボタン

P127 | オオバノボタン

P127 | サンゴノボタン

P128 | シコンノボタン

P128 | フォルス・メドウ・ビューティー

P129｜カンガルーポウ S

P129｜ハナアナナス

P128｜エクメア・ファスキアタ O

P130｜ムサ・アクミナータ

P129｜サルオガセモドキ

P130｜ムサ・オルナータ O

P128｜パイナップル O

03

02 01Ⓞ

P130 | マイア

P131 | ムサ・ウェルティナⓈ

P130 | マイア・マニニ

02Ⓞ 01 P131｜パパイア

P131｜パナマソウⓄ

01 02Ⓢ P132｜ノフ

P132｜インディアン・ペイントブラシ

P133 | アークリクリ S

P132 | マツバギク

P133 | ロケラニ S

P133 | ウーレイ

P134 | アーカラ

P134 | ブラックベリー

P134｜サワーサップ

P134｜チェリモヤ

P135｜スイートサップ

P135｜スパイダーリリー

P136｜イリアヒ(エリプティクム)

P135｜クイーンエマリリー

P135｜ビーチ・スパイダーリリー

P137｜イリアヒ(ハレアカラエ)

P137｜イリアヒ(パニクラトゥム)

P136｜ミルクワート

P136｜スギ

P137｜カーキウィード

P137｜エヴァヒナヒナ

138｜アーヘアヘア
オアフエンシス）

P138｜アーヘアヘア
（ウィリディス）

P138｜パーパラ

P138｜クルイー(サンドウィケンセ)

P138｜クルイー(ディバリカツム)

P139｜ハワイアン・ボナミア

02

P139｜カウナオア
01

P139｜ブルー・デイズ

P140｜コアリアイ

P139｜ウアラ

P140｜コアリアヴァ

P140｜ポーフエフエ

01

02

P140｜ヒメノアサガオ

P141｜パウ・オ・ヒイアカ

P140｜ホシアサガオ

P141｜ヘアリー・メレミア

P141｜ウッドローズ

P142｜ビワモドキ

P141｜オオバハマアサガオ

P142｜クレオメ

01

P143｜カマニ

02

01

P143｜オートグラフツリー

02

03

P142｜マイアピロ

P143｜マンゴスチン

P144｜ユーカリノキ 01 02

P143｜キンポウジュ◎

P144｜オオバユーカリ 01 02

P144｜シダレハナマキ

P144｜ピタンガ

P145｜カユプテ◎ 01 02

P145｜オヒア（マクロパス）

05

02

01

03

04

P145｜オヒア(オヒア・レフア)

08

07

06

09

P146｜*M. tremuloides*

01・02・03・04の色違いのしべ（黄色のしべには基部に極小の花弁が見える）／05 オヒアの葉。頂の若葉は赤いが他にもさまざまな色合いがある／06高木のオヒア。樹高は 20 mほど／07蕾が開きレフアのしべが出てきたところ／08雄しべが抜け落ち、雌しべだけが残った状態／10溶岩地帯に最初に出現する植物であるオヒア／11樹高わずか 30cm のオヒア（アラカイ湿原）

P146 | オールスパイス

P146 | レフア・マカ・ノエ

P147 | グァバ

02○

01

P146 | ジャボチカバS

P146 | ストロベリー・グァバ

P147 | フトモモS

P147 | イエロー・ストロベリー・グァバ

P148 | レンブ

P147 | オーヒアアイ

P147 | ジャワ・プラム

01S

P148 | オーヒアハ

P148 | ベニノキ

02

P149 ｜ ブルーマーブル

P149 ｜ セイロンベンケイ

P149 ｜ プアケニケニ
01

02

P150 ｜ パツラマツ
01
02S

P149 ｜ ホルトノキ
01

02

P151 ｜ コアイア

P150 | コア

01

02

04

01コアの森。巨木はカヌーの素材としてほぼ消えたが、環境保護によって新しい森が再生しつつある。
02コアの花。受粉前は淡緑色だが、受粉後は黄色になる／03コアの本葉（小さな羽状複葉）と偽葉（
きな三日月状の葉）／04材は赤味を帯び柔軟性がある

03

P151 | ネムノキⓄ

P151 | モリシマアカシア 02 01

P152 | ウヒウヒ

P152 | オオゴチョウ 02

01

03

P152｜マウナロア
01
02

P152｜セント・トーマスツリー◎
01
02

P151｜ホンコンオーキッドツリー
01
02

P153｜アーウィキウィキ

P153｜ゴールデン・シャワーツリー◎

P152｜レッドパウダーパフ
01
02

P153｜ムーンライト・シャワー

P153｜ピンク・シャワーツリー

P153｜ピンクアンドホワイト・シャワーツリー

P154｜レインボー・シャワーツリー

P154｜オオミツバタヌキマメ

02

P154｜アフリカタヌキマメ
01

P155｜キャトステギア・マテウシイ

P155 | ホウオウボク

01

02◎

P154 | カワラケツメ

P155 | アメリカデイゴ

P154 | ラトル・ポッ

P155 | デイゴ

01

P155 | ウィリウィリ

P156 | コア・ハオレ

02 01

02

03◎

P156｜オジギソウ

P156｜ネビキミヤコグサ

P156｜ケミヤコグサ

P157｜キアヴェ

P157｜マドラスソーン

P156｜レッド・ジェイドバイン

P157｜モンキーポッド

P158｜コロモナ

P157 ゴールデン・キャンドル

P158 モクセンナ

P158 オハイ

P158 | マーマネ

01

03

02

P159｜タマリンド

P158｜ブルー・ジェイドバイン

P159｜アウフフ

P160｜モキハナ

P160｜ナネア

P159｜シロツメクサ

P160｜ウアヒアペレ

P159｜ハリエニシダ

P160｜カレーノキ

P160｜クーカエモア

P161｜モック・オレンジ

P162｜ロンガン

P161｜ターウィード

P161｜ホテイアオイ

P162｜シガー・フラワー

P162｜バナバ

01

02

P162｜アアリイⓄ

02　01

03

02　01

P163｜アーウル

P162｜ライチⓄ

02　01

P163｜マーネレ

P163｜ランブータン

P164 | コウ

P163 | アメリカチシャノキO

P164 | シーサイド・ヘリオトロープ

P164 | ヒナヒナ

P164 | モンパノキ

02

01

P165 | スター・ジャスミン

P165 | アガパンサス

P166｜モクセイ

01

02

01

P165｜ピカケ

02

P165｜オロプア

02 01

P166｜マダガスカル・オリーブ

P166 | モクマオウ

P167 | カーワウⓈ

P166 | タイサンボク

P167 | マウア

P168｜コーレアラウリイ

P167｜コーレアラウヌイⓈ

P168｜バット・フラワー

02

01Ⓢ

P168｜ウヒ

P169｜ゴールデン・バンクシア

01

02

P169｜ヒル・バンクシア

P168｜ピア

P169｜ウーリー・バンクシア

01

02

P170｜キャサリン・ピンホイールⓈ

01

02

P169｜シルキーオークツリー

01

02

P170｜ピンクッション

P171｜プロテア(ルペンス) S

P170｜マカダミア　01 02

P170｜キングプロテア

P171｜バンブー・オーキッド

P171｜ファイア・ツリー[S]

P172｜ヘッカラン

P171｜プロテア(ロンギフローラ

P172｜バンダラン[O]

P172｜デンファレ

P172｜エバーグレード・パーム

P173｜オーストラリアンシュガー・パーム

P173｜アレクザンダー・パーム

P173｜ラッフル・パーム

P173｜ビンロウジュ

P174｜ピーチ・パーム S

P174｜ビスマルク・パーム

P174｜ココヤシ（ニウ）

01ココヤシはあらゆる部位が有用な植物であり、すべての集落に植えられていた／02ヤシの実（ココナッツ）は酒の代用品であるとともに食用、薬用、生活道具などに用いられた／03潮流に乗って流れついたヤシの実は陸地に打ち上げられると発芽する／04三つの黒点はサル（ココス）に見える

P174｜アレカヤシ◎

02

01

P174｜タリポット・パーム

P174｜パナマハリネヤシ

P175｜ボトル・パーム

P175｜アサイー・パーム

P176｜オーストラリア・ビロウ

P176｜レッドラタン・パーム

P176｜スピンドル・パーム

P176｜イエローラタン・パーム

P176｜リボン・パーム

P177｜ロウル(グラブラタ)Ⓢ

P177｜ロウル(マルティ)Ⓢ

P177｜オオミヤシ

P177｜ナツメヤシ

P177｜ロウル(アレキナ)

P178 | ヤハズアメリカチャボヤシ

P178 | フィンガー・パーム

P178 | ロイヤル・パーム

P178 | ヒメヤハズヤシ

P179 アーコーレア

P179 イヴァイヴァ

P179 ホーイオ（エスクレントゥム）

P179 ホーイオ（アルノッティ）

P181 | ビカクシダ

P181 | アエ

P182 | パライ(パラパライ)

P180 | ウルヘ・ラウ・ヌイ

P181 | ラウアエ

01

02

P181 | エーカハ

P180 | レペレペ・ア・モア

P180 | ウルヘ

01

02

P182｜アマウ

03

02

01

P182｜ハープウ（チャミッソイ）

P183｜ハープウ（グラウクム）

02 01

P184 | クプクプ

01

02

02

P183 | シマオオタニワタリ

01

P184 | パラアー

P184 | ミズスギ

P185 | ナンヨウリュウビンタイ

02 01

P185 | モア

ハワイのフルーツとナッツ

ハワイには隠れたもう一つの王国がある。一〇〇種類を超えるフルーツとナッツだ。量の多少はあるが、いずれも流通しており、一年を通じて入手できる。コーヒーやマカダミアをはじめ、パパイアやパイナップルなどは、各島に大規模な農園がある。グァバやリリコイ、パッションフルーツなどはジュースやジャムに加工されて販売されるので、観光客にも馴染みがあるだろう。タマリンドやコーヒーの果肉を絞ったジュースなど、一般にはあまり知られていないものもわずかながら流通している。もちろん、ウンシュウミカンやブンタン、ビワなど、日本由来のフルーツもよく見られる。このほかに、流通はしていないものの、身近に入手できる庭木としての果樹もある。

なかでもマンゴーや各種のグァバはすっかりハワイの風景に溶けこんでいる。しかも、マンゴーには五〇を超える品種があるし、コナやカウ、ワイアルア、マウイ、カウアイなどで知られるコーヒーにも多くの品種がある。いずれもハワイの豊かな自然に育まれたものだ。ハワイのフルーツとナッツの世界も想像以上に奥深い。

アメイシャ / peanut butter fruit Ⓢ

アラア / alaa Ⓢ

イチジク / fig tree Ⓢ

アップル・カクタス / hedge cactus Ⓢ

アーカラ / hawaii blackberry Ⓢ

イヌバンレイシ / pond apple Ⓢ

アップルバナナ / apple banana

アサイー / assai palm Ⓢ

ウチワサボテン / prickly pear Ⓢ

アボカド / avocado Ⓞ

アセロラ / acerola

キンキジュ / madras thorn

カイミト / abiu fruit S

ウンシュウミカン / satsuma mandarin S

クサトケイソウ / running pop

カニステル / eggfruit S

オオイタビ / creeping fig S

クロイチゴ / raspberry

カラカナッツ / karaka nut

オオセンナリ / apple of peru S

ココナッツ / coconut

キミノバンジロウ / yellow strawberry guava

オオミアカテツ / mamey sapote

ゴレンシ / star fruit S

キュウリノキ / cucumber tree

オヘロ / ohelo berry

チェリモヤ / custard apple S

セイヨウリンゴ / domestic apple S

ザクロ / pomegranate

チューインガムノキ / sapodilla

セラードパイナップル / cerrado pineapple S

サトウキビ / sugarcane

ツルレイシ / bitter gourd

タマゴトケイ / yellow water lemon S

シマタコノキ / pandanus

テッポウウリ / exploding cucumber

タマリンド / tamarind

ジャボチカバ / jaboticaba S

テリハバンジロウ / strawberry guava

タンジェロ / tangelo

ジャマイカンチェリー / jamaican cherry S

パンノキ / breadfruit

バナナポカ / banana poka

トゲバンレイシ / soursop S

バンレイシ / sweetsop

パパイア / papaya

ノニ / noni

ピタヤ / dragon fruit

ハマベブドウ / sea grape

パイナップル / pineapple S

ピタンガ / surinam cherry

パラミツ / jackfruit

パキラ / pachira

ビワ / loquat

バンジロウ / common guava

バナナ / banana

マレーフトモモ / mountain apple

ブドウホオズキ / poha berry

ビワモドキ / elephant apple

マンゴー / mango

フトモモ / rose apple [O]

ビンロウ / betel nut [S]

マンゴスチン / mangosteen

ブンタン / pummelo

フェイジョア / pineapple guava [S]

マンダリン / mandarin orange

ミラクルフルーツ / miracle fruit [S]

フクシア / fuchsia

ムラサキフトモモ / java plum

ホシリンゴ / star apple [S]

ブシュカン / buddha's hand

カットナッツ / cut nut Ⓢ

レモン / lemon

モンステラ / monstera

ククイ / kukui nut Ⓞ

レンブ / java apple

ライチ / lychee

コーヒーノキ / coffee bean

ロンガン / longan

ライム / lime

ピーカン / pecan nut Ⓢ

カカオ / cacao bean

ランブータン / rambutan Ⓢ

マカダミア / macadamia nut

カシューナッツ / cashew nut

リリコイ / passion fruit

植物園一覧

各植物園の住所、開園時間、入園料などについては、直接植物園のHPや電話などで確認して下さい。

オアフ島

フォスター植物園　Foster Botanical Garden

☎：808-768-7135

住所：50 North Vineyard Boulevard, Honolulu, HI 96817

1850年に開園したハワイ州最古の植物園。ドイツの植物学者ヒルブラントが、カメハメハ3世の妻カラマ王妃から譲り受けた土地に植物を植えはじめたのがはじまり。1867年にアメリカ人船長のトーマス・フォスターがここを購入して植栽を充実させた。彼の死後、ハワイ人の血が混じる妻のメアリーが土地を管理した。園内には灯籠など仏教的なモニュメントが多い。ハワイにゆかりのある植物もあるが、ここは世界中の樹木コレクションが特徴。ガイドツアーがある。全面改装の予定がある。

ココ・クレーター植物園　Koko Crater Botanical Gardern

☎：808-522-7060

7491 Kokonani St., Honolulu, HI 96825

1958年に部分開園。24haの敷地にはプルメリアやブーゲンビレアなどのエリアがあり、その奥にはサボテンのエリアのほか、マダガスカル、アフリカ、ハワイなど乾燥地に特有の植物が展示されている。

リリウオカラニ植物園　Lili'uokalani Botanical Garden

☎：808-522-7066

123 N. Kuakini St., Honolulu, HI 96817

リリウオカラニ女王のお気に入りの散策路だった場所を植物園にした。庭園の中をヌウアヌ川が流れ、小規模ながら滝もある。隣接するフォスター植物園が外国の植物展示に重点を置いているのに対し、こちらはハワイ固有の植物展示に力を入れている。3haの敷地はいまも造成が続けられている。

ハロルド・L・ライアン演習林　Harold L. Lyon Arboretum

☎：808-988-0456

3860 Mānoa Rd., Honolulu, HI 96822

80haの敷地を持つハワイ大学マノア校の演習林。ハワイ固有の植物を中心に、熱帯地方によく見られる植物が数多くある。植物園的なたたずまいは入口周辺だけで、奥はほとんど手つかずの原生林となっている。道が入り組んでいるので、入口で渡される地図を携行しよう。

セネター・フォングズ農園＆植物園　Senator Fong's Plantation and Gardens

☎：808-239-6775

47-285 Pulama Rd., Kaneohe, HI 96744

300haの敷地は5つの渓谷と高原に分けられ、ハワイの自然でよく見られる植物が過不足なく展示されている。またライチを中心とする熱帯果樹のコレクションも充実。ビャクダンの森もある。敷地が広大なため、見学はトラムによるガイドツアーのみ。

ハワイ大学イミロア・センター　'Imiloa Center, University of Hawai'i

☎：808-969-9703

600 'Imiloa Place Hilo, HI 96720

天文関連の展示をするイミロア・センターを囲むように植物展示がある。ハワイの固有植物と伝統植物が充実している。

ホオマルヒア植物園　Ho'omaluhia Botanical Garden

☎：808-233-7323

45-680 Luluku Rd., Kāne'ohe, HI 96744

1982年の開園。園内は熱帯アメリカ、インドとスリランカ、ハワイ、アフリカの植物地域に分かれる。本来の目的は洪水防止のための貯水であり、コオラウ山系のすそ野に大きな貯水池が広がる。入場者数の制限があるので土日祝祭日は早めに訪れるほうがよい。

ワヒアヴァ植物園　Wahiawa Botanical Garden

☎：808-621-5463

1396 California Ave., Wahiawa, HI 96786

約10haの敷地には小さな渓谷と森がある。ハワイの野生植物の展示に中心を置き、なかでもサトイモ科、ヤシ科、木生シダ、オウムバナ科に力を入れている。渓谷の下は蚊が多いので、気になる人は虫除けスプレーを持参したほうがよい。

オアフ島

ワイメア渓谷　Waimea Valley	☎：808-638-7766
59-864 Kamehameha Hwy., Haleiwa, HI 96712	
ハワイ固有のハイビスカスの栽培など、絶滅を危惧されている植物の保護に大きな実績を残す。また、野生では絶滅したネネ（ハワイガン）を、飼育していたものから繁殖させたことでも知られる。園内は熱帯諸地域（小笠原諸島を含む）別に展示される。	
クイーン・カピオラニ・ガーデン　Queen Kapiʻolani Garden	☎：808-768-4626
Monsarrat Ave., Honolulu, HI 96815	
カピオラニ公園に近い小庭園。2018 年に大改造され、固有植物や伝統植物の展示が充実。	
フレンドシップ・ガーデン　Friendship Garden	☎：808-692-8015
45-226 Kokokahi Place, Kaneohe, HI 96744	
一周 800m ほどの周回路沿いに、ハワイでよく知られる植物を展示。カネオヘ湾を遠望できる。	

カウアイ島

ナ・アーイナ・カイ植物園・彫刻公園　Na ʻĀina Kai Botanical Garden & Sculpture Garden	☎：808-828-0525
4101 Wailapa Rd., Kilauea, HI 96754	
キラウエア岬の少し手前にあり、約 100ha の敷地に果樹の森、高木の森、砂漠の植物、水辺の植物などが設けられている。いずれも充実度は高い。ガイドツアーのみ。	
アラートン・ガーデン　Allerton Garden	☎：808-742-2623
4425 Lawai Rd., Koloa, HI 96756	
3200ha の敷地に美しい庭園が点在する。ハワイ固有の植物もあるが、ここでは造作された庭園の美しさを観賞できる。ガイドツアーのみで、受付はマクブライド・ガーデンと同じゲストハウスで行う。	
マクブライド・ガーデン　McBryde Garden	☎：808-742-2623
4425 Lawai Rd., Koloa, HI 96756	
ハワイ固有の植物をはじめ、ショウガ科とヤシ科の植物が充実している。広大な敷地なので、個人で歩く場合はハイキングと同様の靴と服装が必要。ゲストハウスから植物園まではトラムで移動する。	
リマフリ・ガーデン　Limahuli Garden	☎：808-826-1053
5-8291 Kuhio Hwy., Hanalei, HI 96714	
約 7ha と比較的小規模だが、植物表示や展示の工夫、管理状態は非常に良く、優れた植物園として評価され、何度もベスト植物園賞を受賞している。ツアーも催行される。	
スミス・トロピカル・パラダイス　Smith Tropical Paradise	☎：808-821-6895 808-821-6896
174 Wailua Rd., Kapaa, Kauai, HI, 96746	
小さな植物園だが、ハワイのポピュラーな植物を見ることができる。なかでも果樹のコレクションに力を注いでいる。夜にはルアウを含むショーが催される。	

マウイ島

エンチャンティング・フローラル・ガーデンズ　Enchanting Floral Gardens	☎：808-727-2180
2505 Kula Hwy., Kula, Maui, HI 96790	
ハワイ固有種に限らず、熱帯や亜熱帯に生育する 1500 種の園芸植物を展示してきた。日本人オーナーの引退で一時閉鎖されていたが、2019 年に新組織で再オープンした。	
カハヌ・ガーデン　Kahanu Garden	☎：808-248-8912
650 Ulaino Rd., Hana, HI 96713	
ヤシとパンノキは多くの種類が見られるほか、伝統植物も充実する。園内にあるピ・イラニ・ハレ・ヘイアウの巨大な石積みが圧巻。ガイドツアーあり。	

マウイ島

ケ・アナエ樹木園　Ke'anae Arboretum　📞：なし

13385 HI-360, Kula, HI 96790

小規模の森林公園だが、ハイビスカスやショウガ科の植物展示が充実している。すべての植物に解説プレートがある。カロ（タロイモ）の水田（ロイ）もある。

ケパニヴァイ文化遺産植物園　Kepaniwai Heritage Gardens　📞：808-270-7232

870 Iao Valley Rd., Wailuku, HI 96793

イアオ渓谷にある日本庭園を中心とした植物園。ハワイの伝統的家屋のレプリカや中国風の東屋、ポルトガル庭園などもあるコスモポリタンな施設。

クラ植物園　Kula Botanical Garden　📞：808-878-1715

638 Kekaulike Ave., Kula, Maui, HI 96790

プロテア、アナナス、ランを中心に、固有植物も展示する。鳥類の展示施設やコイの池もある。

マウイ・ヌイ植物園　Maui Nui Botanical Gardens　📞：808-249-2798

150 Kanaloa Ave., Kahului, HI 96733

約3haの敷地にマウイ島に生育するヤシの木が数多く植えられている。カマニやククイ、パンノキなどの伝統植物のほかナウパカなど、固有植物の展示も充実している。各種文化行事もある。

マウイ熱帯農園　Maui Tropical Plantation　📞：808-244-7643

1670 Honoapiilani Hwy., Wailuku, HI 96793

24haの敷地にサトウキビ、パイナップルなど、ハワイの農産物を数多く展示する。ショウガ科の植物やヘリコニア、キーなどの園芸品種も多い。毎日トラムが園内を周回する。

マウイ熱帯庭園　Tropical Gardens of Maui　📞：808-244-3085

200 Iao Valley Rd., Wailuku, Maui, HI 96793

約1.6haの敷地に熱帯植物を展示する。数種類あるカロ（タロイモ）の展示や、近郊のイアオ渓谷に生育する植物展示にも力を入れる。園芸店を併設。

モロカイ島

マプレフ温室庭園　Mapulehu Glass House　📞：808-558-8160

HC1, Box 500 Kaunakakai, Molokai, HI 96748

約3.5haの敷地内には1920年代に建てられた巨大な温室があり、ランを中心に世界の花が栽培されている。屋外にはジンジャーやヘリコニアなどの園芸品種がある。ツアーも行われている。

ラナイ島

カネプウ保護区　The Kanepuu Preserve　📞：800-628-6860

8km North-west from Lanaicity

島西部にある森林保護区。乾燥地帯にある森林としてはハワイ諸島最大で、230haの面積がある。森にはビャクダンやコクタンなどの希少種が自生する。トレイルと案内板が設置されている。

ハワイ島

エイミー・グリーンウェル民族植物園　Amy B.H. Greenwell Ethnobotanical Garden　📞：808-323-3318

82-6188 Mamalahoa Hwy., Captain Cook, HI 96704　**※2019年4月現在、閉鎖中**

ビショップ博物館の分園。かつてのアフプアアの一部を利用して運営されていた。固有種と伝統植物はきわめて充実している。しかし、借用期限が切れ、2019年現在は閉園中。博物館が買い取る予定がある。

ハワイ島

ハワイ熱帯植物園　**Hawai'i Tropical Botanical Garden**		☎：808-964-5233
27-717 Old Mamalahoa Hwy., B.0.Box 80, Papaikou, HI 96781		
風光明媚なオノメア湾につくられた植物園。鬱蒼とした森の中に熱帯地域の植物が咲き乱れる。サトイモ科、ショウガ科、ヘリコニア類が充実する。		
リリウオカラニ庭園　**Lili'uokalani Gardens**		☎：808-961-8311
Banyan Drive, Hilo, HI 96720		
日系移民が中心となり、20 世紀初頭に造られた 12ha の日本庭園。池を中心に、竹林や灯籠、太鼓橋などがある。庭園を囲むモクマオウやバニヤン、モンキーポッドの景観が美しい。ココナッツ・アイランドへは園内の橋を渡る。		
マヌカ州立公園　**Manukā State Wayside**		☎：808-961-9540
On Mamalahoa Hwy., 11, 19.3 miles west of Na'alehu.		
19 世紀半ばに溶岩地帯を緑化した地区で、約 1 万 ha が森林保護区となっている。トレイルを 1 周するとハワイの自然で見られる樹木を把握できる仕組みになっている。敷地の最奥部には溶岩が噴出したあとの竪穴がある。		
ナニ・マウ・ガーデン　**Nani Mau Gardens**		☎：808-959-3500
421 Makalika St., Hilo, HI 96720		
園芸植物中心の広大な庭園。アンスリウムやランなどの花壇がある。		
プア・マウ植物園・彫刻庭園　**Pua Mau Place Botanic and Sculpture Garden**		☎：808-882-0888
10 Ala Kahua, Kawaihae, HI 96743		
200 種ある園芸種のハイビスカス・コレクションが興味深い。植物にはすべて解説プレートが付けられている。		
セイディー・シーモア植物園　**Sadie Seymour Botanical Gardens**		☎：808-329-7286
76-6280 Kuakini Hwy., Kailua-Kona, HI 96740		
ハワイの農作物を伝統的な農法で再現しており、ケアラコワ・ヘイアウの史蹟もある。園芸植物の資料を揃えた植物園を併設している。		
ハワイ大学ヒロ校付属植物園　**University of Hawai'i at Hilo**		☎：808-932-7799
200 West Kawili St., Hilo, HI 96720-4091		
ソテツの種類ではハワイ最多を誇る。ヤシの種類も多く、特にハワイ固有種であるロウルの仲間はほぼ完全なコレクションがある。		
パレアク庭園　**Paleaku Gardens Peace Sanctuary**		☎：808-328-8084
83-5401 Painted Church Rd., Captain Cook, HI 96704		
園芸品種を中心に展示する。マカダミアやマンゴーなど、果樹にも力を入れている。		
ワールド植物園　**World Botanical Gardens**		☎：808-963-5427 888-947-4753
31-240 Old Mamalahoa Hwy., Hakalau, HI 96710		
1995 年開園。ハワイの植物を過不足なく展示する。ビジターセンター脇の庭園以外は車で周遊する。		
パナエヴァ動植物園　**Pana'ewa Rainforest Zoo & Gardens**		☎：808-959-7224
800 Stainback Hwy., Hilo, HI 96720		
無料の動植物園ということもあり、植物の解説プレートは充実していない。ヤシ科など外来の植物を多く展示する。ハワイの伝統植物のコーナーもある。		

新しい植物分類について

この新版では、準拠する植物の分類がAPG分類体系に変更された。そのため、多くの種で所属する科が変わったり、科の名称が別のものになったりしている。APG（「被子植物系統グループ」の略称）は、遺伝子の塩基配列の比較から被子植物全体を統一的な基準で再編成することを目指し、その成果をAPG分類体系として公表してきた。見かけは科の名前や配置が別のものに変わっただけのようであるが、実はその裏には、多様な植物世界がどのように進化してきたのか、それを人間がどのように認識してきたのかという壮大なドラマが横たわっている。

現在の分類学（学名や分類体系）の基礎をつくったリンネ（一七〇七〜七八）の時代には「神による創造」が信じられていた。一つ一つの種は天地創造の際に神が造られ、いったんできた種はその後変化することはないというものである。また、神は少しずつ形を変えて異なる種をつくったので、形態を比較して違いが明瞭であれば異なる種であると判定された（形態学的種概念）。リンネが分類体系を考えたのも、神が生物の世界をつくったときのプラン（体系）を明らかにする（神の存在を証明する）ことに主眼があったといわれる。

時代が下って一八五九年、ダーウィンが『種の起源』を著し、生物は不変ではなく進化することを明らかにした。しかも今ある種は必ず祖先種から分化して多様化してきたので、遡ると単一の祖先種（始原生物）に行き着く、逆に言えば、すべての現生種は単一の祖先から派生した親戚関係にあるということを唱えた。形態が似ているということは類縁が近いことを意味するので、形態を比較してその類似の度合いから種をグループ分けしていくことで、系統関係を反映した分類体系が構築できる。それを時間軸に沿って表したのが系統樹である。こうしてできたのが従来のエングラー体系やクロンキスト体系と呼ばれる分類体系であった。

ただし、形態の比較から類縁関係を推定する手法には、大きな落とし穴がある。相同（見かけの違い）と相似（他人の空似）である。相同は同じ系統に属するにもかかわらず見かけの形態が異なる場合（ウマの前肢、コウモリの翼、クジラのヒレなど）、相似は直接の類縁関係にないもの同士がよく似た形態をもつ場合（有袋類のフクロオオカミと真獣類のオオカミなど）をいう。この関係を見誤ると正しい系統関係を構築できないことになってしまう。

一九五三年、ワトソンとクリックにより、ついに遺伝子の正体が突き止められた。あらゆる生物はＤＮＡという長い鎖状の分子に含まれる暗号（塩基配列）に基づいて体が作られており、異なる種はそれぞれ独自の塩基配列をもつことがわかった。さらに、集団の中では常に突然変異が生じるので、長い目でみると集団の遺伝的組成も変化する。集団に変異が蓄積してもはや元（祖先）の集団との間に正常な子供ができないほどまでに変化した場合、種が分かれたと判断される（生物学的種概念）。このプロセスこそが進化である。ここから思いがけない可能性が開けた。種ごとの遺伝子の塩基配列を比較すると、進化のメカニズムから、塩基配列が似ているものほど類縁が近い（新しく分かれた）、違いの大きいものほど類縁が遠い（昔に分かれた）ということが客観的に推定できるのである。しかも遺伝子はすべての生物がもつ根源的な物質なので、塩基配列という統一的な材料を用いて全生物の系統関係を構築することも可能となった。さらに形態による分類で避けられなかった相似や相同に騙されることもない。この分子系統学的な研究をもとに被子植物の分類の見直しを行った結果がＡＰＧ分類体系なのである。

さて、結果はどうであったろうか。さすがに人間の目による形態の識別力は優れており、形態から構築された従来の分類体系の大筋は遺伝子からみても正しいことがわかった。しかし、植物の形態の多様化には想像を超えるものがあり、大きくは単子葉植物と双子葉植物の位置づけの変更から始まり、多くの分類群でグループの改廃、新設、配置換えなどが必要となった。植物の分類は花の形態が中心となって行われてきたが、相似や相同の現象に騙されて誤った判断をしてきたことになる。たとえば、ユリ科は花の特徴から多数の属を含む大きなグループを構成していたが、実際はさまざまな系統グループの寄せ集めであることがわかり、ＡＰＧ分類体系では多くの種がユリ科以外に配属替えとなった。

こうした歴史を踏まえて考えると、ＡＰＧ分類体系は実際の進化を反映した「正しい」系統関係に基づく分類体系であり、今後これが大幅に変更されることはないと言ってよい。これまで慣れ親しんだ科から、名前も聞いたことがないような科に変わってしまってはじめは戸惑うかもしれないが、これからはずっとこれが「正しい」科名として使われることになるので、ぜひ、少しずつ慣れていってほしい。

ハワイでは、本来の固有植物は本格的な開発や破壊の及ばなかった山地の限られた場所でしか見られなくなってしまった反面、開発の進んだ低地の観光地や住宅地には世界中から人間が持ち込んだ多種多様な園芸植物が咲き誇っている。ハワイに居ながらにして世界中の植物を目にすることができるのである。この図鑑を参考に、一つ一つの種の原産地を思い浮かべながら、またそれぞれの種が所属する属や科というグループにも思いをはせながら、植物の世界を楽しんでいただきたい。

駒澤大学総合教育研究部教授　清水善和

T

U

V

W

Y

Z

N

O

P

Q

R

英名索引

A

B

ハワイ名—A～K

ハワイ名索引

Q R

S

N

O

P

H

I

J

K

L

M

ワ行

学名索引

A

ナ行

ハ行

サ行

カ行

和名―オ～ク

索引

和名索引

＊本文に掲載された通称や別称も含む。**太字**は写真のページを示す。

■参考文献

“A Tropical Garden Flora”, G. W. Staples, D .R. Herbst, Bishop Museum Press, 2005
“Arts and Crafts of Hawaii”, Peter H. Buck, Bishop Museum Press, 1957
“Alien Plant Invasions in Native Ecosystems of Hawaii”, C. P. Stone, G. W. Smith, UHP, 1992.
“Ferns of Hawaii”, Kathy Valier, UHP, 1995.
“Hawaii Dye Plants and Dye Recipes”, V. F. Krohn-Ching, UHP, 1992.
“Hawaiian Herbs of Medicinal Value”, D. M. Kaaiakamanu, J. K. Akina, Charles E. Tuttle, 1972.
“Hawaiian Natural History, Ecology and Evolution”, Alan C. Ziegler, UHP, 2002.
“The Indigenous Trees of the Hawaiian Islands”, Joseph Francis Rock, C. E. Tuttle Company, 1974.
“In Gardens of Hawaii”, Marie C. Neal, Bishop Museum Press, 1948.
“La‘au Hawaii Traditional Hawaiian Uses of Plants”, I. A. Abott, Bishop Museum Press, 1992.
“List of Hawaiian Names of Plants”, Joseph Francis Rock, 1913.
“Manual of the Flowering Plants of Hawai‘i, Vol. 1, Vol. 2”, W. L. Wagner, D. R. Herbst and S. H. Sohmer, UHP, 1990.
“A Natural History of the Hawaiian Islands”, E. Alison Kay, UHP, 1994.
“Plants and Flowers of Hawaii”, S. H. Sohmer and R.Gustafson, UHP, 1987.
“Plants in Hawaiian Medicine”, Beatrice H. Krauss and more, The Bess Press, 2001.
『ハワイの自然』清水善和、古今書院、1998
『図説熱帯の果樹』岩佐俊吉、国際農林水産業研究センター、2001
『日本の野生植物 木本』佐竹義輔他編、平凡社、1989
『熱帯雨林』湯本貴和、岩波新書、1999

■協力　清水善和（駒澤大学総合教育研究部教授）

■写真　近藤純夫（下記イニシャルのないものすべて）

■写真提供（本文写真には以下のイニシャルを付した）

Ⓒ Gerald D. Carr（元ハワイ大学マノア校植物学教授）
Ⓞ 小形又男（写真家）
Ⓢ Forest & Kim Starr（Starr Environmental）

■取材協力（五十音順）

エイミー・グリーンウェル民族植物園（Peter Van Dyke）／スター・エンヴァイロンメンタル（Forest & Kim Starr）／ビショップ博物館／ワイメア渓谷（植物園）（Dr. David Orr）

装幀・本文レイアウト：善養寺 ススム（A/T Harvest &入谷のわき）
編集：大石範子、湯原公浩、福田祐介

■著者紹介
近藤純夫（KONDO Sumio）
1952年、札幌市生まれ。エッセイスト、翻訳家、写真家。1970年代から洞窟調査などでハワイ島へ通い、その後、ハワイ諸島の自然と文化に関する講座や講演を通じてハワイ情報を発信する。ハワイ火山国立公園のアドバイザリー・スタッフ。ハワイ関連の著作に『フラの花100』『ハワイ・ブック』『ハワイ・トレッキング』（以上、平凡社）、『撮りたくなるハワイ』『歩きたくなるHawaii』（以上、亜紀書房）、『おもしろハワイ学』（JTBハワイ）、共著に『裏ハワイ読本』『ハワイ「極楽」ガイド』（以上、宝島社）、『ハワイスペシャリスト検定公式ガイド』（椎出版社）、『アロハ検定オフィシャルブック』（ダイヤモンド・ビッグ社）、訳書に『イザベラ・バードのハワイ紀行』（平凡社）ほか多数。

近藤純夫のハワイ情報（フェイスブック）

新版 ハワイアン・ガーデン 楽園ハワイの植物図鑑

発行日　2019年6月19日　初版第1刷
著者　近藤純夫
発行者　下中美都
発行所　株式会社平凡社
東京都千代田区神田神保町3-29　〒101-0051
電話　（03）3230-6593［編集］
（03）3230-6573［営業］
振替　00180-0-29639
印刷　株式会社東京印書館
製本　大口製本印刷株式会社

ISBN978-4-582-54258-5　NDC分類番号472.76
A5判（21.0cm）　総ページ360
平凡社ホームページ　https://www.heibonsha.co.jp/